沥青混凝土
性能提升及应用创新

陆学元　傅香如　张素云　著

人民交通出版社股份有限公司

北　京

内 容 提 要

本书回顾与总结了我国沥青路面工程中存在较为普遍的早期损害问题和耐久性不足等技术难题，结合我国路面现状，从理论分析研究到实践创新应用技术的角度较为系统地构建了常用沥青混合料性能提升和工程实践创新的关键技术指标与参数体系。全书共分7章，包括绪论、AC-13沥青混合料影响因素与变异性、AC-20沥青混合料影响因素与变异性、沥青混合料性能优化、沥青混合料技术参数变异性、沥青混合料配合比优化与实践创新、沥青路面施工技术参数变异性等。

本书内容翔实、系统性较强，对沥青路面性能提升和创新应用具有重要的指导意义，可供道路工程研究和工程技术人员使用，也可供相关院校师生参考或使用。

图书在版编目(CIP)数据

沥青混凝土性能提升及应用创新/陆学元，傅香如，张素云著. —北京：人民交通出版社股份有限公司，2021.6

ISBN 978-7-114-17167-3

Ⅰ.①沥… Ⅱ.①陆… ②傅… ③张… Ⅲ.①沥青混凝土—性能—研究 Ⅳ.①TU528.42

中国版本图书馆CIP数据核字(2021)第048930号

Liqing Hunningtu Xingneng Tisheng ji Yingyong Chuangxin

书　　名：沥青混凝土性能提升及应用创新
著 作 者：陆学元　傅香如　张素云
责任编辑：时　旭
责任校对：孙国靖　宋佳时
责任印制：张　凯
出版发行：人民交通出版社股份有限公司
地　　址：(100011)北京市朝阳区安定门外外馆斜街3号
网　　址：http://www.ccpcl.com.cn
销售电话：(010)59757973
总 经 销：人民交通出版社股份有限公司发行部
经　　销：各地新华书店
印　　刷：北京虎彩文化传播有限公司
开　　本：787×1092　1/16
印　　张：10.5
字　　数：235千
版　　次：2021年6月　第1版
印　　次：2021年6月　第1次印刷
书　　号：ISBN 978-7-114-17167-3
定　　价：48.00元
(有印刷、装订质量问题的图书由本公司负责调换)

前言 Preface

截至2020年底，我国高速公路通车里程已突破15.5万km，位居世界第一，取得了令人瞩目的成就。在取得巨大成就的同时，我国沥青路面也存在较为普遍的早期损坏现状和耐久性不足等问题，研究沥青混合料性能优化与提升，高性能沥青混合料与施工设备之间相互作用的依赖、实现程度，以及施工变异性的来源、水平和分布规律，是当前道路建设迫切需要解决的技术难题，有着十分重大的现实指导意义。

近年来，仍然存在沥青路面结构和材料设计与生产实践脱节或结合环节较薄弱的问题，研究成果在施工过程中不可避免地表现出变异性，客观因素考虑较少，安全系数考虑不足，与期望的路用性能还存在差距。某种程度上，材料质量和性能以及设备自身性能与使用技术决定成型沥青路面的最终使用性能，对路面使用寿命有着非常重要或实质性的影响。为此，材料性能提升与设备性能及使用技术的改进有利于提高理论研究成果向道路产品质量转化的实现程度，对延长道路使用寿命起到重要作用；寻求施工变异性规律，不仅对道路产品质量稳定性有所保证和提高，而且对常用沥青混合料设计和施工质量提升的实现程度具有重要指导作用。目前，研究成果与道路产品质量存在偏差和脱节、沥青混合料施工设备最佳性能缺乏研究、成型路面产品质量偏离室内路用质量等工作均需进一步深入研究。

本书作者在国内较早从理论和实践创新相结合的角度，依托安徽省沿江高速公路芜湖至安庆段(161.15km)工程项目，探讨通过优化提升沥青混合料性能和沥青路面实践创新来提高路面长期使用性能问题，曾先后承担并完成了安徽省交通科技进步计划项目“沥青路面混合料设计与施工技术研究”“重交通沥青路面合理结构和设计方法研究”“沥青路面施工质量变异水平及控制标准的研究”、同济大学博士学位论文“沥青混合料性能与施工变异性研究”在内的多项省部级科研成果，其间分别在吉林大学学报、华中科技大学学报、中国公路学报等发表多篇学术论文。2014年12月，安徽省沿江高速公路芜湖至安庆段被授予第十二届中国土木工程詹天佑奖。该项目为特种交通等级，已运营14年，基本满足路面设计年限15年要求。截至2020年底，大部分路段仍处于零养护状态，部分路段只进行了抗滑薄层功能性养护，整体沥青路面使用性能优良。

本书在简要介绍与评析我国沥青路面早期损坏、耐久性不足、沥青混合料设计和施工变异性等问题的基础上，系统地总结了作者多年来的潜心研究成果，包括沥青混合料性能的影响规律与变异性及其影响因素与变异性对混合料性能的影响程度和规律分析、运用均匀正交设计、灰色系统理论和统计分析等理论研究、施工质量转化与实现程度及其沥青路面施工变异性规律分析，以及提高施工质量与降低施工变异性的技术标准和质量保证研究等；同时注意吸收国内外有价值的研究成果。内容既注重沥青混合料性能优化与提升理论、试验研究，又强调工程实践中高性能沥青混合料与工艺、设备性能之间相互作用的创新应用，以及技术参数变异规律及其对路面综合路用性能的影响等研究成果。

全书共分为7章。第1章为绪论，主要论述国内外沥青路面发展与研究概况，沥青混合料配比设计与沥青路面施工变异性的研究进展和存在的问题，并引出本书研究的主题。第2章为AC-13沥青混合料影响因素与变异性，运用正交均匀理论研究15℃劈裂强度、冻融劈裂强度比及其变异性的影响因素与分布规律，以及空隙率变异性规律。第3章为AC-20沥青混合料影响因素与变异性，采用正交均匀设计理论分析AC-20沥青混合料马歇尔性能指标的影响因素和关键指标的变异性，以及级配对70℃动稳定度的影响规律。第4章为沥青混合料性能优化，研究影响沥青混合料性能指标的因素和级配优化及沥青混合料内部组成比例关系与性能优化方法，探讨骨架密实结构检验的三种计算方法。第5章为沥青混合料技术参数变异性，研究技术参数变异性对沥青混合料性能指标的影响及空隙率变异性对力学性能的影响。在此基础上，应用灰色系统理论研究基于施工质量控制的沥青混合料空隙率影响规律，探讨基于施工多因素控制的空隙率关键影响因素；采用统计分析软件分析空隙率变异对力学性能指标的影响，探讨空隙率变异对沥青混合料路用性能的影响程度。第6章为沥青混合料配合比优化与实践创新，探讨以路面实际钻芯芯样强度与沥青混合料强度的相关关系和评价沥青混合料高温稳定性的新方法，以及高性能沥青混合料在应用中的实现程度；探讨基于针片状含量的中面层（AC-20）马歇尔改进设计方法与马歇尔设计方法的实用性，提出解决集料针片状含量偏大的工程技术途径。第7章为沥青路面施工技术参数变异性，从热拌沥青混合料角度分析各沥青结构层厚度、级配与油石比的变异性，以及成型沥青路面空隙率变异性的分布规律与分布水平，以及施工气温对路面空隙率的影响，探讨动态施工技术参数及其与室内关键技术参数的变异性水平的差异性。最后，作者总结论述了关于沥青混合料性能提升与实践创新的研究成果，提出了提高沥青混合料性能与减小施工变异性的关键技术参数和质量控制保障措施。

本书研究成果时间跨度较长，第1~7章的写作大纲、书稿的修改、定稿由陆学元完成；第2章和第4章部分内容由张素云完成；第3章、第5章和第7章部分内容由傅香如完成。各章既具有相对独立性，又紧密联系。在整理有关研究资料时，力求各章节内容形成一个较为完善的整体（特别值得一提的是，同济大学道路与铁道工程专业孙立军教授在作者研究过程中给予了大量的指导和帮助），并注意反映沥青混合料性能和施工质量控制的最新研究成果。在内容编排和文字处理上尽量做到深入浅出，详略得当，适合从事道路工程结构和材料以及施工等相关领域的同仁学习参考。

我国沥青路面耐久性问题仍处于研究和验证阶段，尽管有了最新版的公路沥青路面设计规范，但离长寿命沥青路面还有一定差距。本书所涉及的部分内容仍是道路工程界目前所关心并继续努力研究的难点问题。鉴于解决路面工程的早期损坏和耐久性不足问题具有十分重要的工程意义，作者将常用沥青混合料性能提升与实践创新的学习心得和认知撰写成书出版，力求奉献给大家一本既有理论又有实践的好书，但因时间紧张，加之水平有限，书中的缺点和不足之处在所难免，恳请各位专家、学者和同仁不吝指正。

作　者

2020 年 10 月

目录 Contents

第 1 章　绪论 …… 1
1.1　问题提出 …… 1
1.2　目的和意义 …… 2
1.3　国内外沥青路面研究综述 …… 4
第 2 章　AC-13 沥青混合料影响因素与变异性 …… 8
2.1　15℃劈裂强度影响因素与变异性分析 …… 8
2.2　相关性及变异性分析 …… 14
2.3　水稳定性影响因素分析 …… 18
2.4　填料类型优化 …… 22
2.5　本章小结 …… 25
第 3 章　AC-20 沥青混合料影响因素与变异性 …… 27
3.1　马歇尔性能指标影响因素与变异性分析 …… 27
3.2　级配对抗车辙性能的影响分析 …… 36
3.3　水稳定性和高温稳定性影响分析 …… 40
3.4　本章小结 …… 45
第 4 章　沥青混合料性能优化 …… 46
4.1　AC-13 沥青混合料级配优化 …… 46
4.2　骨架密实级配设计方法与铺筑验证 …… 56
4.3　AC-25 沥青混合料级配优化与应用 …… 72
4.4　本章小结 …… 79
第 5 章　沥青混合料技术参数变异性 …… 81
5.1　沥青混合料成型技术参数 …… 81
5.2　空隙率变异性对力学性能的影响 …… 85
5.3　影响沥青混合料空隙率的灰关联分析 …… 90
5.4　温度变异性对路面空隙率的影响 …… 96
5.5　本章小结 …… 98
第 6 章　沥青混合料配合比优化与实践创新 …… 100
6.1　沥青混合料配合比优化设计 …… 100
6.2　室内外力学性能相关性分析 …… 121
6.3　基于针片状含量的马歇尔优化设计 …… 124

6.4 本章小结 …… 134
第 7 章 沥青路面施工技术参数变异性 …… 136
7.1 热拌沥青混合料级配与油石比变异性分析 …… 136
7.2 摊铺沥青混合料级配变异性分析 …… 141
7.3 成型路面空隙率变异性分析 …… 145
7.4 路面综合路用性能指标变异性分析 …… 151
7.5 本章小结 …… 153
参考文献 …… 155

第1章　绪　　论

1.1　问题提出

中国内地从1988年10月第一条高速公路——长18.5km的沪(上海)嘉(嘉定)高速公路建成通车到2019年,基本建成国家高速公路网,通车总里程突破13.5万km[1]。人们在赞赏高速公路沥青路面建设成就的同时,也遇到了我国高速公路沥青路面严重的早期损坏问题[2,3]。2003年以前建成通车的高速公路沥青混凝土路面结构除京津塘、首都机场、沈大、广深高速公路沥青面层偏厚以外,级配类型基本上采用AC-13I + AC-20I + AC-25I悬浮密实型,同时出现了采用改性SMA、改性SUP、改性SAC、改性骨架密实型,且基本上是薄层沥青面层的典型半刚性基层路面。路面出现的较为严重结构性破坏和水破坏现象在当时并没有得到改变,特别是2003年我国大部分地区夏季出现少有的高温和雨水天气,在重载交通作用下出现了更为普遍的车辙及其他早期破坏现象,即便采用SMA改性沥青路面亦未能逃脱早期损坏现象。这种局面引起了道路交通科技工作者的重视,随后部分省份(如江苏、青海、山西等)铺筑了柔性基层试验段,丰富了我国沥青路面结构形式[4];2003—2005年,为减少高速公路沥青路面车辙病害,普遍在上、中面层中采用改性沥青,级配类型没有大的变化,如AC-I型、SMA、SUP、SAC等,沥青层厚度逐渐过渡到18cm,半刚性材料层一般达到54~60cm,但并没有取得优良的效果,有些高速公路正式开放交通不到一年,行车道的沥青混凝土路面就产生了大面积的严重水破坏和车辙现象[5-7]。这期间,我国重型货车数量显著增加,部分轴载在14~15t,最大轴载超过24t,轮胎充气压力达到0.9MPa,少数达到1.2MPa,这些货车是促使沥青路面产生早期破坏的重要原因;2004年以后至今,中国高速公路沥青路面新规范借鉴Superpave思想,把级配划分为粗型和细型,其中AC型级配[8]较原规范[9]有了进一步的优化提高。这期间建成通车的高速公路沥青路面路用性能较以前有了较大改善和提高,这固然与设计水平的提高和施工质量的控制水平有关,且近年来新建通车高速公路交通量增长幅度远不及以前高速公路交通量,同时半刚性基层沥青路面横向裂缝依然较为明显,路面裂缝程度没有降低。可见,应用新规范级配修建的高速公路,直至2008年尚处于实践验证和检验阶段,国内对此报道并不多。后来沥青路面的沥青层厚度有逐渐增加的趋势,逐渐过渡到4cm + 8cm + 8cm,半刚性基层厚度也达到了58cm左右,丰富了我国沥青路面结构形式。其间,新材料、新技术、新工艺、新设备也应运而生,涌现出了许多国际先进型设备和国产先进设备。其中,沥青拌和楼主要有日本产日工4000型、田中4000型、美国产阿曼4000型、德国产边宁霍夫4000型、英国产帕克4000型、意大利产马莲尼4000型、博纳地、ASTEC4000型、西筑4000型、无锡雪桃4000型,等等,这些拌和楼生产能力均在320t/h以上。摊铺设备也由手动液压逐步被全液压摊铺机所取代,如ABG-423、ABG-525、LTU120、

Ingersoll-8820、Ingersoll-7860、Voegeal 摊铺机和超宽摊铺机等。压实设备中钢轮压路机有英格索兰 Ingersoll、戴纳派克 DYNAPAC、宝马 BOMA 等，胶轮压路机有徐工 XP261、XP301 等为代表的重型压路机。这些设备、工艺的应用对路用性能的提高和改进起到了较好的作用。

高速公路建设在取得巨大成绩的同时，沥青路面也存在和面临新的早期损害现象，这固然有超载、夏季高温、降水量大、项目建设管理失控和无合理工期等非技术原因，部分高速公路依然表现出较为明显的水破坏现象与抗裂性能不足等问题，一些精心设计的沥青路面时有局部损坏或大面积损坏现象发生，安徽省较为典型的有连（连云港）霍（霍尔果斯）高速公路、合（合肥）安（安庆）高速公路、合（合肥）徐（徐州）南高速公路和芜（芜湖）宣（宣城）高速公路，以及宣（宣城）广（广德）段白加黑改造工程的沥青路面通车不久出现了明显的水损害、裂缝和车辙问题，严重影响了行车安全和使用性能，更是同一条高速公路沥青路面有些施工合同段路用性能良好，而其他施工合同段则出现了不到责任缺陷期就开始大面积维修的现象，也说明路面施工质量控制存在相当的差异性。现场调查发现，沥青路面早期损坏是局部的，如局部车辙、泛油、坑槽等，这与沥青路面质量的局部不均匀密切相关。沥青路面结构层压实质量的不均匀，主要是沥青结构层空隙率分布不均匀，局部空隙率过大或过小，尤其是在重载、交通量大的道路上，车辙和水损害已成为沥青路面初期损坏的主要肇因，引起道路工作者的密切关注，一定程度上连片的水损害是一种低级错误。因此，优化沥青混合料性能和研究沥青路面施工质量控制已逐渐成为提高路面路用性能的关键所在。可以说，对沥青路面结构和材料组成设计关注较多，针对施工技术参数变异性探讨并不多。施工参数变异性水平和沥青路面施工质量是密切相关的，对路面使用性能和使用寿命有着很大影响。在我国大规模高速公路建设的今天，研究高性能沥青混合料配比设计和施工变异性水平、来源和规律，高性能沥青混合料设计与施工工艺要求的依赖程度，以及在施工中的实现程度和匹配水平显得尤为重要，这也是当前中国高速公路建设中迫切需要解决的问题，有着十分重大的现实意义。

1.2 目的和意义

尽管近些年来在沥青路面结构和混合料组成设计方面进行了大量研究，而且在室内试验研究中取得了良好的综合性能，但是许多实体工程路面早期损坏问题依然十分严重，特别是有些路面虽然直接采用了国外的先进设计理念，但也没有得到满意的结果。这说明在高速公路建设中，沥青混合料性能优化及其实现程度，材料性能与施工工艺之间的相互作用与相互依赖关系，以及施工变异性规律的把握在一定程度上还停留在经验基础之上，还有待进一步提高。主要问题如下：

（1）理论研究成果与道路产品质量存在偏差和脱节。近年来，无论是沥青路面的结构设计还是沥青混合料材料设计，其研究均达到了相当高的水平，但结构和材料设计往往与生产实践脱节，研究成果的实现途径与施工应用还存在一定差距，施工可操作性不强。研究者对其研究成果在实际施工成型路面时所表现出的变异性考虑较少，安全系数考虑不足，与期望的路用性能还存在差距。例如，现代高速公路沥青混合料级配不同于传统的密级配，显著增加了粗集料比例，集料颗粒间具有较高的摩阻力和嵌挤能力，这样就会对拌和、温度控制和

压实工艺提出较为苛刻的要求;不同的沥青混合料设计方法对油石比和空隙率关键指标影响很大,室内综合路用性能指标均较好,但要实现优良施工产品质量还存在相当的困难(如GTM设计中油石比明显偏小,会导致混合料在施工过程中存在和易性、可压实性和混合料干涩性等问题);同时,沥青混合料性能优化、施工温度控制、摊铺混合料级配变异性控制和压实功能大小控制等对施工质量造成的影响还有待进一步研究。可见,室内试验研究结果和室外成型路面使用性能的相关性,尤其是关键力学性能指标在施工过程中的实现程度还需要进一步论证。

(2)沥青混合料施工设备的最佳性能缺乏系统研究。某种程度上,设备自身性能与使用技术决定成型沥青路面的最终使用性能,对路面使用寿命产生非常重要的影响,如一些骨架密实型级配渐趋于间断级配,对沥青混合料的拌和、运输、摊铺、碾压、温度等控制与降低摊铺沥青混合料级配变异性水平要求更为严格,采用常规施工工艺就很难满足工程质量要求。换言之,会对沥青路面路用性能构成实质性影响,如粗级配沥青混合料对摊铺机摊铺混合料的最佳调整状态非常重要。因为摊铺混合料级配的稳定性与变异性对沥青混合料性能产生重要影响,粗集料集中区可能存在细集料偏少,难以填充粗集料形成的间隙率而出现不均匀现象,在年均降水量(2000mm以上)较大地区和重载车多的情况下很容易出现路面水损坏和抗车辙问题。路面摊铺离析一般出现在外观,其内部细集料级配变异性可能并不明显,说明与摊铺机性能和使用技术有关,如摊铺机熨平板初始仰角和预热及保温的调整与措施、螺旋布料器离地高度、反向叶片安装、振捣和振动的调整,自动调平基准及纵横向控制器的选用原则与调整步骤,以及刮料输送器输料量、夯实参数、摊铺厚度,等等。同时,材料设计特性对压实工艺也提出了更高要求,粗级配沥青混合料具有沥青含量低、粗集料间摩阻力大的特性,按双车道高速公路沥青路面压实工艺下限(现行规范规定)要求,可能会出现混合料压实不充分导致成型路面在较早时间段出现病害的现象。又如,矿粉与氢氧化钙粉剂密度差异较大导致的如何实现掺配均匀和解决添加氢氧化钙粉剂常出现的空鼓、破拱等问题,与设备性能保障措施均有密切关系。可见,施工设备性能与使用技术的改进有利于解决沥青混合料性能优化的实现程度,对实现优良施工质量提供工程保证措施显得尤为重要。

(3)成型路面产品质量偏离室内路用性能。施工过程控制水平与路面长期使用性能及其衰变规律密切关联,对保证路面结构承载力与疲劳寿命具有重要现实意义。多因素条件下的荷载、环境、路面结构、材料、施工与后期养护等对道路使用性能和使用功能均提出了新的要求。寻求施工变异性规律不仅对道路产品质量稳定性有所保证和提高,而且对路面设计的科学合理性和路面施工质量控制的实现程度具有指导作用。例如,室内试验基本属于静态试验,存在的变异性因素很少,可以达到期望的路用性能指标,但热拌沥青混合料在经过施工各环节之后增加了更多的变异性,如拌和楼混合料从出场温度到摊铺混合料温度可能会下降24~30℃,如果改性沥青混合料出场温度180℃,摊铺后可能只有159℃,这样的碾压温度采用常规压实功难以达到规范要求。同时,沥青混合料取样方法、取样地点对评价其施工参数变异性的科学性和施工产品内在质量鉴定的可靠性尚需进一步分析研究。

因此,沥青路面整体结构路用性能变异程度是客观存在的,取决于路基路面各个结构设计参数和施工参数的变异性。技术参数的变异性受材料和结构组成的非均质性、施工技术和质量控制水平差异等因素影响。我们认为,对沥青路面施工质量的把握,不能局限于规范的约束，是一个考虑设计、材料特性、生产变异、维护技术和管理的综合体系，目的是延长路面使用寿命，降低路面寿命周期费用。为此，从路面设计、施工及管理角度研究沥青混凝土路面的材料优化设计与施工变异性规律，提出影响沥青混合料性能的关键因素，沥青混合料性能优化实现的工程保证技术措施，以及控制施工技术参数变异性的关键因素与方法，形成一整套基于施工变异性的一体化设计—施工控制—施工技术管理是现阶段提高沥青路面质量亟待解决的问题之一，对减少路面维修，发挥道路的社会经济效益具有重要现实意义，也是提高路面使用性能的必然趋势。本书结合实体工程进行了系统的理论与工程应用研究。

1.3 国内外沥青路面研究综述

20 世纪 80 年代，美国对沥青路面使用寿命进行了大范围的调查研究，结果发现，尽管沥青路面设计使用寿命为 20 年，但实际使用寿命为 8 ~ 12 年，许多沥青路面出现了早期损坏现象。1984 年，美国国家公路与运输协会（AASHTO）在美联邦公路局资助下，用了近 2 年时间对沥青路面长期使用性能 4 个研究领域制订了研究计划，于 1986 年提出了美国公路战略研究计划（Strategic Highway Research Program，SHRP）。SHRP 计划于 1987 年被美国国会建立为 1.5 亿美元的为期 5 年的研究项目，目的在于改进美国道路的性能和耐久性，使这些道路对乘客和公路工作者来说都更加安全。其中，SHRP 研究经费中的 5 千万美元用于开发沥青性能规范，将野外性能同室内分析建立直接关系。1996 年 6 月在美国内华德州建立了西部环道试验，环道长 2.9km，宽 11mm，研究 Superpave 沥青路面性能。试验段采用 PG64-22 粗、中、细 3 种级配，公称最大粒径均为 19mm，到 1997 年 5 月行车作用 2.8×10^6ESAL 时，几乎每个试验都产生了不同程度的车辙，有些路段产生了疲劳裂缝，粗级配沥青混合料较细级配沥青混合料产生了更为严重的损坏。为进一步探讨对 Superpave 混合料的理解及路面结构、材料设计和施工性能评价，西部环道试验之后，由美国联邦公路局阿拉巴马、佛罗里达、乔治亚等 10 个单位联合出资，在美国沥青技术研究中心（NCAT）的环道上铺筑 46 个试验段，总长 2.8km。试验段采用了不同集料、不同性能等级的沥青胶结料和不同类型的沥青混合料，对其车辙性能、渗水系数、平整度等参数进行评价分析。总之，在过去的 80 多年里，美国在沥青路面的材料选取、设计组成、路面管理方面取得了长足进步。英国沥青路面设计寿命为 20 年，进入 20 世纪 90 年代后，为了满足快速增长的交通量需要，交通研究所展开了长寿命沥青路面研究，在正常养护条件下，预计可以使用 50 年以上。近年来，美国及其他一些西方国家都在进行长寿命沥青路面的实践探索，如美国的加利福尼亚州、伊利诺伊州、华盛顿州、新泽西州、明尼苏达州、得克萨斯州、密歇根州、俄亥俄州、弗吉利亚州，英国，等等。

客观上说，与发达国家相比，我国沥青路面早期损害现象较为明显。早期损害现象对社会和交通运输造成了不良影响，在经济上也造成了严重损失，引起了政府和交通科技界的高度关注。国内交通领域的高等院校如同济大学、哈尔滨工业大学、华南理工大学、长安大学、东南大学等的研究学者分别从不同领域、不同角度进行了大量研究。同时，为了适应不同公路材料发展的新变化和进一步提高沥青路面施工质量的要求，促使有关沥青路面施工设备

性能的更新换代和提高，出现了一批较为先进的沥青设备，如美国 Roadtec、德国 Vogele 和中国名企三一重工等工厂设计的沥青混合料转运车等，在一定程度上解决了现代沥青混合料具有的粗级配难施工压实、温度散失快和级配易发生变异性的问题。

1.3.1 沥青混合料设计理念

良好的矿质集料组成是影响混合料路用性能的关键因素。骨架密实型级配与悬浮密实型级配区别的关键就是粗集料是否真正形成骨架，有没有形成石-石接触，细集料和结合料有没有将粗集料形成的骨架撑开。因此，验证级配的骨架特性成了骨架密实级配研究的重点。文献[11～13]采用多级填充嵌挤理论，通过逐级填充试验设计骨架密实结构级配；张肖宁提出 CAF 法[14,15]（粗集料空隙填充），建议采用 $VCA_{min} \leq VCA_{DRC} + 2\%$；沙庆林在文献[16]中针对多碎石沥青混凝土 SAC 系列的设计与施工提出了设计与 VCA 的检验方法，这些级配特点过分强调骨架间断级配结构，可能会造成施工变异性概率增大，生产型沥青混合料和易性不理想；Superpave 级配没有明确的设计原则，属于经验性，其级配密实有余，骨架性不足，是一种悬浮密实结构，后来国内采用贝雷法检验 SUP 矿料级配[17]；SMA 通过 $VCA_{max} \leq VCA_{DRC}$ 判断混合料中粗集料是否真正形成了骨架。可见，这些研究基本点强调严格的骨架结构特征，对实际施工的因素考虑得很少，施工离析变异的可能性增大。同时，文献[8]中的混合料设计方法仍然是经验设计方法，集料在混合料中的含量确定时无准确地量化技术标准，仅有粗型和细型之分，对骨架密实结构无明确的定义，在粗型级配范围内仍然可能配制成悬浮密实结构，难以控制设计出的混合料达到骨架密实结构及成型路面具有的优良路用性能。同时，规范级配范围较为宽裕，适应了不同地区交通特点和气候环境因素，给设计和施工带来了灵活性，但在设计施工中难以对某一地区道路综合路用性能准确把握，尚未给出各地区的工程设计级配范围。这些问题的存在也是我国公路沥青路面达不到设计使用年限的原因之一。总之，AC 型沥青混合料级配没有明确的骨架密实定义，但研究的趋势是朝着粗级配方向发展。

众所周知，油石比在沥青混合料配比设计中起着非常关键的作用，油石比大可以有效降低成型路面的空隙率，在提高路面抗水损害性能的同时也给路面抗车辙性能带来了不利影响，如何权衡路面使用性能和路面耐久性是沥青路面施工中应把握的重点。国内外进行的相关研究表明[18]，SGC 旋转压实、GTM 旋转压实和 Marshall 击实设计的沥青混合料油石比存在明显的差异。其中，早期沥青混合料设计（1920—1940 年）的砂质地沥青和石料沥青混合料主要以空隙率、哈费稳定度和一定的抗剪强度为控制指标；当代沥青混合料设计（1940—1960 年）以马歇尔和维姆法的油石比及混合料密实性能和稳定度指标为衡量标准；现代沥青混合料设计（1940 年至今）一直关注混合料的成型方式，以模拟现场施工形式，如 SGC、GTM 设计沥青混合料。这些研究对提高沥青路面的使用性能起到了重要作用。

1.3.2 沥青路面施工变异性

国内外大量的沥青路面损坏调查显示，在路面结构、材料组成设计、施工条件、荷载状况相同的情况下，路面的破坏由局部分散向大面积扩张，首先以局部小范围随机方式出现，之后其破坏面积不断扩大。说明设计所考虑的各向同性的弹性体的假设在实际施工过程中产生明显的偏差，混合料也产生明显的级配变异性，这必然导致路面的服务寿命大大缩短，甚至会减少 50% 以上。国内外对沥青路面施工变异性研究起步较晚[19-22]，1996 年夏季，美国 Steve Read 在华盛顿州沥青路面施工变异性研究中，首次提出温度变异引起路面破坏问题。美国爱斯太克(ASTEC)公司使用高精度的红外线摄像机对摊铺混合料施工进行拍摄，结果发现温度变异性程度与人们所估计的差异非常大：沥青混合料从装入自卸卡车到抵达摊铺混合料施工现场，温度降低 30℃左右。1997 年秋季，澳大利亚也在沥青路面施工中发现，施工单位从 278km 处运输沥青混合料到达施工现场时，运输车车厢边缘的混合料温度只有 80℃左右，覆盖层车厢顶部混合料温度只有 96℃，而车厢中部混合料温度仍然维持在 152℃左右。2000 年，美国运输研究委员会(TRB)设立了“热拌沥青混合料路面的离析”研究项目[segregation in hot-mix asphalt pavements(NCHRP Report 441)]，对离析的定义、离析的分类标准与检测方法进行了研究，具体限制标准见表 1-1 和表 1-2，加拿大安大略省对离析程度也作了规定，并已列入路面规范 OPSS—313，见表 1-3。

采用红外热像仪时离析程度的划分 表 1-1

无 离 析	轻 度 离 析	中 度 离 析	重 度 离 析
摊铺层最高温度与最低温度的差异不大于 10℃	摊铺层平均温度低于周边温度 11 ~ 16℃的区域	摊铺层平均温度低于周边温度 17 ~ 21℃的区域	摊铺层平均温度低于周边温度 21℃以上的区域

采用 ROSAN 表面构造深度仪划分离析程度 表 1-2

无 离 析	轻 度 离 析	中 度 离 析	重 度 离 析
构造深度比	构造深度比	构造深度比	构造深度比
0.75 ~ 1.15	1.16 ~ 1.56	1.57 ~ 2.09	>2.09

OPSS—313 的离析评定标准 表 1-3

路 面 层 位	构造深度的比值(TD 离析处/TD 非离析处)		
	轻 度 离 析	中 度 离 析	重 度 离 析
中面层(中交通量)	<1.9	1.9 ~ 2.5	>2.5
中面层(重交通量)	<1.8	1.8 ~ 2.6	>2.5
磨耗层	<1.6	1.6 ~ 2.2	>2.2

近年来，我国逐渐加大了对沥青路面施工不均匀性的相关研究。结果表明，施工变异性将加剧沥青路面使用性能的快速衰减[23-29]，并从理论和实践中进行了分析，对推动沥青路面施工质量控制起到了重要作用。沙庆林对某高速公路沥青路面沥青混合料级配组成进行调查，结果表明现场级配已严重偏离设计级配，且在同一高速公路上不同合同段所产生的沥青混合料有着明显的差别，这些差别来自所用原材料的质量波动和施工管理水平[2]；沈金安从沥青路面的水损害破坏出发，对沥青混合料的均匀性和离析问题进行了探讨，指出沥青混合料的离析和不均匀问题是造成水损害的根本原因，分析了造成离析及不均匀的技术措施[30]；同济大学孙立军在分析中国沥青路面早期损害的新特征之后，从沥青路面结构行为理论角度，对沥青混合料的均匀性和抗剪强度进行了分析，指出沥青混合料自身抗剪性能不足是导致路面初期损害的重要因素之一[31,32]；江苏省高速公路与交通科学研究院对沥青混合料离析的原因及防治措施也进行了一些研究，从材料堆放、配比设计、生产等方面提出减

少混合料离析的措施[33]；湖北高科交通咨询有限公司的研究报告中分析了沥青混合料离析成因和控制措施，提出了碾压离析的观点[34]；安徽省交通质监站与同济大学对沥青路面施工质量变异水平及控制标准的研究，完善了沥青路面施工质量管理的质量评价指标体系和质量评价指标的获取方法，完善了沥青路面施工质量的验收评定方法，首次提出了沥青路面施工质量等级的分级指标和标准，成型路面空隙率并非总是服从正态分布特征，揭示了现行规范中的压实度指标存在的问题，提出了对压实度指标的要求应考虑设计空隙率和路面初始空隙率分布特征与控制要求[35]。这些研究基本上侧重通车路面病害调查并对路面沥青混合料进行分析，主要分析粗集料分布不均匀（离析）的分布规律及其控制水平。相反，对现行规范规定的沥青混合料级配在几个主要筛孔上通过百分率变化、沥青含量变化的允许波动范围的内在规律研究较少，对沥青路面施工质量的把握还没有与力学性能指标挂钩。同时，在沥青混合料性能优化设计和施工工艺控制的依赖程度与实现程度方面，还有很多工作需深入研究。现行规范[8]针对施工参数如级配偏差、沥青混合料温度和压实功等进行了控制和规定，这些规定是经验性的，对路用性能的影响程度不得而知。目前这些研究还处于定性分析阶段，没有一个普遍的规律或结论。我国现行规范尚缺乏对沥青路面质量变异性的全面、系统的试验分析，还没有形成规范的对沥青混合料变异性的判别指标。可见，研究成型沥青路面的优良路用性能，降低施工参数变异性对提高路面使用品质具有重要的现实意义和理论意义。

第 2 章　AC-13 沥青混合料影响因素与变异性

高速公路沥青路面出现车辙、坑槽、纵横向裂缝等病害现象，这不乏设计、施工、超载和自然因素等的影响，沥青混合料自身强度不足以抵抗外界因素而产生变形也是重要因素。劈裂强度与路面的抗拉能力和抗裂能力密切相关，有计算表明[36-39]，沥青层因气候日温差或季节的热冷变化或因突然寒流袭击，骤然降温使温度应力大于沥青抗拉强度而使路面拉裂，此时沥青层的拉应力较大，甚至远超出了沥青层结构材料容许拉应力。同时在拉应力和剪应力的共同作用下，行车带轮迹边缘附近容易出现平行于行车带自上而下的裂缝。近年来，从现有的路面钻孔可知，横、纵向裂缝均存在从上向下发展的现象，产生在表面层、中面层，有的是裂缝贯穿沥青层，也有纵向裂缝是在轮迹边缘的沥青层由上而下扩展，也存在半刚性基层沥青路面从下向上裂缝反射性裂缝。目前，从安徽省高速公路典型半刚性基层沥青路面使用效果来看，沥青路面表面出现的横向裂缝较为普遍，轮迹带附近也伴随纵向裂缝，且在初期运营 4 ~ 5 年的裂缝表现突出发展，大部分裂缝为非疲劳性裂缝，这也是国内半刚性沥青路面出现裂缝的质量病害通病。因此，有必要结合实体工程研究沥青混合料劈裂强度的影响因素。文献[40,41]研究了 AC-16 型沥青混合料的劈裂强度影响因素；文献[42]进行了超薄沥青混凝土面层配合比设计混合正交试验分析。这些研究的矿料级配和油石比波动数量偏少，难以用级配和油石比说明对劈裂强度指标的影响；文献[43]从沥青砂浆配合比正交试验角度研究了沥青胶浆对劈裂强度的影响。同时，劈裂强度是《公路沥青路面设计规范》(JTG D50—2017)[44]中的重要技术参数。近几年，AC-13 沥青混合料在国内高速公路沥青上面层得到普遍应用，但 AC-13 级配对劈裂强度影响与变异性研究报道很少。沥青混凝土矿料级配的变异性使竣工后沥青混凝土空隙率和路面劈裂强度变异性增大。本章将从级配和油石比共同变化的角度，采用正交试验设计，探讨 AC-13 改性沥青混合料 15℃劈裂抗拉强的影响因素和变异性，以及与试件密度和空隙率的关系，以提高混合料组成设计水平和沥青路面耐久性。

2.1　15℃劈裂强度影响因素与变异性分析

2.1.1　试验原材料、设计与实验方法

沥青上面层(AC-13)粗集料(粒径 $d>2.36$mm)采用玄武岩，细集料(粒径 $d<2.36$mm)采用石灰岩机制砂，填料采用氢氧化钙粉剂(消石灰)和矿粉。集料规格采用 10 ~ 15mm、5 ~ 10mm、3 ~ 5mm、0 ~ 3mm(机制砂)4 档；结合料采用 SBSI-D 级改性沥青。各项技术指标均符合《公路沥青路面施工技术规范》(JTG F40—2017)的要求(具体指标从略)。

正交试验设计方法是处理多因素试验的一种科学方法[45,46]，本章采用 $L_{25}(5)^6$ 正交表

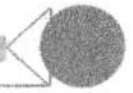

格合理安排试验，以9.5mm、4.75mm、2.36mm、0.075mm筛孔和油石比五因素（分别以A、B、C、D、E表示）和各因素对应的5个水平安排试验，因素水平表见表2-1。根据规程[47,48]实测原材料毛体积密度和表观密度。通过试配，确定马歇尔试验各档材料用量比例，使每组级配基本符合正交表$L_{25}(5)^6$中各筛孔通过百分率要求，其设计方案见表2-2，合成矿料级配如图2-1所示，其中编号试验7、试验16中2.36mm筛孔通过率分别为33.9%、24.3%，与设计对应通过率30%、28%差异近4%，其他级配均符合规定要求。分别进行25组AC-13 SBS改性沥青混合料马歇尔试验，击实温度控制在163～165℃，试件高度均符合63.5mm±1.3mm的要求，松散沥青混合料理论最大相对密度采用计算法测定。每组试件击实8个，双面各击实75次。另外一组4个试件作为15℃劈裂试验使用，实测试件劈裂强度和空隙率数据，结果见表2-3、表2-4。劈裂试验仪器为LDR-2型沥青混合料冻融劈裂仪，主要技术参数为最大荷载50kN，荷载范围5～35kN，加载速率(50±5)mm/min。劈裂试件浸入恒温水槽保持在2.5h，试验过程中注意保持相同浸水时间，将试件分时段放入。

正交试验设计五因素五水平 表2-1

因素水平	9.5mm(%)(A)	4.75mm(%)(B)	2.36mm(%)(C)	0.075mm(%)(D)	油石比(%)(E)
1	85	68	38	8	5.9
2	80	61	34	7	5.4
3	76	54	30	6	4.9
4	72	47	28	5	4.4
5	68	38	24	4	3.9

AC-13改性沥青混合料正交试验设计方案 表2-2

级配号	各筛孔通过百分率与油石比				
	9.5mm(%)(A)	4.75mm(%)(B)	2.36mm(%)(C)	0.075mm(%)(D)	油石比(%)(E)
1	1(85)	1(68)	1(38)	1(8)	1(5.9)
2	1(85)	2(61)	2(34)	2(7)	2(5.4)
3	1(85)	3(54)	3(30)	3(6)	3(4.9)
4	1(85)	4(47)	4(28)	4(5)	4(4.4)
5	1(85)	5(38)	5(24)	5(4)	5(3.9)
6	2(80)	1(68)	2(34)	3(6)	4(4.4)
7	2(80)	2(61)	3(30)	4(5)	5(3.9)
8	2(80)	3(54)	4(28)	5(4)	1(5.9)
9	2(80)	4(47)	5(24)	1(8)	2(5.4)
10	2(80)	5(38)	1(38)	2(7)	3(4.9)
11	3(76)	1(68)	3(30)	5(4)	2(5.4)
12	3(76)	2(61)	4(28)	1(8)	3(4.9)
13	3(76)	3(54)	5(24)	2(7)	4(4.4)
14	3(76)	4(47)	1(38)	3(6)	5(3.9)
15	3(76)	5(38)	2(34)	4(5)	1(5.9)

续上表

级配号	各筛孔通过百分率与油石比				
	9.5mm(%)(A)	4.75mm(%)(B)	2.36mm(%)(C)	0.075mm(%)(D)	油石比(%)(E)
16	4(72)	1(68)	4(28)	2(7)	5(3.9)
17	4(72)	2(61)	5(24)	3(6)	1(5.9)
18	4(72)	3(54)	1(38)	4(5)	2(5.4)
19	4(72)	4(47)	2(34)	5(4)	3(4.9)
20	4(72)	5(38)	3(30)	1(8)	4(4.4)
21	5(68)	1(68)	5(24)	4(5)	3(4.9)
22	5(68)	2(61)	1(38)	5(4)	4(4.4)
23	5(68)	3(54)	2(34)	1(8)	5(3.9)
24	5(68)	4(47)	3(30)	2(7)	1(5.9)
25	5(68)	5(38)	4(28)	3(6)	2(5.4)

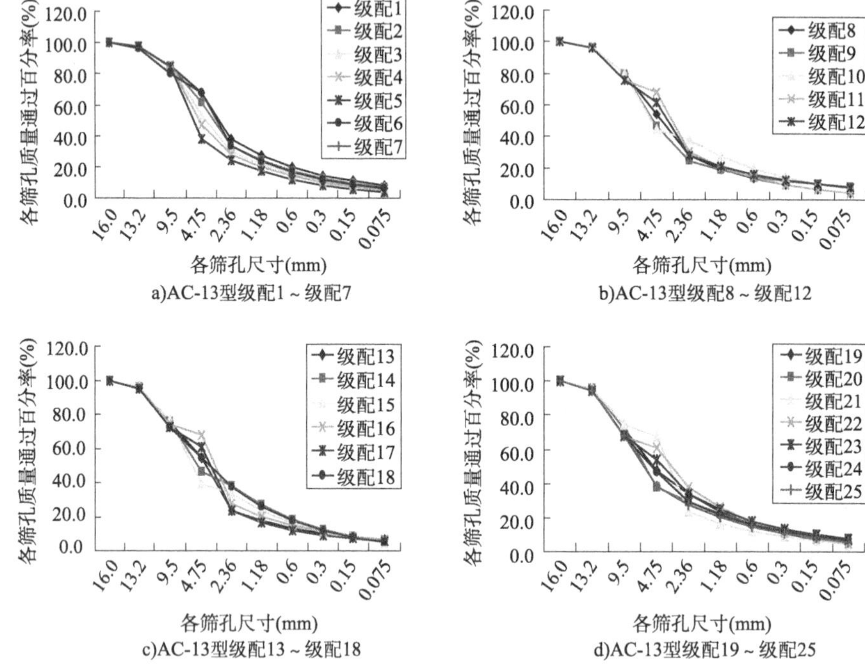

图 2-1　AC-13 正交试验级配组成曲线

15℃劈裂强度试验与变异性统计结果　　表 2-3

级　配　号	劈裂强度(MPa)	劈裂强度均值(MPa)	标　准　差	变异系数
1	2.83,2.9,2.82,2.9	2.86	0.04	0.014
2	2.99,2.66,2.84,2.7	2.8	0.15	0.054
3	2.73,2.65,2.62,2.95	2.74	0.15	0.055
4	2.43,1.95,2.31,2.47	2.29	0.24	0.105
5	2.26,2.15,1.81,1.95	2.04	0.21	0.103

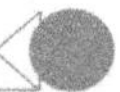

续上表

级　配　号	劈裂强度(MPa)	劈裂强度均值(MPa)	标　准　差	变 异 系 数
6	2.87,2.71,2.39,2.37	2.58	0.25	0.097
7	2.73,2.35,2.47,2.58	2.53	0.17	0.067
8	2.2,2.7,2.52,2.75	2.54	0.25	0.098
9	2.28,2.57,2.49,2.37	2.43	0.12	0.049
10	3,2.65,3.08,3.39	3.03	0.31	0.102
11	1.87,2.24,1.91,1.85	1.97	0.19	0.096
12	2.63,2.75,2.87,2.89	2.79	0.12	0.043
13	2.49,2.26,2.36,2.49	2.4	0.12	0.050
14	3.08,3.03,2.91,2.79	2.95	0.13	0.044
15	2.8,2.58,3.02,3.05	2.86	0.22	0.077
16	1.8,1.83,2.01,1.9	1.88	0.09	0.048
17	2.8,2.85,2.59,2.66	2.73	0.12	0.044
18	2.78,2.77,2.71,2.97	2.81	0.11	0.039
19	2.47,2.14,2.29,1.98	2.22	0.21	0.095
20	2.87,3.07,2.8,2.79	2.88	0.13	0.045
21	2.33,2.27,2.46,2.16	2.31	0.12	0.052
22	2.93,3.24,2.77,3.08	3.01	0.2	0.066
23	2.83,2.72,2.66,2.55	2.69	0.12	0.045
24	2.79,2.54,2.6,2.58	2.63	0.11	0.042
25	2.84,3.12,2.63,2.86	2.86	0.2	0.070

空隙率试验与变异性统计结果　　表2-4

级　配　号	空隙率(%)	空隙率均值(%)	标　准　差	变 异 系 数
1	2.7,2.8,2.2,2.7	2.6	0.271	0.104
2	4,4,4.8,3.8	4.2	0.4435	0.106
3	6.1,5.9,6.1,5.8	6	0.15	0.025
4	7.6,7.2,7.2,7.6	7.4	0.231	0.031
5	9.9,10.3,9.5,10.5	10.1	0.443	0.044
6	6.0,6.7,6.2,6.6	6.4	0.33	0.052
7	8.8,8.7,9.3,8.9	8.9	0.263	0.030
8	5.2,4.9,4.5,4.7	4.8	0.2299	0.048
9	4.0,3.8,3.8,3.8	3.9	0.1	0.026
10	3.1,2.7,3.6,2.9	3.1	0.386	0.125
11	6.5,6.9,6.9,6.8	6.8	0.189	0.028

续上表

级配号	空隙率(%)	空隙率均值(%)	标准差	变异系数
12	5.7,5.6,5.1,5.8	5.6	0.321	0.057
13	7.5,7.4,7.4,7.5	7.5	0.058	0.008
14	7.1,6.9,7.3,6.4	6.9	0.386	0.056
15	2.5,3.3,2.9,2.7	2.9	0.342	0.118
16	8.2,8.0,8.6,8.7	8.4	0.33	0.039
17	4.9,5.3,5.3,5.3	5.2	0.2	0.038
18	3.6,3.6,3.7,3.6	3.6	0.05	0.014
19	6.4,6.9,7.2,7.0	6.9	0.34	0.049
20	4.0,3.6,3.8,3.5	3.7	0.222	0.060
21	8.6,8.8,8.2,8.4	8.5	0.2582	0.030
22	6.0,5.7,5.8,5.9	5.9	0.129	0.022
23	7.2,6.6,6.7,7.0	6.9	0.2754	0.040
24	2.3,2.4,2.1,2.2	2.3	0.129	0.056
25	3.5,3.4,3.2,3.6	3.4	0.171	0.050

2.1.2 15℃劈裂强度影响因素分析

1)正交试验方差分析原理

表2-5中的极差分析只是直观地进行分析,并不能估计试验误差和因素水平的变化所引起的差异,方差分析可以对各因素的显著性水平给出一个定量分析。

15℃劈裂抗拉强度极差分析结果 表2-5

考核指标	项目	9.5mm(%)(A)	4.75mm(%)(B)	2.36mm(%)(C)	0.075mm(%)(D)	油石比(%)(E)
15℃劈裂强度(MPa)	*K1*	2.546	2.32	2.932	2.73	2.724
	K2	2.622	2.772	2.63	2.548	2.574
	K3	2.594	2.636	2.55	2.772	2.618
	K4	2.504	2.504	2.472	2.56	2.632
	K5	2.7	2.734	2.382	2.356	2.418
极差	*R*	0.196	0.452	0.55	0.416	0.306

注:*K1*、*K2*、*K3*、*K4*、*K5* 这一行的5个数分别是因素A、B、C、D、E的第1水平、第2水平、第3水平、第4水平、第5水平所在的试验中对应各考核技术指标平均值;*R* 为每列的极差,此值越大说明影响因素越大。

检验各因素水平的变化是否对劈裂强度有显著影响,是对式(2-1)假设的检验。

$$H_0:\beta_1=\cdots=\beta_S=0;\beta_1,\cdots,\beta_S\text{不全为零} \tag{2-1}$$

检验式(2-1)的常用方法为进行方差分析,方差分析的主要思想是由数据的总变差中区分出试验误差和条件变差(试验结果间的差异),并赋予它们的数量表示,即分解为各因素响应值之和、响应值均值和响应值的平方和[式(2-2)]、各因素对应水平响应值的平方和均

值[式(2-3)]、各因素引起的离差平方和与总离差平方和[式(2-4)]、试验误差[式(2-5)],以进行统计检验。

$$K=\sum_{i=1}^{25}Y_i, P=\frac{1}{25}K^2, W=\sum_{i=1}^{25}Y_i^2 \tag{2-2}$$

$$U_A=\frac{1}{5}\sum_{i=1}^{5}(K_i^A)^2, \cdots, U_E=\sum_{i=1}^{5}(K_i^E)^2 \tag{2-3}$$

$$Q_A=U_A-P, \cdots, Q_E=U_B-P, Q_T=W-P \tag{2-4}$$

$$Q_E=Q_T-Q_A-Q_B-Q_C-Q_D-Q_E \tag{2-5}$$

为消除数据个数的多少给平方和带来的影响,引入了自由度的概念,把项数加以修正。总平方和自由度为 $n-1=24$,每个因子引起的离差平方和的自由度为4,而误差自由度为$n-1-r_1(s-1)=25-5(5-1)=5$,其中$(r_1\leqslant r)$。用各因素离差平方和除以相应自由度所得的商称为均方离差。若式(2-1)的假设成立,均方离差的期望值相同,则有 $F_A=(Q_{A/4})/(Q_{E/4})$,等等。由此式来检验式(2-1)。即当式(2-1)假设成立时,F 应服从 $F_{[s-1,\ n-1-r_1(s-1)]}$ 分布,从而小概率事件取在 F 值大的一侧较为合理。

2)正交试验方差分析举例

以 E 因素影响 15℃劈裂强度(单位 MPa)的方差分析为例说明:

$K=2.86+2.8+2.74+2.29+2.04+2.58+2.53+2.54+2.43+3.03+1.97+2.79+2.4+2.95+2.86+1.88+2.73+2.81+2.22+2.88+2.31+3.01+2.69+2.63+2.86=64.83$;$W=2.86^2+2.8^2+\cdots+2.63^2+2.86^2=170.67$;$K1=2.86+2.54+2.86+2.73+2.63=13.62$,$K2=2.8+2.43+1.97+2.81+2.86=12.87$,$K3=2.74+3.03+2.79+2.22+2.31=13.09$,$K4=2.29+2.58+2.4+2.88+3.01=13.16$,$K5=2.04+2.53+2.95+1.88+2.69=12.09$;$(K1)^2=185.504$,$(K2)^2=165.6369$,$(K3)^2=171.3481$,$(K4)^2=173.1856$,$(K5)^2=146.1681$;$U_E=(185.504+165.6369+171.3481+173.1856+146.1681)/5=168.3686$,$P=64.83^2/25=168.1172$,$Q_E=U_E-P=0.251464$;$Q_T=W-P=170.67-168.1172=2.5525$。

从而,均方离差 $S=Q_E/4=0.062866$,F 分布值 $=S/Q_E=3.5465$。给定显著性水平 $\alpha=0.05$、0.01,则 $F_\alpha=6.39$、15.98。其他因素水平影响劈裂强度的方差分析类似上述计算,其结果列入表2-6。

15℃劈裂强度方差分析结果　　表2-6

项　目	A(%)	B(%)	C(%)	D(%)	E(%)
K1	12.73	11.6	14.66	13.65	13.62
K2	13.11	13.86	13.15	12.74	12.87
K3	12.97	13.18	12.75	13.86	13.09
K4	12.52	12.52	12.36	12.8	13.16
K5	13.5	13.67	11.91	11.78	12.09
K1^2	162.053	134.560	214.916	186.323	185.504
K2^2	171.872	192.100	172.923	162.308	165.637

续上表

项目	A(%)	B(%)	C(%)	D(%)	E(%)
$K3^2$	168.221	173.712	162.563	192.100	171.348
$K4^2$	156.750	156.750	152.770	163.840	173.186
$K5^2$	182.250	186.869	141.848	138.768	146.168
U	168.229	168.798	169.004	168.668	168.369
Q	0.112	0.681	0.887	0.550	0.251
来源	A	B	C	D	E
离差	0.1121	0.6811	0.8865	0.5505	0.2515
自由度	4	4	4	4	4
均方离差 $S=Q/4$	0.0280	0.1703	0.2216	0.1376	0.0629
总和 Q_T	2.5525				
误差 Q_E/自由度	0.0709/4				
F 值 $=S/S_E$	1.581	9.606	12.503	7.764	3.547
$F_{0.05}(4,4)/F_{0.01}(4,4)$	6.39/15.98				
显著性		* *	* *	* *	

注:若 $F>F_{0.01}(f_{因},f_E)$,就称该因素是高度显著的,用3个星号表示,如＊＊＊;若 $F<F_{0.01}(f_{因},f_E)$,但 $F>F_{0.05}(f_{因},f_E)$,则称该因素的影响是显著的,用1个或2个星号表示;若 $F<F_{0.05}(f_{因},f_E)$,就称该因素的影响是不显著的,不用星号表示。

从表2-5可看出:影响15℃劈裂强度的因素排序为:C>B>D>E>A,即2.36mm、4.75mm和0.075mm筛孔通过率是15℃劈裂强度的主要影响因素。其中,第4列(2.36mm筛孔通过率)极差最大,各因素所在列的差异实际上只反映该因子由于水平变动引起指标的波动,说明因子2.36mm筛孔通过率变动时,对劈裂强度值影响最大,且劈裂强度的大小与2.36mm筛孔通过率具有严格单调性,通过率由24%增至38%时,15℃劈裂强度值增加18.7%。

从表2-6可得出结论:影响15℃劈裂强度的因素排序为:C>B>D>E>A,即2.36mm筛孔、4.75mm筛孔和0.075mm筛孔通过率对15℃劈裂强度影响显著,其中2.36mm筛孔通过率对劈裂强度影响接近高度显著,而油石比和9.5mm筛孔通过率对15℃劈裂强度影响不显著。

综上可知,两种数理统计分析结果是一致的,说明极差分析对因子作用的判断并不是由试验误差引起的,而是本身对试验指标有显著影响;控制15℃劈裂强度大小的关键因素是2.36mm筛孔通过率,其次是4.75mm和0.075mm筛孔通过率,而油石比和9.5mm通过率的变化对15℃劈裂强度影响并不显著,对其影响处于次要作用。这表明细集料级配对AC-13SBS改性沥青混合料的15℃劈裂强度影响显著。

2.2 相关性及变异性分析

2.2.1 劈裂强度与密度、空隙率相关性分析

由表2-2组成的25组沥青混合料试验结果绘制成曲线,分别如图2-2和图2-3所示。

相应影响因素的方差分析类似15℃劈裂强度分析。

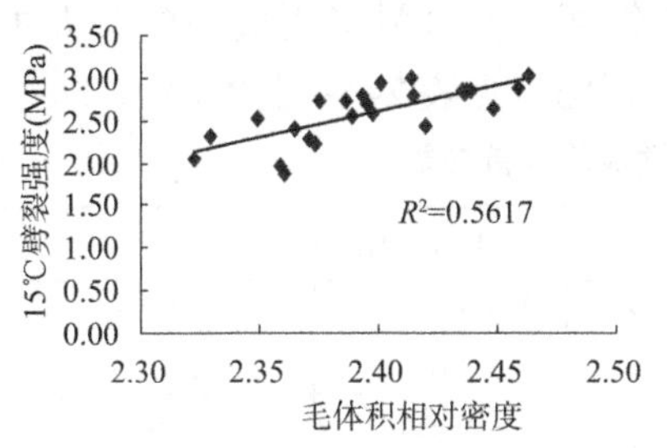

图2-2 25组15℃劈裂强度与毛体积相对密度的关系

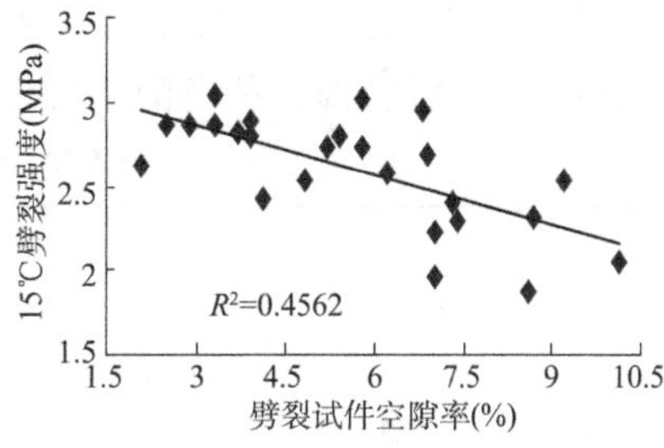

图2-3 25组15℃劈裂强度与空隙率的关系

(1)从图2-2和图2-3可知,15℃劈裂强度随试件毛体积相对密度增加而增加,随着试件空隙率的增大而增大,线性相关系数分别为:$R=74.95\%$,$R=67.3\%$。说明15℃劈裂强度与压实混合料密度的线性相关性优于同空隙率的线性相关性。分析认为,影响毛体积相对密度和空隙率的因素9.5mm、4.75mm、2.36mm、0.075mm筛孔通过率和油石比的F分布值分别为:2.56、12.34、24.28、15.5、17.66,2.48、12.98、23.76、23.15、87.4。当显著水平为0.05和0.01时,临界值$F_{0.05}(4,4)/F_{0.01}(4,4)=6.39/15.98$。可见,细集料级配与油石比均为毛体积相对密度和空隙率的显著影响因子,但油石比对空隙率的影响明显高于对毛体积密度的影响,而细集料(粒径$d\leqslant 4.75$mm)级配对劈裂强度的影响起支配控制地位,油石比对15℃劈裂强度的影响并不显著,这是15℃劈裂强度与毛体积密度和空隙率之间线性相关系数较低的主要原因。

(2)表2-2中前5组级配和油石比组成的沥青混合料试验结果表明(表2-3和表2-4),空隙率变化为6.0%→7.4%→10.1%时,劈裂强度则为2.74MPa→2.29MPa→2.04MPa,衰减幅度为25.5%,说明空隙率对劈裂强度有重要影响。

通过上述分析可知,提高15℃劈裂强度的有效方法是优化细集料级配,降低空隙率,提高试件密度,而不是通过油石比提高劈裂强度值。

2.2.2 变异性分析

测定的数据有一定的波动会导致质量的变异,测试对象质量变异的程度,可以用下列方法表示:

(1)标准差。

$$\sigma=\sqrt{\frac{\sum_{i=1}^{n}(X_i-\overline{X})^2}{n-1}}$$

式中:X_i——某次测定值,$i=1,2,\cdots,n$;

$\overline{X}$——算术平均值。

(2)变异系数C_v。

$$C_v=\frac{\sigma}{\overline{X}}\times 100\%$$

方差相等的2个随机变量只说明分别围绕各自平均值取值的均匀程度相同,但并非2个随机变量各自取值的分散程度相同。因此,比较两者取值的均匀程度与自身取值大小的相对关系,必须用随机变量的变异系数,即标准差除以平均值的百分数,它反映了某一随机变量本身的不稳定性。本节分别对表2-2中25组沥青混合料采用极差分析方法和方差分析方法分析15℃劈裂强度和空隙率的变异性,分析结果见表2-7~表2-10。

15℃劈裂强度变异性极差分析结果 表2-7

试验指标	项目	因素,各筛孔通过率				
		9.5mm(%)(A)	4.75mm(%)(B)	2.36mm(%)(C)	0.075mm(%)(D)	油石比(%)(E)
变异系数	$K1$	0.066	0.061	0.053	0.039	0.055
	$K2$	0.083	0.055	0.073	0.059	0.062
	$K3$	0.062	0.057	0.061	0.062	0.069
	$K4$	0.054	0.067	0.073	0.068	0.073
	$K5$	0.055	0.079	0.060	0.092	0.061
极差	R	0.029	0.025	0.020	0.053	0.018

15℃劈裂强度变异性方差分析结果 表2-8

项目	9.5mm(%)(A)	4.75mm(%)(B)	2.36mm(%)(C)	0.075mm(%)(D)	油石比(%)(E)
$K1$	0.3300	0.3071	0.2659	0.1961	0.2751
$K2$	0.4142	0.2742	0.36659	0.2956	0.3085
$K3$	0.3104	0.2869	0.3053	0.3096	0.3466
$K4$	0.2707	0.3347	0.3640	0.3400	0.3633
$K5$	0.2747	0.3972	0.2982	0.4588	0.3067
$K1$^2	0.109	0.094	0.071	0.038	0.076
$K2$^2	0.172	0.075	0.134	0.087	0.095
$K3$^2	0.096	0.082	0.093	0.096	0.120
$K4$^2	0.073	0.112	0.133	0.116	0.132
$K5$^2	0.075	0.158	0.089	0.211	0.094
U	0.105	0.104	0.104	0.110	0.103
Q	0.003	0.002	0.002	0.007	0.001
来源	A	B	C	D	E
离差	0.0027	0.0019	0.0015	0.0071	0.0010
自由度	4	4	4	4	4
均方离差 $S=Q/4$	0.0007	0.0005	0.0004	0.0018	0.0002
总和 Q_T	0.0157				
误差 Q_E/自由度	0.0014/4				
F 值 $=S/S_E$	1.898	1.337	1.082	5.008	0.688
$F_{0.05}(4,4)$	6.39				
显著性	不显著	不显著	不显著	较显著	不显著

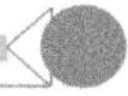

空隙率变异性极差分析结果　　表 2-9

试验指标	项　目	因素,各筛孔通过率				
		9.5mm(%)(A)	4.75mm(%)(B)	2.36mm(%)(C)	0.075mm(%)(D)	油石比(%)(E)
变异系数	*K*1	0.062	0.051	0.064	0.057	0.073
	*K*2	0.056	0.051	0.073	0.067	0.045
	*K*3	0.053	0.027	0.040	0.044	0.057
	*K*4	0.040	0.044	0.045	0.045	0.034
	*K*5	0.040	0.079	0.029	0.038	0.042
极差	*R*	0.022	0.052	0.044	0.029	0.038

空隙率变异性方差分析结果　　表 2-10

项　目	9.5mm(%)(A)	4.75mm(%)(B)	2.36mm(%)(C)	0.075mm(%)(D)	油石比(%)(E)
*K*1	0.31	0.25	0.32	0.29	0.365
*K*2	0.28	0.25	0.36	0.33	0.223
*K*3	0.27	0.13	0.20	0.22	0.286
*K*4	0.20	0.22	0.2	0.22	0.172
*K*5	0.20	0.40	0.15	0.19	0.209
*K*1^2	0.0960	0.0641	0.1027	0.0824	0.1329
*K*2^2	0.0779	0.0639	0.1327	0.1110	0.0498
*K*3^2	0.0711	0.0181	0.0394	0.0489	0.0821
*K*4^2	0.0404	0.0476	0.0511	0.0497	0.0297
*K*5^2	0.0394	0.1573	0.0213	0.0364	0.0435
U	0.0649	0.0702	0.0694	0.0657	0.0676
Q	0.0019	0.007175	0.0064	0.0027	0.0046
来源	A	B	C	D	E
离差	0.001954	0.007175	0.00641	0.002674	0.004584
自由度	4	4	4	4	4
均方离差 $S=Q/4$	0.000489	0.001794	0.001603	0.000669	0.001146
误差 Q_E/自由度	0.0008/4				
F 值 $=S/S_E$	2.536778	9.313463	8.320759	3.471229	5.950575
$F_{0.05}(4,4)/F_{0.01}(4,4)$	6.39/15.98				
显著性		* *	* *		

从表2-3、表2-7和表2-8可知,15℃劈裂强度变异系数为0.04~0.105;两种分析方法得到的影响15℃劈裂强度变异系数的主次顺序均为D>A>B>C>E。从极差分析可知,0.075mm筛孔通过率对劈裂强度变异性影响最大,当0.075mm筛孔通过率从4%变化到8%时,变异系数呈现严格单调递减(两者线性相关系数为0.953),降幅达57.2%。从方差分析可知,0.075mm筛孔通过率对劈裂强度变异系数的影响接近显著状态,其他因素对15℃劈裂强度变异性影响并不显著。

极差分析与方差分析具有一致性，方差分析弥补了极差直观分析中不能检验因素影响的显著程度。尽管0.075mm通过率变异性很小，但对劈裂强度变异性影响却较为明显。建议选择级配稳定的机制砂和矿粉用量，严格控制0.075mm筛孔通过率，合成级配0.075mm筛孔通过率宜控制在6%左右，有利于降低沥青混凝土15℃劈裂强度的变异性，提高工程施工质量。

从表2-4、表2-9和表2-10可知，同一AC-13的不同级配和不同油石比组成的同批次试件空隙率在每个因素对应不同水平的变异系数为0.02～0.125；影响试件空隙率的极差和方差分析结果具有一致性，其变异性的主次顺序均为B > C > E > D > A，说明细集料级配和油石比对空隙率变异性的影响较为明显。其中，4.75mm、2.36mm筛孔通过率对空隙率变异性影响显著。据此建议施工中严格控制合成级配4.75mm、2.36mm筛孔通过率，有利于减少沥青混凝土空隙率的变异性。本书将在第4章中通过实体工程铺筑验证对空隙率的影响程度。

2.3 水稳定性影响因素分析

2.3.1 试验设计

采用$L_{16}(4)^5$正交表格安排试验，因素水平选取见表2-11，探讨AC-13级配和油石比的变化对冻融劈裂强度的影响。考虑级配组合中各筛孔通过率的独立性和各因素水平搭配中不出现负值，通过调整各种规格比例用量使其符合$L_{16}(4)^5$中各筛孔通过率的要求，如图2-4所示。其中，9.5mm筛孔通过率范围为60%～85%，较《公路沥青路面施工技术规范》(JTG F40—2017)[8]68%～85%区间增大，向下移动8%；4.75mm筛孔通过率为34%～60%，较《公路沥青路面施工技术规范》(JTG F40—2017)38%～68%区间下移动4%；2.36mm筛孔通过率为20%～34%，较《公路沥青路面施工技术规范》(JTG F40—2017)24%～50%区间下限下移动4%，上限缩小16%；0.075mm筛孔通过率与规范相同。填料采用矿粉+消石灰。

采用$L_9(3)^4$正交表安排实验，AC-13级配见表2-12，因素水平见表2-13，探讨多因素(材料指标、填料类型、油石比和空隙率)条件下的冻融劈裂强度的影响。

AC-13正交设计五因素四水平 表2-11

因素水平	9.5mm(%)(A)	4.75mm(%)(B)	2.36mm(%)(C)	0.075mm(%)(D)	油石比(%)(E)
1	85	60	34	8	5.4
2	77	51	29	6.5	5.1
3	69	42	24	5.5	4.8
4	60	34	20	4	4.5

AC-13型级配组成设计 表2-12

筛孔尺寸	各筛孔通过百分率(%)									
(mm)	16.0	13.2	9.5	4.75	2.36	1.18	0.6	0.3	0.15	0.075
合成级配	100.0	95.4	73.4	39.2	27.4	20.4	14.7	10.6	8.2	6.1

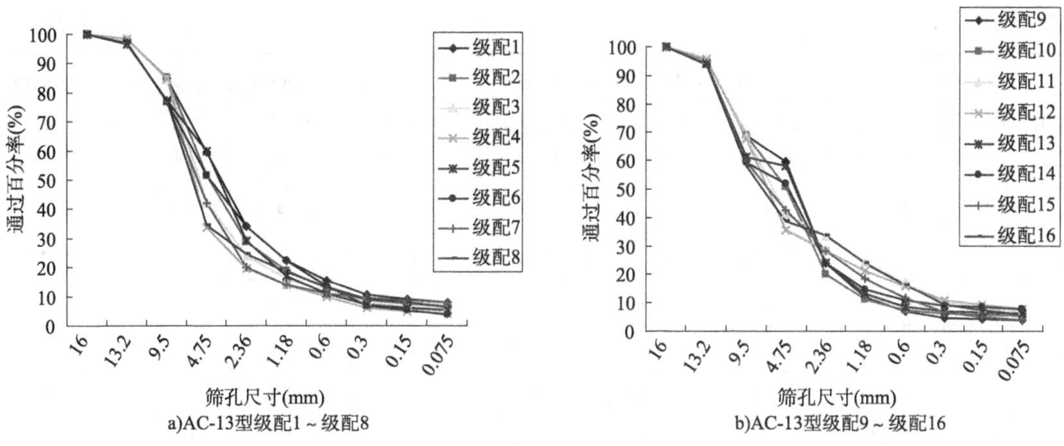

a)AC-13型级配1~级配8　　b)AC-13型级配9~级配16

图 2-4 AC-13 正交试验级配组成曲线

AC-13 正交设计四因素三水平　　表 2-13

因素水平	砂当量(%)(F)	填料类型(G)	油石比(H)	空隙率(%)(I)
1	80	消石灰	4.3	7~8
2	60	水泥	4.8	4~5
3	40	矿粉	5.3	3~4

标准马歇尔试验击实温度为163~165℃,试件高度均符合(63.5±1.3)mm要求,理论最大相对密度采用计算法确定,通过调整马歇尔击实次数(25次、33次、75次、112次)满足表2-13规定的不同设计空隙率水平。冻融劈裂试验每组有效试件4个,试验仪器为LDR-2型沥青混合料冻融劈裂仪,主要技术参数为最大荷载50kN,荷载范围5~35kN,加载速率(50±5)mm/min。取4个试件平均值作为试验结果。两种试验结果依次见表2-14、表2-15。

AC-13 改性沥青混合料正交试验设计及试验结果　　表 2-14

试验号	各筛孔通过百分率与油石比					未冻融劈裂强度(MPa)	冻融劈裂强度(MPa)	冻融劈裂强度比(%)
	9.5mm(%)(A)	4.75mm(%)(B)	2.36mm(%)(C)	0.075mm(%)(D)	油石比(%)(E)			
1	1(85)	1(60)	1(34)	1(8)	1(5.4)	1.229	1.051	85.52
2	1(85)	2(51)	2(29)	2(6.5)	2(5.1)	1.152	0.995	86.37
3	1(85)	3(42)	3(24)	3(5.5)	3(4.8)	1.364	0.958	70.23
4	1(85)	4(34)	4(20)	4(4)	4(4.5)	1.211	0.866	71.51
5	2(77)	1(60)	2(29)	3(5.5)	4(4.5)	1.296	1.032	79.63
6	2(77)	2(51)	1(34)	4(4)	3(4.8)	1.309	1.125	85.94
7	2(77)	3(42)	4(20)	1(8)	2(5.1)	1.336	1.256	94.01
8	2(77)	4(34)	3(24)	2(6.5)	1(5.4)	1.381	1.292	93.56
9	3(69)	1(60)	3(24)	4(4)	2(5.1)	1.087	0.856	78.75
10	3(69)	2(51)	4(20)	3(5.5)	1(5.4)	1.381	1.057	76.54

续上表

试 验 号	各筛孔通过百分率与油石比					未冻融劈裂强度(MPa)	冻融劈裂强度(MPa)	冻融劈裂强度比(%)
	9.5mm(%)(A)	4.75mm(%)(B)	2.36mm(%)(C)	0.075mm(%)(D)	油石比(%)(E)			
11	3(69)	3(42)	1(34)	2(6.5)	4(4.5)	1.374	1.241	90.32
12	3(69)	4(34)	2(29)	1(8)	3(4.8)	1.377	1.270	92.23
13	4(60)	1(60)	4(20)	2(6.5)	3(4.8)	1.204	1.034	85.88
14	4(60)	2(51)	3(24)	1(8)	4(4.5)	1.384	1.297	93.71
15	4(60)	3(42)	2(29)	4(4)	1(5.4)	1.288	1.055	81.91
16	4(60)	4(34)	1(34)	3(5.5)	2(5.1)	1.485	1.393	93.80

改性沥青 AC-13 混合料原材料正交设计及试验结果 表 2-15

试 验 号	砂当量(%)(F)	填料类型(G)	油石比(%)(H)	空隙率(%)(I)	未冻融劈裂强度(MPa)	冻融劈裂强度(MPa)	冻融劈裂强度比(%)
1	1(80)	1(消石灰)	1(4.3)	1(8.3)	0.83	0.73	87.95
2	1(80)	2(水泥)	2(4.8)	2(3.9)	1.2	1.13	94.17
3	1(80)	3(矿粉)	3(5.3)	3(3.4)	1.22	1.03	84.43
4	2(60)	1(消石灰)	2(4.8)	3(3.0)	1.32	1.13	85.61
5	2(60)	2(水泥)	3(5.3)	1(7.7)	1.08	0.88	81.48
6	2(60)	3(矿粉)	1(4.3)	2(5.0)	1.24	1.04	83.87
7	3(40)	1(消石灰)	3(5.3)	2(4.4)	1.31	1.16	88.55
8	3(40)	2(水泥)	1(4.3)	3(4.1)	1.39	1.23	88.49
9	3(40)	3(矿粉)	2(4.8)	1(7.0)	1.16	0.92	79.31

2.3.2 试验结果分析

AC-13 改性沥青混合料水稳定性研究分别采用正交表 $L_{16}(4)^5$ 和 $L_9(3)^4$，有 5 列和 4 列，1 个因素 1 列，把正交表的 5 列和 4 列全部放满，没有留下空白列，误差自由度就必然要等于零，无法进行方差分析。本试验结果采用极差分析，见表 2-16 和表 2-17。

AC-13 改性沥青混合料冻融劈裂强度分析结果 表 2-16

考核指标	项　目	9.5mm(%)(A)	4.75mm(%)(B)	2.36mm(%)(C)	0.075mm(%)(D)	油石比(%)(E)
未冻融劈裂强度(MPa)	*K*1	1.239	1.204	1.349	1.332	1.320
	*K*2	1.331	1.307	1.278	1.278	1.265
	*K*3	1.305	1.341	1.304	1.382	1.314
	*K*4	1.340	1.364	1.283	1.224	1.316
极差	*R*	0.101	0.160	0.071	0.158	0.055

续上表

考核指标	项目	9.5mm(%)(A)	4.75mm(%)(B)	2.36mm(%)(C)	0.075mm(%)(D)	油石比(%)(E)
冻融劈裂强度(MPa)	*K*1	0.968	0.993	1.203	1.219	1.114
	*K*2	1.176	1.119	1.088	1.141	1.125
	*K*3	1.106	1.128	1.101	1.110	1.097
	*K*4	1.195	1.205	1.053	0.976	1.109
极差	*R*	0.227	0.212	0.149	0.243	0.028
冻融劈裂强度比(%)	*K*1	78.408	82.444	88.896	91.368	84.380
	*K*2	88.285	85.642	85.035	89.032	88.234
	*K*3	84.459	84.119	84.063	80.052	83.572
	*K*4	88.827	87.775	81.986	79.528	83.794
极差	*R*	10.419	5.331	6.911	11.840	4.662

注：*K*1、*K*2、*K*3、*K*4 这一行的 5 个数分别是因素 A、B、C、D、E 的第 1 水平、第 2 水平、第 3 水平、第 4 水平所在的试验中对应各考核技术指标平均值；*R* 为每列的极差，此值越大说明影响因素越大。

AC-13 改性沥青混合料原材料冻融劈裂强度分析结果　　表 2-17

考核指标	项目	砂当量(%)(F)	填料类型(G)	油石比(%)(H)	空隙率(%)(I)
未冻融劈裂强度(MPa)	*K*1	1.083	1.153	1.153	1.023
	*K*2	1.213	1.223	1.227	1.250
	*K*3	1.287	1.207	1.203	1.310
极差	*R*	0.203	0.070	0.073	0.287
冻融劈裂强度(MPa)	*K*1	0.963	1.007	1.000	0.843
	*K*2	1.017	1.080	1.060	1.110
	*K*3	1.103	0.997	1.023	1.130
极差	*R*	0.140	0.083	0.060	0.287
冻融劈裂强度比(%)	*K*1	88.848	87.369	86.771	82.915
	*K*2	83.653	88.046	86.361	88.862
	*K*3	85.450	82.536	84.819	86.174
极差	*R*	5.195	5.510	1.952	5.948

注：*K*1、*K*2、*K*3 这一行的 4 个数分别是因素 F、G、H、I 的第 1 水平、第 2 水平、第 3 水平所在的试验中对应各考核技术指标平均值；*R* 为每列的极差，此值越大说明影响因素越大。

从表 2-16 结果分析可得出如下结论：

(1)未进行冻融循环的第 1 组试件劈裂强度(简称未冻融劈裂强度)的影响因素排序为 B > D > A > C > E，即 4.75mm、0.075mm 筛孔通过率对未冻融劈裂强度的影响处于同一数量级且影响较大；经受冻融循环的第 2 组试件劈裂强度(简称冻融劈裂强度)的影响因素排序为 D > A > B > C > E，即 0.075mm、9.5mm 和 4.75mm 筛孔通过率对冻融劈裂强度的影响处于同一数量等级且影响较大；冻融劈裂强度比的影响因素排序为 D > A > C > B > E，即0.075mm和9.5mm筛孔通过率对冻融劈裂强度比的影响处于同一数量级，为主要影响因素。当0.075mm筛孔通过率水平从4%增加到8%时，冻融劈裂强度单调增加19.9%，冻融劈裂强度比单调增加13.2%。

(2)集料级配对AC-13改性沥青混合料冻融劈裂强度比和冻融劈裂强度绝对值的影响处于支配地位，而油石比影响较小；级配区间的大小对水稳定性的影响并非越大就越显著，如0.075mm筛孔通过率变化只有4%，冻融劈裂强度变化则为19.9%。因此，建议在分析冻融劈裂强度比的同时注意分析冻融劈裂强度的绝对值大小；优化材料组成设计，严控0.075mm筛孔通过率，有利于提高沥青混凝土的抗水损害性能。

从表2-17分析可知：

(1)影响未冻融和冻融劈裂强度的因素排序依次为 I > F > H > G、I > F > G > H，即空隙率和砂当量对未冻融和冻融劈裂强度影响非常显著；冻融劈裂强度比影响因素排序为 I > G > F > H，即试件空隙率、填料类型和砂当量处于同一等级，是冻融劈裂强度比的主要影响因素。可以看出，在表2-15试验结果的基础上，保持级配不变时，进一步证实了增加或降低油石比对冻融劈裂强度比和冻融劈裂强度的影响较小，当空隙率由3%增加到8%时，未冻融和冻融劈裂强度衰减幅度达28.7%。

(2)从填料类型水平看，全部以矿粉作为填料的冻融劈裂强度较未冻融劈裂强度衰减17.4%，冻融劈裂强度比也明显小于以消石灰和水泥作为填料的冻融劈裂强度比，全部采用水泥和消石灰作为填料对水稳定性影响差距不大，主要原因是受到空隙率和细集料洁净程度的影响。为此，材料设计和施工控制中，宜选择机制砂作为细集料，砂当量控制在70%以上，空隙率控制在6%以下；沥青混合料中掺加适量的消石灰或水泥比全部采用矿粉作为填料更有利于增强沥青路面的抗水损害性能。

2.4 填料类型优化

不同填料类型对沥青混合料性能的提高和改善起着非常重要的作用，包括矿粉、水泥、生石灰和消石灰等，国内外学者对此进行了相关研究[49-54]，这些研究基本上是建立在较小空隙率(一般为3%~5%)的沥青混合料抗水损害性和开级配(空隙率大于15%以上)条件下的沥青混合料填料优选问题，侧重于沥青混合料的水稳定性，对于空隙率在7%~8%条件下的沥青混合料填料优选问题的研究还很少。因此，本书结合安徽省沿江高速公路路面工程实践，对比分析不同填料及填料比例对综合路用性能的影响。

2.4.1 试验设计

在2.3节的基础上，进一步验证填料类型和液体抗剥落剂对冻融劈裂强度的影响。采用全部为4%的矿粉、2.5%矿粉+1.5%消石灰和2.5%矿粉+1.5%水泥，以及4%矿粉+抗剥落剂1/抗剥落剂2，总共5种类型的填料进行冻融劈裂试验。级配见表2-12，油石比为4.9%，空隙率由马歇尔试件双面击实次数调整而得。试验结果见表2-18。

填料类型为生石灰、消石灰、水泥、矿粉，按分别占矿料质量的3%、2%、1%、0%的比

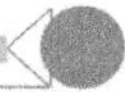

例掺加，即上述不同填料取代量分别占填料的49.2%、32.8%、16.4%、0%；液体抗剥落剂按照占沥青用量0.5%的比例添加；沥青结合料采用SBS改性沥青，其中试验5为基质沥青结合料，共形成10种不同外加剂的沥青混合料类型，见表2-19。级配见表2-20，试验油石比为4.8%，空隙率标准通过试打确定次数，一般为20～33次，可将混合料空隙率控制在7%左右。综合路用性能考核指标分别选用标准飞散试验，以确定质量损失量和抗剥离能力；车辙动稳定度试验，以评价高温抗车辙性能；冻融劈裂试验，以评价抗水损害性能；高温劈裂强度试验，以评价沥青混合料的高温性能；老化前、后劈裂强度，以评价其低温抗裂性能。试验方法按照《公路工程沥青及沥青混合物试验规程》(JTG E20—2011)进行，结果见表2-21。

不同填料类型的水稳定性试验结果 表2-18

项　目	毛体积相对密度	理论最大相对密度	空隙率(%)	未冻融劈裂强度(MPa)	冻融劈裂强度(MPa)	冻融劈裂强度比(%)
矿粉	2.351	2.529	6.9	0.98	0.92	94
水泥	2.357	2.533	6.9	1.06	0.97	91.7
消石灰	2.356	2.526	6.7	1.06	0.99	93.3
抗剥落剂1	2.367	2.529	6.4	1.01	0.83	81.8
抗剥落剂2	2.368	2.533	6.4	0.6	0.58	95.5

不同填料和结合料条件下的AC-13沥青混合料类型 表2-19

试　验　号	沥青混合料材料组成质量比例
1	1号:2号:3号:4号:生石灰　33%:30%:11%:23%:3%
2	1号:2号:3号:4号:水泥　33%:30%:11%:23%:3%
3	1号:2号:3号:4号:消石灰　33%:30%:11%:23%:3%
4	1号:2号:3号:4号:矿粉　33%:30%:11%:23%:3%
5	1号:2号:3号:4号:矿粉　33%:30%:11%:23%:3%(基质沥青)
6	1号:2号:3号:4号:矿粉:0.5%剥落剂　33%:30%:11%:23%:3%
7	1号:2号:3号:4号:矿粉:水泥　33%:30%:11%:23%:2%:1%
8	1号:2号:3号:4号:矿粉:消石灰　33%:30%:11%:23%:2%:1%
9	1号:2号:3号:4号:矿粉:消石灰　33%:30%:11%:23%:1%:2%
10	1号:2号:3号:4号:矿粉:水泥　33%:30%:11%:23%:1%:2%

AC-13矿料合成级配组成 表2-20

通过各筛孔(mm)的质量百分率(%)									
16.0	13.2	9.5	4.75	2.36	1.18	0.6	0.3	0.15	0.075
100.0	96.5	69.3	38.1	28.5	21.1	16.0	11.5	8.8	6.1

AC-13 沥青混合料综合路用性能试验结果 表 2-21

混合料类型	空隙率（%）	冻融前后劈裂强度（MPa）	TSR（%）	动稳定度（次/mm）	空隙率（%）	标准飞散损失（%）	45℃劈裂强度（MPa）	老化前后15℃劈裂强度（MPa）
1	5.07/4.77	0.99/0.93	94.2	7000	5.65/5.05	6.28	0.3	
2	7.47/7.03	0.85/0.77	91.2	5822	7.14/7.28	5.13	0.25	
3	7.03/6.84	0.88/0.86	96.9	6315	7.21/7.32	4.78	0.3	
4	6.57/6.76	0.82/0.71	86.6	5142	7.64/7.52	5.98	0.24	
5	7.1/7.0	0.85/0.719	84.4	2440	7.2/7.4	6.9	0.12	
6	6.92/6.56	0.88/0.85	96.6	7875	7.19/7.12	5.13	0.28	0.98/1.02
7	7.04/7.05	1.0/0.95	95	5727	7.02/7.55	6.58	0.33	1.14/1.18
8	7.15/6.71	1.07/1.02	95.5	6299	7.62/7.69	5.63	0.36	1.15/1.19
9	7.56/7.63	0.95/0.9	94.5		7.41/7.63	5.35	0.29	1.11/1.17
10	7.36/7.79	0.94/0.85	90.4		7.5/7.75	5.53	0.3	1.09/1.16

2.4.2 试验结果分析

表 2-18 的试验结果表明：

（1）从评价指标冻融劈裂强度比（TSR）看，抗剥落剂 2 最好，抗剥落剂 1 最差。说明不同品牌的抗剥落剂使用性能差异性很大；全部填料采用矿粉对 TSR 的影响仅次于抗剥落剂 2，且比使用水泥和消石灰略偏大；消石灰比水泥的 TSR 偏大，但两者的差异性不大。分析认为，造成水泥与消石灰对 TSR 影响差别不大和全部采用矿粉作为填料的 TSR 较水泥与消石灰略偏大的主要原因可能是消石灰与水泥用量偏少，难以区分对 TSR 的影响程度。

（2）从冻融前和冻融后劈裂强度值看，1.5% 消石灰最高，1.5% 水泥次之，4% 矿粉第三，而两种抗剥落剂明显偏低。说明冻融劈裂强度比大，冻融劈裂强度绝对值不一定大，而冻融劈裂强度值是反映沥青混合料水稳定性的重要指标，仅仅采用劈裂强度比评价沥青混合料的抗水损害性能存在一定的缺陷。据此，建议优先考虑采用一部分消石灰作为矿料级配组成，可以提高冻融劈裂强度值，但消石灰必须保证先进的生产工艺、石灰等级和注意矿粉与消石灰的密度差异可能导致的起拱、掺配不匀等问题。

表 2-21 的试验结果表明：

（1）占矿料质量为 3% 的不同填料性能对比分析如下：①抗水损害性能评价。掺加量为 3% 消石灰的冻融劈裂强度和 TSR 均最大，矿粉为 3% 的冻融劈裂强度和 TSR 最小。不同填料的抗水损害性能优劣排序为 3% 消石灰 > 3% 生石灰 > 3% 水泥 > 填料全部为 3% 矿粉。可见，采用掺加 3% 不同填料类型可以很好地区分：使用消石灰的抗水损害性能最好，全部采用矿粉作为填料的抗水损害性能最差。②高温性能评价。同为 3% 掺量的 60℃ 动稳定度排序为生石灰 > 消石灰 > 水泥 > 填料全部为矿粉。③混合料抗飞散能力评价。3% 消石灰的马歇尔试件在洛杉矶磨耗试验机旋转 300 转后质量损失最小（4.78%），生石灰飞散损失最

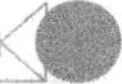

大(6.28%),消石灰较生石灰抗剥离能力增大23.9%,较水泥抗剥离能力增大6.8%。不同填料飞散优劣排序为消石灰>水泥>全部为矿粉>生石灰。分析认为,消石灰具有较强的氢氧化钙强碱性物质,与沥青中羚酸接触产生化学反应,形成较强的吸附沥青能力,比与改性沥青结合具有更为优越的抗剥离能力,有降低沥青路面的表面集料散落的可能性。④高温抗拉能力评价。对比掺量为3%的不同填料的45℃劈裂强度值,使用消石灰最大(0.3MPa),使用水泥作为填料的高温劈裂强度值最小(0.25MPa),衰减幅度为19.4%。

(2)1%水泥和1%消石灰的沥青混合料性能对比分析如下:①以1%消石灰作为填料的TSR和动稳定度略大于以1%水泥作为填料的TSR和动稳定度,且两种填料的高温劈裂强度、标准飞散损失和老化劈裂强度比差异不大。从整体来看,使用1%消石灰比使用1%水泥具有更好的路用性能。②掺加液体抗剥落剂的AC-13基质沥青混合料的15℃老化前后劈裂强度值明显小于填料为2%的水泥和消石灰劈裂强度值,尤其是经过5天长期老化后15℃劈裂强度值增长很小,可能是因为抗剥落剂破坏了沥青混合料的内在结构和改变了沥青的组分,而使用消石灰不但提高了老化前混合料的抗拉能力,也提高了老化后混合料的抗拉能力。

(3)掺加量为2%水泥和消石灰的沥青混合料性能对比分析如下:①掺加消石灰的冻融劈裂强度和TSR均较水泥大,掺加消石灰的沥青混合料老化前和老化后15℃劈裂强度值较掺加水泥明显提高,掺加消石灰的抗飞散损失略小于掺加水泥。②掺加量为2%的5种沥青混合料类型的长期老化后劈裂强度值均较老化前劈裂强度值增大,说明沥青混合料经过老化后抵抗外部荷载变形能力得到进一步加强,主要是沥青结合料的针入度下降、黏度增大所致。

2.5 本章小结

(1)AC-13改性沥青混合料是现阶段许多高速公路和高等级公路的表面层(或称上面层)主要组成材料,它的功能和性状突出影响到整个沥青面层的使用品质和寿命。本章首先以AC-13改性沥青混合料为研究对象,分析了15℃劈裂强度的影响因素及其与混合料的相关性和变异性。试验结果表明,影响15℃劈裂强度的关键因素为细集料级配,油石比对15℃劈裂强度的影响并不显著;15℃劈裂强度与试件毛体积相对密度、压实试件空隙率之间存在线性相关关系,其相关系数均大于68%;当空隙率由6.0%变化到10.1%时,劈裂强度则由2.74MPa衰减到2.04MPa,降幅达25.5%。说明在级配和油石比同时变化过程中,细集料级配对15℃劈裂强度的影响处于支配控制地位,15℃劈裂强度并没有因粗集料级配区间变异较大而受到较大影响。据此建议,从施工质量控制角度,严格控制沥青拌和楼生产环节和摊铺沥青混合料造成的离析,防止因混合料细集料变异和摊铺导致的级配与油石比同时变异性而产生劈裂强度快速衰减。

(2)25组不同级配和油石比的同批次试件空隙率的变异系数为0.02~0.125,15℃劈裂强度变异系数为0.04~0.105,影响劈裂强度和空隙率变异系数的极差与方差分析结果具有一致性。其中,0.075mm筛孔通过率对15℃劈裂强度变异系数的影响接近显著状态,其他因素对15℃劈裂强度变异性影响并不显著,表明尽管0.075mm筛孔通过率变异性很小,但对劈裂强度变异性影响却较大。细集料级配变化和油石比改变对空隙率变异性产生决定性作用;4.75mm、2.36mm 筛孔通过率对空隙率变异性影响显著。据此,在设计和施工中应优化细集料级配,严格控制合成级配 4.75mm、2.36mm 筛孔通过率,有利于减少沥青混凝土原位空隙率的变异性。

(3)通过 AC-13 改性沥青混合料水稳定性影响因素研究,得出集料级配对 TSR 和冻融劈裂强度绝对值的影响处于支配地位,而油石比影响则较小,级配区间的大小对强度的影响并非越大就越显著,如 0.075mm 筛孔通过率变化只有 4%,冻融劈裂强度变化则为 19.9%;多因素(砂当量、填料类型、用油量和空隙率)作用下的 AC-13 改性沥青混合料水稳定性指标的关键影响因素为空隙率、砂当量,增加或降低油石比对冻融劈裂强度的影响并不明显。据此给出了提高沥青混凝土抗水损害性能的施工质量控制建议。

(4)本章还研究了不同填料类型对水稳定性和综合路用性能的影响规律:①占矿料质量 1.5% ~3% 可以明显区分出掺加消石灰较掺加水泥等作为填料的沥青混合料具有更好的提高冻融劈裂强度和 TSR 的能力,且掺加消石灰的抗水损害性要优于使用抗剥落剂。②掺加量为 3% 的不同填料的沥青混合料抗水损害性能优劣排序为 3% 消石灰 >3% 生石灰 >3% 水泥 > 填料全部为 3% 矿粉,同为 3% 掺量的 60℃ 动稳定度排序为生石灰 > 消石灰 > 水泥 > 填料全部为矿粉,不同填料飞散优劣排序为消石灰 > 水泥 > 填料全部为矿粉 > 生石灰。建议采用掺加部分消石灰(如 1.5% ~3%),这样更有利于增强沥青路面的水稳定性,并采用冻融劈裂强度和 TSR 联合作为水稳定性检验控制指标。

第 3 章 AC-20 沥青混合料影响因素与变异性

有些高速公路沥青路面建成不久就出现早期破坏，车辙和水破坏已成为影响路面耐久性的突出矛盾。根据国内外大量研究与路面病害分析[55-62]，发现在整个沥青路面结构中，中面层一般为竖向受压区，力学上以抗竖向压缩为主，中面层发生车辙病害的程度最大，主要是由于中面层在整个路面结构中温度最高，而且承受的剪应力最大。因此，中面层应具有很强的高温抗变形能力和很强的抗水作用能力，以抵抗荷载的重复作用。沥青中面层或联结层一般根据使用需要，可在连续型密级配（AC-16C、AC-20C、SUP19 等）中选择。现行规范[8]综合了原规范[9]矿料级配特点，结合我国沥青路面使用现状，对密级配沥青混凝土混合料矿料级配统一以 2.36mm 筛孔或 4.75mm 筛孔区分为粗型级配和细型级配，这是新规范的巨大突破。近年来，国内众多学者研究了矿料级配对混合料性能的影响[63-64]，这些研究对提高混合料路用性能起到了重要推动作用。本书以常用的中面层 AC-20 改性沥青混合料为例，探讨 Mashall 性能指标影响因素与变异性，级配对沥青混合料高温稳定性能的影响，以及施工与原材料质量控制的水损害性能影响因素分析，从而揭示适合中面层 AC-20 SBS 改性沥青混合料工程设计范围。

3.1 马歇尔性能指标影响因素与变异性分析

3.1.1 试验原材料与级配设计

本项目中面层（AC-20）采用石灰岩集料，细集料（粒径 $d \leqslant 2.36\text{mm}$）采用机制砂，结合料采用 SBS I-D 级改性沥青，原材料技术性能见表 3-1 和表 3-2。

本章采用 $L_{25}(5)^6$ 正交表格安排实验，尽可能将影响马歇尔技术指标的各因素列入其中，并考虑因素水平搭配组合时不会出现负值，选取 9.50mm、4.75mm、2.36mm、0.075mm 筛孔通过率和油石比，共五因素五水平（分别以 A、B、C、D、E 表示）安排正交试验设计，适当放大规范级配下限值，级配范围涵盖粗型和细型级配，因素水平见表 3-3，设计方案见表 3-4。通过调整各种规格原材料比例，使其合成级配符合表 3-4 设计中各筛孔通过率的要求。其中，级配 10 中 4.75mm 筛孔通过率为 33.9%，较设计值（28%）偏细 6%；级配 16 中 4.75mm 筛孔通过率为 43%，较设计值（49%）偏粗 6%；级配 21 中 9.5mm 筛孔通过率为 65.4%，较设计值（49%）偏细 16.4%，其他级配均符合设计要求，级配组成曲线如图 3-1 所示。

石灰岩集料技术性能 表 3-1

技术指标	试验值	技术要求
压碎值（%）	22.7	≤24
洛杉矶磨耗（%）	17.9	≤28

续上表

技术指标	试验值	技术要求
合成毛体积相对密度	2.719	
表观相对密度	2.735	
吸水率(%)	0.22	≤2.0
坚固性(%)	0.6	≤12
针片状含量(%)	8.3	≤15
黏附性	5 级	≥4 级
砂当量(%)	81	≥65

SBS I-D 级改性沥青技术性能 表 3-2

技术指标	试验值	技术要求
15℃针入度(0.1mm)	18	
25℃针入度(0.1mm)	53	30～60
30℃针入度(0.1mm)	87	
针入度指数	-0.88	≥0
软化点	71.5	≥65
延度(5℃/cm)	50	≥20
135℃黏度(P·s)	2.94	≤3.0
相对密度	1.031	
旋转薄膜烘箱试验		
质量变化(%)	0.697	±1.0
针入度比(%)	78.8	≥75
残留延度(5℃/cm)	24	≥15

正交设计(AC-20)五因素五水平 表 3-3

水平	9.5mm(%)(A)	4.75mm(%)(B)	2.36mm(%)(C)	0.075(%)(D)	油石比(%)(E)
1	72	49	28	7	4.7
2	66	44	24	6	4.4
3	60	40	21	5	4.1
4	54	34	19	4	3.8
5	49	28	16	3	3.5

正交试验方案 表 3-4

级配号	9.5mm(%)(A)	4.75mm(%)(B)	2.36mm(%)(C)	0.075(%)(D)	油石比(%)(E)
1	1(72)	1(49)	1(28)	1(7)	1(4.7)
2	1(72)	2(44)	2(24)	2(6)	2(4.4)
3	1(72)	3(40)	3(21)	3(5)	3(4.1)
4	1(72)	4(34)	4(19)	4(4)	4(3.8)

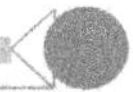

续上表

级　配　号	9.5mm(%)(A)	4.75mm(%)(B)	2.36mm(%)(C)	0.075(%)(D)	油石比(%)(E)
5	1(72)	5(28)	5(16)	5(3)	5(3.5)
6	2(66)	1(49)	2(24)	3(5)	4(3.8)
7	2(66)	2(44)	3(21)	4(4)	5(3.5)
8	2(66)	3(40)	4(19)	5(3)	1(4.7)
9	2(66)	4(34)	5(16)	1(7)	2(4.4)
10	2(66)	5(28)	1(28)	2(6)	3(4.1)
11	3(60)	1(49)	3(21)	5(3)	2(4.4)
12	3(60)	2(44)	4(19)	1(7)	3(4.1)
13	3(60)	3(40)	5(16)	2(6)	4(3.8)
14	3(60)	4(34)	1(28)	3(5)	5(3.5)
15	3(60)	5(28)	2(24)	4(4)	1(4.7)
16	4(54)	1(49)	4(19)	2(6)	5(3.5)
17	4(54)	2(44)	5(16)	3(5)	1(4.7)
18	4(54)	3(40)	1(28)	4(4)	2(4.4)
19	4(54)	4(34)	2(24)	5(3)	3(4.1)
20	4(54)	5(28)	3(21)	1(7)	4(3.8)
21	5(49)	1(49)	5(16)	4(4)	3(4.1)
22	5(49)	2(44)	1(28)	5(3)	4(3.8)
23	5(49)	3(40)	2(24)	1(7)	5(3.5)
24	5(49)	4(34)	3(21)	2(6)	1(4.7)
25	5(49)	5(28)	4(19)	3(5)	2(4.4)

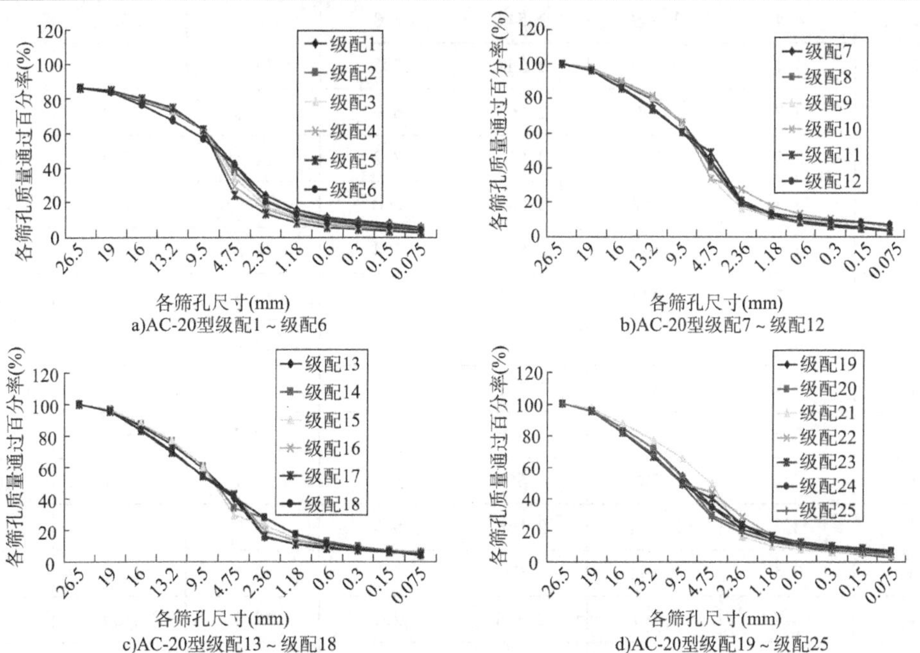

图3-1　AC-20型正交试验级配组成曲线

3.1.2 试验方法与结果分析

马歇尔成型每组有效试件6个,成型温度为(163±2.5)℃,理论最大相对密度由真空法实测得到,采用表干法测试毛体积相对密度。其中,级配4、级配5和级配24试件吸水率为2.1%~3.0%,其余均小于2%。取6个试件平均值作为试验结果,见表3-5。方差分析可以对各因素的显著性水平给出一个定量分析,避免极差分析中不能估计试验过程中必然存在误差大小的缺点。本书采用极差和方差对比分析,结果见表3-6、表3-7。

AC-20 改性沥青混合料马歇尔试验结果 表3-5

级配号	油石比(%)	毛体积相对密度	理论最大相对密度	空隙率(%)	间隙率(%)	饱和度(%)	稳定度(kN)
1	4.7	2.440	2.513	2.9	12.8	77.3	10.53
2	4.4	2.407	2.523	4.6	13.8	66.7	9.81
3	4.1	2.410	2.567	6.1	14.3	57.3	10.72
4	3.8	2.349	2.568	8.5	16.2	47.5	9.94
5	3.5	2.324	2.578	9.9	16.9	41.4	7.62
6	3.8	2.382	2.568	7.2	15.0	52.0	9.7
7	3.5	2.370	2.579	8.1	15.2	46.7	10.3
8	4.7	2.352	2.535	7.2	16.8	57.1	9.83
9	4.4	2.373	2.546	6.8	15.9	57.2	8.89
10	4.1	2.417	2.556	5.4	14.1	61.7	10.92
11	4.4	2.369	2.547	7.0	16.0	56.3	11.14
12	4.1	2.422	2.557	5.3	13.9	61.9	14.34
13	3.8	2.390	2.568	6.9	14.8	53.4	12.80
14	3.5	2.393	2.579	7.2	14.5	50.3	10.31
15	4.7	2.382	2.535	6.0	15.9	62.3	11.02
16	3.5	2.439	2.579	5.4	12.8	57.8	15.83
17	4.7	2.447	2.536	3.5	13.5	74.1	10.85
18	4.4	2.438	2.547	4.3	13.6	68.4	15.06
19	4.1	2.374	2.557	7.2	15.6	53.8	12.4
20	3.8	2.459	2.568	4.2	12.4	66.1	10.46
21	4.1	2.328	2.556	8.9	17.1	48.0	11.99
22	3.8	2.416	2.568	5.9	13.9	57.6	11.23
23	3.5	2.462	2.58	4.6	12.1	62.0	12.51
24	4.7	2.467	2.536	2.7	12.9	79.1	13.95
25	4.4	2.457	2.547	3.5	13.0	73.1	12.82

级差分析结果　　表3-6

考核技术指标	项　目	各筛孔通过百分率				
		9.5mm(%)(A)	4.75mm(%)(B)	2.36mm(%)(C)	0.075mm(%)(D)	油石比(%)(E)
稳定度(kN)	*K*1	9.724	11.838	11.61	11.346	11.236
	*K*2	9.928	11.306	11.088	12.662	11.544
	*K*3	11.922	12.184	11.314	10.88	12.074
	*K*4	12.92	11.098	12.552	11.662	10.826
	*K*5	12.5	10.568	10.43	10.444	11.314
极差	*R*	3.196	1.616	2.122	2.218	1.248
空隙率(%)	*K*1	6.4	6.28	5.14	4.76	4.46
	*K*2	6.94	5.48	5.92	5	5.24
	*K*3	6.48	5.82	5.62	5.5	6.58
	*K*4	4.92	6.48	5.98	7.16	6.54
	*K*5	5.12	5.8	7.2	7.44	7.04
极差	*R*	2.02	1	2.06	2.68	2.58

注:*K*1、*K*2、*K*3、*K*4、*K*5 这一行的5个数分别是因素A、B、C、D、E的第1水平、第2水平、第3水平、第4水平、第5水平所在的试验中对应各考核技术指标平均值;*R* 表示极差,*R* 越大,表示因素影响越显著。

方差分析结果　　表3-7

考核技术指标	来　源	离　差(Q)	自由度	均方离差 $S=Q/4$	F 值 $=S/S_E$	$F_{0.05(4,4)}$/$F_{0.01(4,4)}$	显著性
空隙率(%)	A	16.05	4	4.01	10.46	6.39/15.98	* *
	B	3.24	4	0.81	2.11		
	C	11.63	4	2.91	7.58		*
	D	31.01	4	7.75	20.21		* * *
	E	23.27	4	5.82	15.17		* * *
	误差 Q_E	1.53	4	0.38			
	总和 Q_T	86.75	24				
间隙率(%)	A	12.52	4	3.13	10.33	6.39/15.98	*
	B	2.77	4	0.69	2.28		
	C	9.67	4	2.42	7.98		*
	D	25.18	4	6.29	20.78		* * *
	E	1.53	4	0.38	1.26		
	误差 Q_E	1.21	4	0.30			
	总和 Q_T	52.88	24				

续上表

考核技术指标	来源	离差 (Q)	自由度	均方离差 $S=Q/4$	F 值 $=S/S_E$	$F_{0.05(4,4)}$/$F_{0.01(4,4)}$	显著性
饱和度 (%)	A	352.42	4	88.10	8.59	6.39/15.98	*
	B	54.00	4	13.50	1.32		
	C	185.68	4	46.42	4.52		
	D	569.85	4	142.46	13.88		* * *
	E	1106.25	4	276.56	26.95		* * *
	误差 Q_E	41.04	4	10.26			
	总和 Q_T	2309.24	24				
毛体积相对密度	A	0.01	4	0.00	8.15	6.39/15.98	*
	B	0.00	4	0.00	3.02		
	C	0.01	4	0.00	9.71		*
	D	0.02	4	0.01	25.15		* * *
	E	0.00	4	0.00	3.15		
	误差 Q_E	0.00	4	0.00			
	总和 Q_T	0.04	24				
稳定度 (kN)	A	43.84	4	10.96	5.32	6.39/15.98	
	B	7.99	4	2.00	0.97		
	C	12.08	4	3.02	1.47		
	D	14.24	4	3.56	1.73		
	E	4.19	4	1.05	0.51		
	误差 Q_E	8.24	4	2.06			
	总和 Q_T	90.60	24				

注：若 $F>F_{0.01}(f_{因},f_E)$，就称该因素是高度显著的，用 3 个星号表示，如 * * *；若 $F<F_{0.01}(f_{因},f_E)$，但 $F>F_{0.05}(f_{因},f_E)$，则称该因素的影响是显著的，用 1 个或 2 个星号表示；若 $F<F_{0.05}(f_{因},f_E)$，就称该因素的影响是不显著的，不用星号表示。

从表 3-6 和表 3-7 可得出结论：

(1)影响试件空隙率因素的排序依次为 D > E > C > A > B、D > E > A > C > B。极差分析和方差分析方法结果基本一致，其中 0.075mm 筛孔通过率和油石比是影响空隙率的高度显著因子，9.5mm 和 2.36mm 筛孔通过率对空隙率影响也是显著的，而 4.75mm 筛孔通过率对空隙率影响不显著。由此可知，满足密级配沥青混凝土马歇尔技术指标空隙率为 4% ~6% 要求的各因素取值范围：A 为 48% ~62%，B 为 28% ~45%，C 为 19% ~28%，D 为 4.5% ~7%，E 为 4.3% ~4.7%。

(2)影响马歇尔稳定度的因素排序为 A > D > C > B > E。5 个因素对稳定度的影响均不显著，9.5mm 通过率对稳定度的影响接近显著状态。从极差分析可看出，9.5mm 筛孔通过率由

49%增至72%,稳定度减少24.7%。说明9.5mm筛孔通过率的变化对稳定度有重要影响。

(3)间隙率的影响因素排序为D>A>C>B>E,其中0.075mm筛孔通过率对间隙率的影响高度显著,9.5mm和2.36mm筛孔通过率对间隙率的影响也是显著的,而4.75mm筛孔通过率和油石比影响并不显著。

(4)沥青饱和度的影响因素排序为E>D>A>C>B,即油石比与0.075mm筛孔通过率对饱和度影响是高度显著的,其次9.5mm筛孔通过率对饱和度影响也是显著的,而2.36mm和4.75mm筛孔通过率影响并不显著。

(5)试件毛体积相对密度的影响因素排序为D>C>A>E>B,即0.075mm筛孔通过率对毛体积相对密度影响高度显著,2.36mm、9.5mm筛孔通过率对毛体积相对密度影响也是显著的,而4.75mm筛孔通过率和油石比影响并不显著。

3.1.3 空隙率与稳定度变异性分析

为进一步分析AC-20改性沥青混合料试件空隙率的变异性,每组级配马歇尔试验成型6个试件,试验条件同3.1.2节。不同设计级配的一批试件空隙率和稳定度试验统计结果见表3-8、表3-9,极差分析结果见表3-10,方差分析结果见表3-11和表3-12。

空隙率试验与变异性结果统计 表3-8

级配号	空隙率(%)	空隙率均值(%)	标准差	变异系数
1	3.0,2.7,3.2,3.4,2.7,2.5	2.9	0.343	0.118
2	4.2,4.4,4.8,4.6,5.1,4.6	4.6	0.313	0.068
3	5.5,5.8,5.6,5.6,5.6,6.1	5.7	0.219	0.038
4	7.8,8.5,8.4,9.2,8.4,8.6	8.5	0.449	0.053
5	9.5,8.8,9.9,9.9,10.2,10.8	9.8	0.672	0.069
6	7.1,7.6,6.7,7.5,7.1,7.5	7.3	0.345	0.047
7	7.8,8.1,8.0,8.1,8.2,8.3	8.1	0.172	0.021
8	8.0,7.3,6.9,7.2,6.6,7.3	7.2	0.471	0.065
9	7.5,7.2,6.8,6.7,6.3,6.4	6.8	0.462	0.068
10	5.6,5.3,5.6,5.3,5.3,5.4	5.4	0.147	0.027
11	6.8,7.2,7.1,7.1,7.1,6.7	7	0.2	0.029
12	4.8,5.2,5.4,5.4,5.5,5.5	5.3	0.268	0.051
13	6.4,7.1,7.3,6.9,7.1,6.8	6.9	0.314	0.046
14	7.8,7.1,7.3,7.3,7.1,6.6	7.2	0.39	0.054
15	5.5,6.1,6.3,6.1,6.0,6.2	6	0.28	0.047
16	4.5,5.3,5.7,5.5,5.7,5.9	5.4	0.501	0.093
17	3.6,3.3,3.2,3.7,3.5,3.8	3.5	0.232	0.066
18	4.1,4.6,4.5,4.4,4.2,4.1	4.3	0.214	0.050
19	8.1,7.3,6.7,6.7,6.9,7.0	7.2	0.505	0.070

续上表

级配号	空隙率(%)	空隙率均值(%)	标准差	变异系数
20	3.4,4.0,4.4,4.0,5.0,4.7	4.3	0.572	0.133
21	8.6,9.1,9.1,8.5,9.2,9.1	8.9	0.301	0.034
22	6.6,5.8,5.4,5.8,6.3,5.7	5.9	0.437	0.074
23	3.9,4.5,4.5,4.7,4.4,5.3	4.6	0.455	0.099
24	2.3,3.3,2.2,2.5,3.2,2.8	2.7	0.462	0.171
25	3.5,3.3,3.3,3.4,3.4,4.4	3.6	0.423	0.118

稳定度试验结果统计　　表3-9

级配号	稳定度(kN)	稳定度均值(kN)	标准差	变异系数
1	9.37,10.95,10.89,9.8,11.29,10.88	10.53	0.76	0.072
2	9.88,8.86,10.05,10.05,9.18,10.82	9.81	0.699	0.071
3	8.75,10.65,10.92,10.88,10.28,12.82	10.72	1.308	0.122
4	9.75,9.86,10.24,9.43,10.06,10.27	9.94	0.321	0.032
5	7.53,9.17,7.93,6.71,6.94,7.42	7.62	0.876	0.115
6	9.66,9.68,9.77,9.7,9.65,9.71	9.7	0.043	0.004
7	10.44,9.45,10.76,10.17,10.52,10.43	10.3	0.455	0.044
8	10.32,10.19,9.47,9.63,9.54,9.32	9.75	0.41	0.042
9	8.94,8.85,8.65,9.03,9.15,8.72	8.89	0.189	0.021
10	11.02,11.15,10.75,10.43,11.17,10.98	10.92	0.282	0.026
11	10.74,12.31,10.54,11.36,11.05,10.83	11.14	0.639	0.057
12	14.73,14.04,13.26,13.79,14.14,13.05	13.84	0.614	0.044
13	12.49,13.14,12.83,12.57,13.02,12.75	12.8	0.252	0.020
14	9.94,11.23,9.86,10.37,10.05,10.42	10.31	0.504	0.049
15	11.04,10.97,11.32,10.87,10.69,11.22	11.02	0.23	0.021
16	15.19,16.21,16.47,15.37,16.09,15.66	15.83	0.504	0.032
17	11.08,10.97,10.52,11.43,10.76,10.33	10.85	0.398	0.037
18	16.19,15.42,15.76,14.53,15.4,13.07	15.06	1.118	0.074
19	12.04,11.96,11.92,12.49,12.93,13.06	12.4	0.506	0.041
20	10.26,10.95,11.07,10.33,10.14,9.98	10.46	0.448	0.043
21	11.93,12.16,12.05,11.74,12.57,11.47	11.99	0.376	0.031
22	11.79,11.59,11.03,10.88,10.92,11.17	11.23	0.376	0.033
23	12.92,12.75,11.43,13.56,12.44,11.98	12.51	0.746	0.060
24	13.54,15.32,12.76,15.43,13.08,12.85	13.83	1.227	0.089
25	12.64,12.32,13.25,12.84,12.77,13.09	12.82	0.33	0.026

空隙率和稳定度变异性极差分析结果 表3-10

考核指标	项目	因素,各筛孔通过率				
		9.5mm(%)(A)	4.75mm(%)(B)	2.36mm(%)(C)	0.075mm(%)(D)	油石比(%)(E)
空隙率变异系数	K1	0.069	0.064	0.065	0.094	0.094
	K2	0.046	0.056	0.066	0.081	0.066
	K3	0.045	0.060	0.078	0.065	0.044
	K4	0.082	0.083	0.076	0.041	0.071
	K5	0.099	0.079	0.056	0.061	0.067
极差	R	0.054	0.027	0.022	0.053	0.050
稳定度变异系数	K1	0.083	0.039	0.051	0.048	0.052
	K2	0.028	0.046	0.039	0.047	0.050
	K3	0.038	0.064	0.071	0.048	0.053
	K4	0.045	0.046	0.035	0.041	0.027
	K5	0.048	0.046	0.045	0.058	0.060
极差	R	0.055	0.024	0.036	0.017	0.033

空隙率变异性方差分析结果 表3-11

项目	9.5mm(%)(A)	4.75mm(%)(B)	2.36mm(%)(C)	0.075mm(%)(D)	油石比(%)(E)
K1	0.3461	0.3207	0.3235	0.4687	0.4678
K2	0.2291	0.2802	0.3310	0.4047	0.3318
K3	0.2255	0.2980	0.3924	0.3236	0.2202
K4	0.4120	0.4162	0.3791	0.2043	0.3527
K5	0.4954	0.3930	0.2821	0.3068	0.3357
K1^2	0.1198	0.1029	0.1047	0.2197	0.2188
K2^2	0.0525	0.0785	0.1096	0.1638	0.1101
K3^2	0.0508	0.0888	0.1539	0.1047	0.0485
K4^2	0.1697	0.1732	0.1437	0.0417	0.1244
K5^2	0.2454	0.1544	0.0796	0.0941	0.1127
U	0.1277	0.1196	0.1183	0.1248	0.1229
Q	0.0110	0.0029	0.0016	0.0081	0.0062
来源	A	B	C	D	E
离差	0.0110	0.0029	0.0016	0.0081	0.0062
自由度	4	4	4	4	4
均方离差 $S = Q/4$	0.0027	0.0007	0.0004	0.0020	0.0015
误差 Q_E/自由度	0.0017/4				
F 值 $= S/S_E$	6.6134	1.7274	0.9608	4.8919	3.7322
$F_{0.05}(4,4)/F_{0.01}(4,4)$	6.39/15.98				
显著性	* *				

稳定度变异性方差分析结果　　表 3-12

项　目	9.5mm(%)(A)	4.75mm(%)(B)	2.36mm(%)(C)	0.075mm(%)(D)	油石比(%)(E)
$K1$	0.4127	0.1972	0.2546	0.2403	0.2605
$K2$	0.1377	0.2300	0.1970	0.2373	0.2499
$K3$	0.1912	0.3176	0.3551	0.2378	0.2644
$K4$	0.2264	0.2320	0.1763	0.2029	0.1327
$K5$	0.2389	0.2302	0.2239	0.2887	0.2995
$K1$^2	0.1703	0.0389	0.0648	0.0577	0.0679
$K2$^2	0.0190	0.0529	0.0388	0.0563	0.0624
$K3$^2	0.0365	0.1009	0.1261	0.0565	0.0699
$K4$^2	0.0513	0.0538	0.0311	0.0412	0.0176
$K5$^2	0.0571	0.0530	0.0502	0.0833	0.0897
U	0.0668	0.0599	0.0622	0.0590	0.0615
Q	0.0086	0.0016	0.0039	0.0007	0.0032
来源	A	B	C	D	E
离差	0.0086	0.0016	0.0039	0.0007	0.0032
自由度	4	4	4	4	4
均方离差 $S=Q/4$	0.0021	0.0004	0.0010	0.0002	0.0008
误差 Q_E/自由度	0.00049/4				
F 值 $=S/S_E$	4.3586	0.8252	1.9958	0.3809	1.6429
$F_{0.05}(4,4)/F_{0.01}(4,4)$	6.39/15.98				
显著性					

从表 3-8～表 3-12 可知,25 组 AC-20 改性沥青混合料试件空隙率变异系数为 0.027～0.171,稳定度变异系数为 0.004～0.122;极差分析和方差分析结果是一致的,5 个因素对空隙率变异性和稳定度变异性的影响次序分别为 A>D>E>B>C、A>C>E>B>D。其中,9.5mm 筛孔通过率对空隙率变异系数的影响是显著的,0.075mm 筛孔通过率对空隙率变异性影响接近显著。说明因子 9.5mm 筛孔和 0.075mm 筛孔各对应的 5 个水平波动引起对空隙率显著影响的同时,也对空隙率变异性产生了显著影响;各因素对稳定度变异性影响均不显著,但 9.5mm 筛孔通过率对稳定度变异性影响接近显著。

3.2　级配对抗车辙性能的影响分析

3.2.1　级配分布与试验分析

本书研究结果表明,影响 AC-20 级配沥青混合料马歇尔性能指标的 4.75mm 筛孔通过率并不显著,为此探讨级配和油石比的变化,以及沥青品种的改变对 70℃ 动稳定度的影响,级配组成覆盖了现行规范的粗型和细型级配,见表 3-13,油石比为 4.3%。试验以马歇尔试

件密度制作，每组车辙板成型3块，变异系数均小于20%，取平均值作为试验结果，如图3-2～图3-7、表3-14所示。

AC-20合成级配组成 表3-13

级配号	通过下列筛孔(mm)的百分率(%)												
	31.5	26.5	19.0	16.0	13.2	9.5	4.75	2.36	1.18	0.6	0.3	0.15	0.075
1	100.0	100.0	93.4	75.3	65.2	48.8	24.1	15.4	11.7	8.7	6.2	4.8	4.1
2	100.0	100.0	94.1	77.7	67.7	51.3	27.0	18.4	13.9	10.3	7.4	5.6	4.8
3	100.0	100.0	95.4	81.8	72.1	55.7	29.8	20.8	15.6	11.4	8.0	6.0	5.0
4	100.0	100.0	95.6	83.0	73.9	58.5	33.3	24.0	17.9	12.8	8.8	6.4	5.3
5	100.0	100.0	95.5	82.8	74.6	61.0	41.1	29.2	21.4	14.9	9.7	6.8	5.5
6	100.0	100.0	95.5	83.2	76.5	65.7	49.0	32.6	23.7	16.4	10.6	7.2	5.8

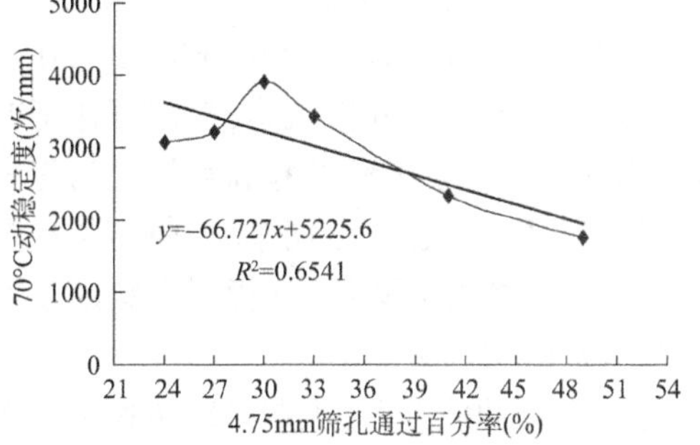

图3-2 动稳定度与4.75mm筛孔通过率关系

70°C动稳定度(次/mm)
9.5mm 4.75mm 2.36mm
R²=0.6541
R²=0.4161
R²=0.5569
各筛孔通过率(%)

图3-3 动稳定度与各筛孔通过率关系

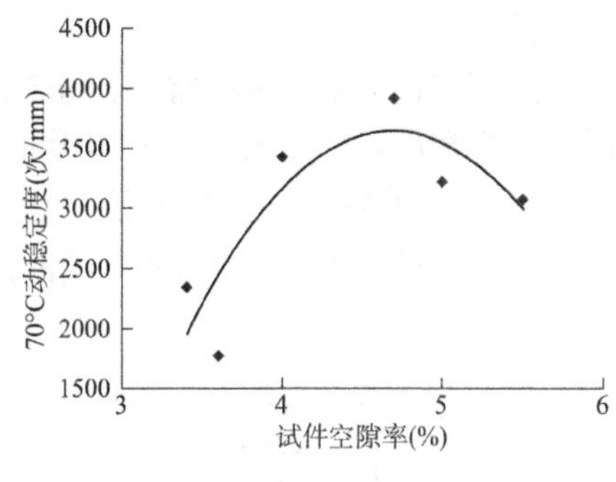

图3-4 动稳定度与试件空隙率关系

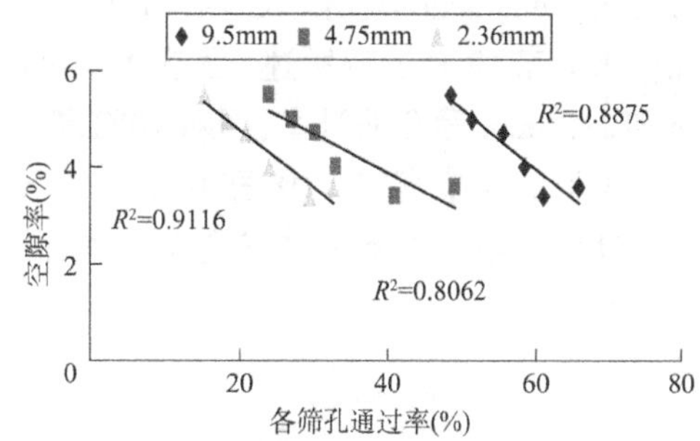

图3-5 试件空隙率与各筛孔通过率关系

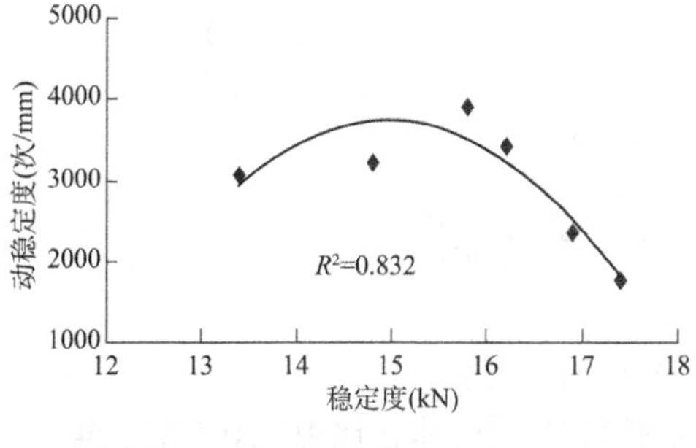

图3-6 动稳定度与马歇尔稳定度关系

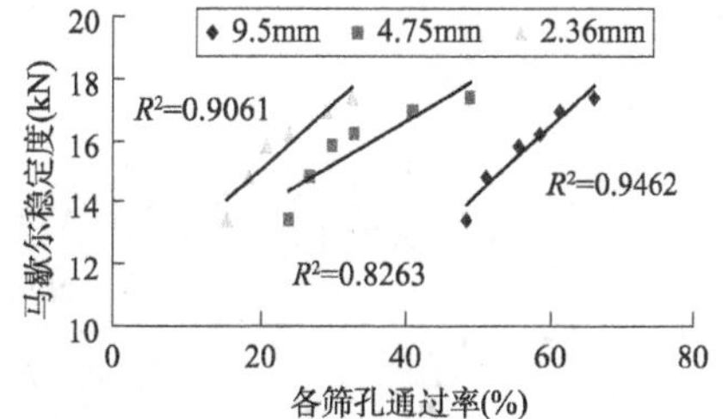

图3-7 马歇尔稳定度与各筛孔通过率关系

AC-20 沥青混合料 70℃动稳定度试验结果 表 3-14

油石比(%)	4.0(SBS)	4.3(SBS)	4.6(SBS)	4.3(70 号)
70℃动稳定度(次/mm)	4308	3422	2658	767

从图 3-2 ~ 图 3-7 的试验结果可知：

(1)在油石比 4.3% 的条件下，当 AC-20 级配逐渐由粗变细时，70℃动稳定度由 3913 次/mm 衰减到 1772 次/mm，衰减率达 54.7%，70℃动稳定度随 4.75mm 筛孔通过率的逐渐增大而呈明显抛物线形，4.75mm 筛孔通过率为 30% ~33% 时出现峰值，达到近 4000 次/mm。其中，70℃动稳定度与 4.75mm 筛孔通过率线性相关性最好(80.9%)。可见，4.75mm 筛孔通过率对高温抗车辙性能贡献较大。

(2)70℃动稳定度随空隙率变化呈现明显凸形曲线。当空隙率低于 3.5% 时和大于 5.5% 时，70℃动稳定度均较小，当空隙率为 4.7% 时，动稳定度达到最大；试件空隙率与 9.5mm 筛孔通过率线性关系最为密切，其次与 2.36mm 筛孔通过率线性相关性次之，与 4.75mm 筛孔通过率线性相关性最差。进一步证实了采用正交均匀理论分析 AC-20 改性沥青混合料空隙率与 9.5mm 筛孔通过率有着密切的相关关系。分析认为，在油石比不变的条件下，虽然由细型级配形成的改性沥青混合料空隙率较小，当车辙试验温度超过沥青软化点或在软化点附近时，偏细级配的沥青混合料更容易在高温状态下出现车辙，而不是空隙率越小，70℃动稳定度就越大。相反，空隙率过大，粗集料间摩阻力降低，沥青混合料易于产生压密变形。因此，过大或过小的空隙率对高温抗车辙性能均不利。

(3)70℃动稳定度与马歇尔稳定度呈现良好的凸形曲线关系，表明马歇尔稳定度越大并非动稳定度就越大；马歇尔稳定度与 9.5mm 筛孔通过率线性相关性最好，进一步印证了 3.1 节分析的 9.5mm 通过率变化是影响马歇尔稳定度的重要因子。

综合 3.1 节和 3.2 节所述，虽然 4.75mm 筛孔通过率对马歇尔性能指标的影响不如 9.5mm 和 2.36mm 筛孔通过率，但对 70℃高温抗车辙性能贡献率很大，说明进一步优化级配可以增强集料的骨架密实作用，采用合理油石比，可大大提高沥青路面的高温抗车辙性能。据此优化分析，提出适合安徽省高温多雨地区的 AC-20 工程级配设计级配建议范围，如图 3-8 所示。

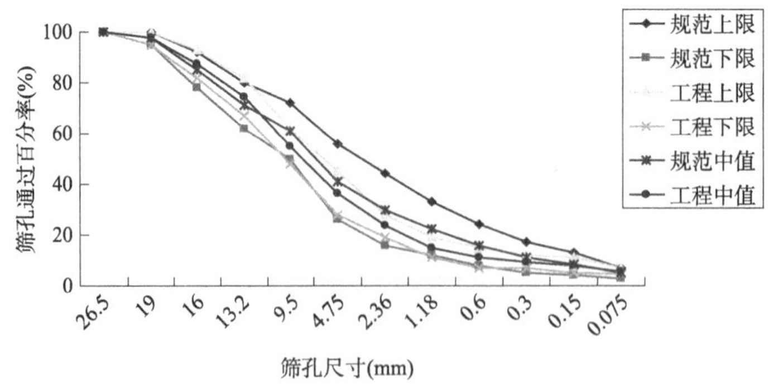

图 3-8 AC-20 工程级配设计范围

从表 3-14 可知，固定级配 4(4.75mm 通过率为 33%)，油石比由 4.0% 增至 4.6%，70℃动稳定度衰减 38.3%，每增加 0.1% 油石比，动稳定度降低 300 次/mm 左右；在同一级配、同

一油石比下改性沥青的70℃动稳定度远比基质沥青动稳定度大。可见,沥青用量与品种对沥青混合料的抗车辙能力有极为重要的影响,沥青用量越大,动稳定度越小。通过优化矿料级配,适当减少沥青用量,加大压实功,提高矿料颗粒间的充分嵌挤能力是提高混合料高温稳定性能的有效措施。此外,应尽量采用改性沥青,以提高沥青混合料抗车辙性能。

3.2.2 矿料级配骨架结构设计方法

沥青混合料矿料连续级配的骨架密实结构目前尚无严格定义,SMA 和 OGFC 沥青混合料都有判定骨架结构的公式可用。本小节借鉴 SMA 混合料计算公式,结合 AC 型沥青混合料的特点,将 AC-20 级配 4.75mm 筛孔通过率作为形成骨架结构的分界点,并定义沥青混合料 4.75mm 以下体积百分率介于矿料关键性筛孔 4.75mm 以上集料松散状态与捣实状态间隙率之间即为骨架密实型级配。同时,假定沥青混合料设计空隙率 VV 为 4.0%,间隙率 VMA 为 13%。实测粗集料(粒径 $d>4.75$mm)的松散和捣实密度以及毛体积密度,分别计算 VCA 捣实与 VCA 松散间隙率,试验结果见表 3-15。

矿质集料间隙率试验结果 表 3-15

4.75mm 以上混合料毛体积密度(g/cm³)		4.75mm 以上混合料松散实测密度(g/cm³)	4.75mm 以上混合料捣实实测密度(g/cm³)	4.75mm 以上混合料松散状态的间隙率 VCA(%)	4.75mm 以上混合料捣实状态的间隙率 VCA(%)
1 号料(粒径 $d>$ 4.75mm)	2.698	1.417	1.643	47.5	39.1
2 号料(粒径 $d>$ 4.75mm)	2.691	1.408	1.622	47.7	39.7

骨架密实型沥青混合料矿料级配 4.75mm 筛孔通过率上、下限确定方法如下:

(1)4.75mm 以上粗集料在松散状态下最小绝对体积百分率 = 100% − $VCA_{松散}$% = 100% −47.6% =52.4%($VCA_{松散}$取二料均值 47.6%);4.75mm 以下集料 + 填料 + 沥青 + 空隙绝对体积百分率 = $VCA_{松散}$ =47.6%。4.75mm 以下集料 + 填料(矿粉)绝对体积百分率 = 47.6% −13% =34.6%。4.75mm 以上粗集料在捣实状态下最大绝对体积百分率 =100% − $VCA_{捣实}$% =100% −39.4% =60.6%($VCA_{捣实}$取二料均值 39.4%);4.75mm 以下集料 + 填料 + 沥青 + 空隙绝对体积百分率 = $VCA_{捣实}$% =39.4%。4.75mm 以下集料 + 填料(矿粉)绝对体积百分率 =39.4% −13% =26.4%。

(2)矿料级配 4.75mm 筛孔通过率上限的 100cm³ 混合料中矿料的质量为(2.695 + 2.72)/2 ×52.4 + (2.625 +2.715)/2 ×34.6 =234.255g。矿料级配 4.75mm 筛孔通过率下限的 100cm³ 混合料中矿料的质量为(2.695 +2.72) ÷2 ×60.6 + (2.625 +2.715) ÷2 ×26.4 = 234.5625g。

(3)上限中 >4.75mm 以上粗集料质量比为(2.695 +2.72) ÷2 ×52.4 ÷234.255 × 100% =60.56%,矿料中 4.75mm 筛孔通过率上限为 39.44%;下限中 >4.75mm 以上粗集料质量比为(2.695 +2.72) ÷2 ×60.6 ÷234.5625 ×100% =69.95%,矿料中 4.75mm 筛孔通过率下限为 30.05%。

可见,AC-20 级配粗细集料分界筛孔 4.75mm 通过率控制在 30% ~40% 的范围内时,能够满足对 VCA 的要求,考虑到级配下限的限制,建议 30% ±2% 较为合理。

3.3 水稳定性和高温稳定性影响分析

3.3.1 试验设计与原材料试验方法

在优化的工程设计范围内,提出基于原材料质量(细集料砂当量、填料类型)和施工控制(粉胶比、空隙率)的中面层水损害性和高温稳定性影响因素分析。寻求中面层(AC-20)施工质量控制的关键影响因素和技术标准。采用 $L_9(3)^4$ 安排实验,因素水平见表3-16,设计方案见表3-17。

通过调整马歇尔击实次数和成型车辙板轮碾次数达到不同空隙率设计水平;试验按实测细集料砂当量→研磨并经0.075mm筛孔筛分的泥土掺入砂当量为85%的细集料当中,依次配制符合表3-16砂当量设计水平,试验结果见表3-18;油石比为4.3%,通过设计粉胶比($P_{0.075mm}/P_b = P_{0.075mm}/4.12$)确定0.075mm通过率→确定级配→添加符合设计的细集料砂当量→增加补充填料的矿粉用量,得到符合设计要求的原材料配制结果,见表3-19,从而确定符合设计砂当量和粉胶比的矿料级配,见表3-20。

正交设计四因素三水平 表3-16

因素水平	砂当量(%)(F)	填料类型(G)	粉胶比(H)	空隙率(%)(I)
1	80	消石灰	0.6	10±0.5
2	60	水泥	1.1	7±0.5
3	40	矿粉	1.6	5±0.5

正交设计方案 表3-17

试验编号	砂当量(%)(A)	填料类型(B)	粉胶比(C)	空隙率(%)(D)	马歇尔空隙率(%)	车辙板空隙率(%)
1	1(80)	1(消石灰)	1(0.6)	1(10±0.5)	9.3	9.1
2	1(80)	2(水泥)	2(1.1)	2(7±0.5)	6.6	6.3
3	1(80)	3(矿粉)	3(1.6)	3(5±0.5)	4.9	4.1
4	2(60)	1(消石灰)	2(1.1)	3(5±0.5)	4.5	4.2
5	2(60)	2(水泥)	3(1.6)	1(10±0.5)	9.2	9.2
6	2(60)	3(矿粉)	1(0.6)	2(7±0.5)	9.8	10.4
7	3(40)	1(消石灰)	3(1.6)	2(7±0.5)	7.5	6.3
8	3(40)	2(水泥)	1(0.6)	3(5±0.5)	8.7	9.6
9	3(40)	3(矿粉)	2(1.1)	1(10±0.5)	9.6	10.5

砂当量配制试验结果 表3-18

编号	过0.075mm筛的黄泥质量(g)	机制砂质量(g)	含泥量(%)	沉淀物高度(mm)	絮凝物+沉淀物总高度(mm)	砂当量(%)	平均值(%)
1	0	120	0.0	11.0	12.9	85	85
2	0	120	0.0	11.1	13.1	85	

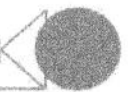

续上表

编号	过0.075mm筛的黄泥质量(g)	机制砂质量(g)	含泥量(%)	沉淀物高度(mm)	絮凝物+沉淀物总高度(mm)	砂当量(%)	平均值(%)
3	2.4	117.6	2.0	10.8	13.7	79	80
4	2.4	117.6	2.0	10.9	13.5	81	
5	13.2	106.8	11.0	9.0	14.6	62	60
6	13.2	106.8	11.0	8.6	14.8	58	
7	24.6	95.4	20.5	6.6	16.8	39	40
8	24.6	95.4	20.5	6.9	17.0	41	

细集料砂当量试验结果 表3-19

试验号(1)			试验号(2)			试验号(3)		
砂当量	80		砂当量	80		砂当量	80	
填料类型	消石灰		填料类型	水泥		填料类型	矿粉	
设计空隙率	10±0.5		设计空隙率	7±0.5		设计空隙率	5±0.5	
规格	比例(%)	集料质量	规格	比例(%)	集料质量	规格	比例(%)	集料质量
10-20	38.5	500.5	10-20	36.0	468	10-20	36.0	468
5-10	27.0	351	5-10	33.1	430.3	5-10	35.7	464.1
3-5	13.0	169	3-5	7.0	91	3-5	2.0	26
0-3	20.6	267.8	0-3	20.6	267.5	0-3	20.6	267.5
黄泥	0.4	5.356	黄泥	0.4	5.3508	黄泥	0.4	5.351
填料	0.5	6.5	填料	2.9	37.7	填料	5.3	68.9
合计	100.0	1300	合计	100.0	1299.89	合计	100.0	1300
粉胶比	0.6	7.8	粉胶比	1.1	14.3	粉胶比	1.6	20.8
试验号(4)			试验号(5)			试验号(6)		
砂当量	60		砂当量	60		砂当量	60	
填料类型	消石灰		填料类型	水泥		填料类型	矿粉	
设计空隙率	5±0.5		设计空隙率	10±0.5		设计空隙率	7±0.5	
规格	比例(%)	集料质量	规格	比例(%)	集料质量	规格	比例(%)	集料质量
10-20	37.2	483.6	10-20	37.7	490.1	10-20	37.8	491.4
5-10	29.0	377	5-10	32.0	416	5-10	25.0	325
3-5	12.0	156	3-5	6.0	78	3-5	25.0	325
0-3	18.7	243.0	0-3	18.7	243.0	0-3	11.0	143.0
黄泥	2.1	26.7	黄泥	2.1	26.7	黄泥	1.2	15.7
填料	1.0	13	填料	3.5	45.5	填料	0.0	0
合计	99.9	1299	合计	99.9	1299	合计	100.0	1300
粉胶比	1.1	14.3	粉胶比	1.6	20.8	粉胶比	0.6	7.8

续上表

试验号(7)			试验号(8)			试验号(9)		
砂当量(%)	40		砂当量	40		砂当量	40	
填料类型	消石灰		填料类型	水泥		填料类型	矿粉	
设计空隙率	7±0.5		设计空隙率	5±0.5		设计空隙率	10±0.5	
规格	比例(%)	集料质量	规格	比例(%)	集料质量	规格	比例(%)	集料质量
10-20	17.0	221	10-20	10.3	133.9	10-20	17.7	230.1
5-10	51.0	663	5-10	42.0	546	5-10	40.0	520
3-5	9.9	128.7	3-5	40.0	520	3-5	30.0	390
0-3	16.7	217.0	0-3	6.4	83.2	0-3	9.0	117.0
黄泥	3.4	44.5	黄泥	1.3	17.1	黄泥	1.8	24.0
填料	2.0	26	填料	0.0	0	填料	1.5	19.5
合计	100.0	1300	合计	100.0	1300	合计	100.0	1301
粉胶比	1.6	20.8	粉胶比	0.6	7.8	粉胶比	1.1	14.3

不同砂当量级配组成设计 表3-20

试验号	砂当量	通过下列各筛孔(mm)质量百分率(%)											
		26.5	19	16.0	13.2	9.5	4.75	2.36	1.18	0.6	0.3	0.15	0.075
1	80	100	96.0	88.2	76.1	59.4	35.6	25.1	14.5	10.1	5.2	3.4	2.5
2		100	96.3	88.9	77.6	61.0	32.3	24.9	16.3	12.2	7.5	5.7	4.5
3		100	96.3	88.9	77.5	60.7	29.8	25.1	18.1	14.3	9.7	8.0	6.5
4	60	100	96.1	88.5	76.8	60.4	34.9	25.1	15.5	11.4	7.0	5.3	4.5
5		100	96.1	88.4	76.5	59.5	31.6	25.0	17.3	13.6	9.3	7.7	6.5
6		100	96.1	88.4	76.5	60.3	38.1	22.2	10.7	7.3	4.1	3.0	2.5
7	40	100	98.2	94.8	89.2	77.2	34.1	25.0	16.5	12.9	8.9	7.4	6.6
8		100	99.0	96.8	93.4	84.8	49.2	25.0	10.1	6.6	3.9	3.0	2.5
9		100	98.2	94.6	88.8	78.0	43.8	24.9	12.4	9.1	6.1	5.0	4.4

3.3.2 试验结果分析

冻融劈裂试验每组有效试件4个,取4个试件平均值作为实验结果,试验仪器为LDR-2型沥青混合料冻融劈裂仪,主要技术参数为最大荷载50kN,荷载范围为5~35kN,加载速率(50±5)mm/min;以马歇尔试件表干相对密度平均值成型车辙板,通过车辙板成型次数满足设计空隙率要求,车辙试验按文献[48]进行,9组混合料每组3块车辙变异系数超过20%时追加试验,取平均值作为试验结果,见表3-21。极差分析结果见表3-22。

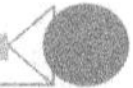

马歇尔与物理—力学性能指标试验结果 表3-21

考核技术指标	试验结果		
试验号	1	2	3
设计空隙率(%)	10 ±0.5	6 ±0.5	4 ±0.5
毛体积相对密度	2.324	2.393	2.427
试件空隙率(%)	9.3	6.6	4.9
马歇尔试件击实次数	双面20次	双面100次	双面120次
动稳定度(次/mm)	2391	3555	5159
车辙试件45min变形量(mm)	2.72	2.75	2.00
车辙试件60min变形量(mm)	2.98	2.93	2.12
车辙试件碾压次数(次)	20	60	60
车辙试件空隙率(%)	9.1	6.3	4.1
未冻融试件劈裂强度(MPa)	0.397	0.455	0.760
冻融后试件劈裂强度(MPa)	0.291	0.388	0.686
冻融劈裂强度比(%)	73.3	85.2	90.3
试验号	4	5	6
设计空隙率(%)	4 ±0.5	10 ±0.5	6 ±0.5
毛体积相对密度	2.437	2.341	2.334
试件空隙率(%)	4.5	9.2	9.8
马歇尔试件击实次数	双面130次	双面15次	双面120次
动稳定度(次/mm)	3948	2758	2545
车辙试件45min变形量(mm)	2.03	3.73	2.23
车辙试件60min变形量(mm)	2.19	3.96	2.48
车辙试件碾压次数(次)	70	10	70
车辙试件空隙率(%)	4.2	9.2	10.4
未冻融试件劈裂强度(MPa)	0.807	0.687	0.550
冻融后试件劈裂强度(MPa)	0.716	0.423	0.397
冻融劈裂强度比(%)	88.7	61.5	72.2
试验号	7	8	9
设计空隙率(%)	6 ±0.5	4 ±0.5	10 ±0.5
毛体积相对密度	2.361	2.337	2.322
试件空隙率(%)	7.5	8.7	9.6
马歇尔试件击实次数	双面130次	双面120次	双面40次
动稳定度(次/mm)	4809	2192	3103
车辙试件45min变形量(mm)	2.27	2.82	3.14

续上表

考核技术指标	试验结果		
试验号	7	8	9
车辙试件60min变形量(mm)	2.40	3.11	3.35
车辙试件碾压次数(次)	70	80	30
车辙试件空隙率(%)	6.3	9.6	10.5
未冻融试件劈裂强度(MPa)	0.550	0.688	0.498
冻融后试件劈裂强度(MPa)	0.396	0.399	0.254
冻融劈裂强度比(%)	71.9	58.0	51.1

AC-20 改性沥青混合料极差分析结果 表3-22

考核指标	项目	砂当量(%)(F)	填料类型(G)	粉胶比(H)	空隙率(%)(I)
未冻融劈裂强度(MPa)	*K*1	0.537	0.585	0.545	0.527
	*K*2	0.681	0.61	0.587	0.518
	*K*3	0.578	0.603	0.666	0.751
极差	*R*	0.144	0.025	0.121	0.233
冻融劈裂强度(MPa)	*K*1	0.455	0.468	0.362	0.323
	*K*2	0.512	0.403	0.453	0.394
	*K*3	0.35	0.446	0.502	0.6
极差	*R*	0.162	0.064	0.139	0.278
冻融劈裂强度比(%)	*K*1	82.933	77.967	67.8	61.967
	*K*2	74.133	68.2	75	76.433
	*K*3	60.3	71.2	74.567	78.967
极差	*R*	22.633	9.767	7.200	17.000
动稳定度(次/mm)	*K*1	3701.7	3716	2355	2750.7
	*K*2	3083.7	2814	3535.3	3636.3
	*K*3	3347	3602.3	4242	3745.3
极差	*R*	618	902	1887	994.7
60min变形量(mm)	*K*1	2.678	2.524	3.351	2.938
	*K*2	2.877	2.840	2.823	3.097
	*K*3	2.953	3.143	2.333	2.473
极差	*R*	0.276	0.316	0.528	0.464

从表3-22分析可知：

(1)影响未冻融劈裂强度、冻融劈裂强度和TSR的因素排序分别为I > F > H > G和F > I > G > H，说明空隙率和砂当量为AC-20改性沥青混合料水稳定性指标的主要影响因素；空隙率由4.5%增加到10.5%时，冻融劈裂强度衰减幅度达46.2%，其中空隙率由4.5%增加

到7.5%时,衰减幅度为34.3%;砂当量由80%降低到40%时,TSR降低27.3%。其中,由60%降低到40%时,TSR降低18.6%,而由80%降低到60%时,TSR衰减只有10.6%。另外,空隙率由4.5%增加到10.5%时,强度比降低21.5%。表明砂当量和空隙率因子指标变动时,对沥青混合料水稳定性影响最显著。建议在材料设计和施工控制时严格控制空隙率的变异性,空隙率宜控制在6%以下;采用洁净的细集料,砂当量宜控制在70%以上。

(2)动稳定度和60min总变形指标的影响因素优劣排序均为H>I>G>F。粉胶比由0.6增至1.6,动稳定度增加44.5%,60min总变形降低30.4%,此时空隙率由4.5%增至10.5%的动稳定度衰减26.6%。表明粉胶比和空隙率是高温稳定性的主要影响因素,建议粉胶比控制在1.1~1.6的范围内。

3.4 本章小结

(1)中面层在沥青路面结构设计和实际使用性能中具有最为显著的抵抗高温抗剪切变形能力,本章以AC-20改性沥青混合料为研究对象,采用正交均匀理论系统研究了多因素对马歇尔性能指标的影响,得到了油石比、0.075mm筛孔通过率和9.5mm筛孔通过率对空隙率和饱和度的影响都是显著的,而4.75mm筛孔通过率对马歇尔性能指标影响较小;本章专门通过70℃动稳定度试验研究这类沥青混合料的高温稳定性,发现AC-20级配逐渐由粗变细时,70℃动稳定度由3913次/mm衰减到1772次/mm,衰减率达54.7%,4.75mm筛孔通过率为30%~33%时出现峰值,达到近4000次/mm,且70℃动稳定度与4.75mm筛孔通过率的线性相关性明显优于与2.36mm和9.5mm筛孔通过率的线性相关性。表明4.75mm筛孔通过率对AC-20改性沥青混合料高温稳定性影响较大;验证了4.75mm筛孔通过率在30%±2%时,可以构成较为严密的骨架密实型沥青混合料。据此提出优化的AC-20工程设计建议范围。

(2)统计分析发现,25组AC-20沥青混合料试件组间空隙率变异系数为0.027~0.171,稳定度变异系数为0.004~0.122;五因素对空隙率变异性和稳定度变异性的影响次序分别为9.5mm筛孔通过率>0.075mm筛孔通过率>油石比>4.75mm筛孔通过率>2.36mm筛孔通过率、9.5mm筛孔通过率>2.36mm筛孔通过率>油石比>4.75mm筛孔通过率>0.075mm筛孔通过率。表明因子9.5mm筛孔和0.075mm筛孔各对应5个水平波动对空隙率产生显著影响,同时也对空隙率变异性产生显著影响。

(3)砂当量和空隙率是水稳定性的主要因素,粉胶比和空隙率是影响动稳定度的关键指标。例如,粉胶比由0.6增至1.6,动稳定度增加44.5%,60min总变形降低30.4%。建议,增强细集料的洁净程度,砂当量宜控制在70%以上,空隙率控制在6%以下,粉胶比宜控制在1.1~1.6的范围内,有利于提高沥青路面的抗水损害性能和抗车辙性能。

第4章 沥青混合料性能优化

现阶段AC-13型级配在我国高速公路、市政道路中应用较为普遍，而文献[8]的级配范围区间很大，如关键性筛孔如4.75mm通过率范围很大(38%～68%)，靠经验各自调整的级配沥青混合料对自然因素变化、交通量和荷载变化适应性较差，难以满足特定地区的道路综合路用性能要求。该文献2005年实施，按其修筑的营运路面实体工程只有不足3年时间，在我国尚缺乏实践检验。同时，国内众多学者研究的重点主要集中在沥青中、上面层级配，而对沥青下面层级配类型(AC-25)矿料级配研究较少，文献[65]使用90号重交沥青研究原规范AC-25I矿料级配优化，文献[66]结合新规范采用旋转压实剪切试验机(GTM)设计优化AC-25矿料级配，这些研究使道路工作者清醒地认识到矿料级配对提高沥青路面使用性能的重要作用。本章依托安徽省沿江高速公路沥青路面工程，重点对AC-13和AC-25沥青混合料性能优化进行研究，提出优化的工程级配设计范围，连续型密级配骨架密实结构检验与调整方法，并通过施工性能进行对比分析。

4.1 AC-13沥青混合料级配优化

4.1.1 原材料技术性能与级配设计

粗集料为玄武岩，细集料为机制砂，填料为矿粉+氢氧化钙粉剂(消石灰)，结合料为SBS I-D改性沥青，试验结果分别见表4-1～表4-5。采用正交试验设计，级配和油石比因素与水平选择同2.1节表2-1和表2-2以及图2-1。

玄武岩粗集料技术指标 表4-1

技术指标	试验值	项目技术要求
压碎值(%)	18.1	≤20
洛杉矶磨耗损失(%)	15.5	≤28
吸水率(%)	1.5	≤2.0
坚固性(%)	7.8	≤12
针片状含量(%)	8.1	≤12
粒径 $d<0.075$mm颗粒含量(%)	0.1	≤0.8
软石含量(%)	0.2	≤3.0

石灰岩机制砂技术指标 表4-2

技术指标	试验值	项目技术要求
坚固性(%)	2	≤12
砂当量(%)	75	≥70
亚甲蓝值(g/kg)	1.3	≤25
棱角性(s)	54.4	≥30

填料技术指标　　表4-3

类　　型	技术指标		试　验　值	项目技术要求
矿粉	含水率(%)		0.2	≤1.0
	塑性指数(%)		2.1	≤3.0
	粒度范围	<0.3mm	99.9	
		<0.15mm	96.3	
		<0.075mm	87.1	
消石灰	有效氧化钙镁含量(%)		67.2	≥66
	含水率(%)		0.3	≤1.0

原材料相对密度试验结果　　表4-4

密　　度	原材料规格名称(mm)						
	10~15	5~10	3~5	0~3	矿粉	消石灰	沥青
毛体积相对密度	2.694	2.678	2.72	—	—	—	—
表观相对密度	2.786	2.792	2.758	2.725	2.698	2.242	1.031

SBSI-D级改性沥青技术性能　　表4-5

技术指标	试　验　值	项目技术要求	备　　注
25℃针入度(0.1mm)	52	30~60	
针入度指数	0.37	≥0	相关系数 R=0.9998
软化点	82.5	≥70	
延度(5℃)(cm)	36	≥20	
135℃黏度(P.s)	2.44	≤3.0	
相对密度	1.031		
旋转薄膜烘箱试验			
质量变化(%)	0.02	±1.0	
针入度比(%)	80.1	≥75	
残留延度(5℃)(cm)	19	≥15	

4.1.2　试验结果与分析

采用马歇尔成型试件为技术手段,成型温度为(163±2.5)℃,双面击实次数为75,每组有效击实试件6个作为马歇尔性能指标试验使用,另外成型6个试件作为15℃劈裂试验使用。试件高度均符合(63.5±1.3)mm。理论最大相对密度由计算法得到。劈裂试件浸入恒温水槽保持在2.5h,试验过程中注意了保持相同浸水时间,将试件分时段放入,每组6个试件结果取均值,结果见表4-6。为了弥补极差分析不能估计试验测定中必然存在误差大小的缺点,在极差分析的基础上采用方差分析的方法,对各因素的显著性水平给出一个定量分析,结果分别见表4-7和表4-8。

AC-13 改性沥青混合料马歇尔试验结果 表 4-6

TN	AAR(%)	Pb(%)	γ_{sb}	TMD	γ_f	VV(%)	VMA(%)	VFA(%)	MS(kN)	FL(mm)	STS(MPa)
1	5.9	5.6	2.700	2.488	2.437	2.6	14.8	82.4	15.58	3.79	2.86
2	5.4	5.12	2.697	2.508	2.415	4.2	15.5	73.1	16.56	2.92	2.8
3	4.9	4.67	2.693	2.527	2.386	6.0	16.4	63.4	15.22	2.44	2.74
4	4.4	4.21	2.696	2.548	2.371	7.4	17.0	56.3	13.54	2.76	2.29
5	3.9	3.75	2.694	2.565	2.322	10.1	18.6	46.0	12.47	2.94	2.04
6	4.4	4.210	2.706	2.545	2.397	6.4	16.4	61.1	14.68	3.07	2.58
7	3.9	3.75	2.704	2.562	2.349	9.0	18.0	50.2	12.95	4.83	2.53
8	5.9	5.57	2.703	2.5	2.389	4.9	16.6	70.7	14.62	2.9	2.54
9	5.41	5.12	2.685	2.508	2.42	3.9	14.9	74.2	14.21	3.15	2.43
10	4.9	4.67	2.693	2.524	2.463	3.0	13.7	77.8	18.31	4.64	3.03
11	5.4	5.12	2.713	2.518	2.359	6.8	17.9	62.3	12.73	2.72	1.97
12	4.9	4.67	2.692	2.518	2.393	5.5	16.1	65.6	16.91	2.43	2.79
13	4.4	4.21	2.692	2.544	2.365	7.4	17.1	56.6	14.96	2.52	2.4
14	3.9	3.75	2.698	2.567	2.401	6.9	16.0	56.8	18.32	3.44	2.95
15	5.9	5.57	2.697	2.5	2.439	2.8	14.6	80.7	15.48	5.26	2.86
16	3.9	3.75	2.702	2.563	2.36	8.3	17.5	52.4	15.77	2.44	1.88
17	5.9	5.57	2.699	2.494	2.375	5.2	16.9	69.4	11.81	2.96	2.73
18	5.4	5.12	2.705	2.518	2.436	3.6	15.0	76.0	16.84	4.1	2.81
19	4.9	4.67	2.705	2.539	2.373	6.9	17.2	60.0	13.34	2.82	2.22
20	4.4	4.21	2.685	2.54	2.459	3.7	13.5	72.5	15.3	2.51	2.88
21	4.9	4.67	2.707	2.527	2.329	8.5	18.8	54.8	13.02	2.85	2.31
22	4.4	4.21	2.712	2.55	2.414	5.9	16.0	63.1	19.31	2.85	3.01
23	3.9	3.75	2.694	2.561	2.395	6.9	16.1	57.2	21.08	2.48	2.69
24	5.9	5.57	2.693	2.487	2.448	2.2	14.2	84.2	13.9	2.61	2.63
25	5.4	5.12	2.69	2.51	2.435	3.4	14.5	76.6	14.42	4.38	2.86

注:TN-试验号;AAR(asphalt aggregate ratio)-油石比;Pb-沥青含量;γ_{sb}-集料合成毛体积相对密度;TMD-最大理论相对密度;γ_f-压实试件毛体积相对密度;VV-空隙率;VMA-矿料间隙率;VFA-沥青饱和度;MS-稳定度;FL-流值;15℃劈裂强度-15℃;STS(the split tension strength)。

极 差 分 析 结 果 表 4-7

试验指标	项 目	因素,各筛孔通过率				
		9.5mm(%)(A)	4.75mm(%)(B)	2.36mm(%)(C)	0.075mm(%)(D)	油石比(%)(E)
空隙率(%)	*K*1	6.06	6.54	4.42	4.54	3.56
	*K*2	5.42	5.96	5.46	5.10	4.38
	*K*3	5.94	5.76	5.54	5.58	6.02
	*K*4	5.56	5.48	5.92	6.26	6.18
	*K*5	5.40	4.64	7.04	6.90	8.24
极差	*R*	0.66	1.90	2.62	2.36	4.68

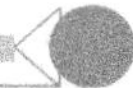

续上表

试验指标	项　　目	因素,各筛孔通过率				
		9.5mm(%)(A)	4.75mm(%)(B)	2.36mm(%)(C)	0.075mm(%)(D)	油石比(%)(E)
矿料间隙率(%)	*K*1	16.45	17.08	15.08	15.08	15.42
	*K*2	15.90	16.49	15.95	15.59	15.57
	*K*3	16.34	16.21	16.00	16.04	16.42
	*K*4	16.04	15.85	16.35	16.67	15.99
	*K*5	15.91	15.00	17.27	17.26	17.25
极差	*R*	0.54	2.08	2.18	2.17	1.83
饱和度(%)	*K*1	64.24	62.62	71.24	70.40	77.47
	*K*2	66.80	64.29	66.42	68.84	72.41
	*K*3	64.41	64.78	66.54	65.45	64.34
	*K*4	66.06	66.32	64.32	63.60	61.95
	*K*5	67.19	70.71	60.19	60.42	52.53
极差	*R*	2.95	8.09	11.06	9.98	24.94
毛体积相对密度	*K*1	2.386	2.376	2.430	2.421	2.418
	*K*2	2.404	2.389	2.404	2.410	2.413
	*K*3	2.391	2.394	2.400	2.399	2.389
	*K*4	2.401	2.403	2.390	2.385	2.401
	*K*5	2.404	2.424	2.362	2.371	2.365
极差	*R*	0.018	0.047	0.068	0.049	0.052
稳定度(kN)	*K*1	14.67	14.36	17.67	16.62	14.28
	*K*2	14.95	15.51	16.23	15.90	14.95
	*K*3	15.68	16.54	14.02	14.89	15.36
	*K*4	14.61	14.66	15.05	14.37	15.56
	*K*5	16.35	15.20	13.29	14.49	16.12
极差	*R*	1.73	2.19	4.38	2.25	1.84
极差	*R*	3.72	3.95	3.76	3.96	3.50
15℃劈裂强度(MPa)	*K*1	2.55	2.32	2.93	2.73	2.72
	*K*2	2.62	2.77	2.63	2.55	2.57
	*K*3	2.59	2.64	2.55	2.77	2.62
	*K*4	2.50	2.50	2.47	2.56	2.63
	*K*5	2.70	2.73	2.38	2.36	2.42
极差	*R*	0.20	0.45	0.55	0.42	0.31

注:*K*1、*K*2、*K*3、*K*4、*K*5 这一行的 5 个数分别是因素 A、B、C、D、E 在第 1 水平、第 2 水平、第 3 水平、第 4 水平、第 5 水平所在的试验中对应各考核技术指标平均值;*R* 表示极差,极差越大表明因素水平影响越显著。

方差分析结果　表4-8

考核指标	来源	离差 Q	自由度	均方离差 $S=Q/4$	F值 $=S/S_E$	$F_{0.05}(4,4)/F_{0.01}(4,4)$	显著性
空隙率(%)	A	1.862	4	0.465	2.483	6.39/15.98	
	B	9.730	4	2.432	12.980		* *
	C	17.814	4	4.453	23.764		* * *
	D	17.354	4	4.338	23.150		* * *
	E	65.518	4	16.379	87.403		* * *
	误差 Q_E	0.750	4	0.187			
	总和 Q_T	113.026	24				
间隙率(%)	A	1.254	4	0.314	1.821	6.39/15.98	
	B	11.959	4	2.990	17.363		* * *
	C	12.431	4	3.108	18.048		* * *
	D	14.799	4	3.700	21.487		* * *
	E	10.851	4	2.713	15.754		
	误差 Q_E	0.689	4	0.172			
	总和 Q_T	51.982	24				
沥青饱和度(%)	A	36.796	4	9.199	2.154	6.39/15.98	
	B	189.012	4	47.253	11.063		* *
	C	321.180	4	80.295	18.799		* * *
	D	321.183	4	80.296	18.799		* * *
	E	1864.394	4	466.098	109.127		* * *
	误差 Q_E	17.085	4	4.271			
	总和 Q_T	2749.650	24				
毛体积相对密度	A	0.001	4	0.000	2.566	6.39/15.98	
	B	0.006	4	0.002	12.337		* *
	C	0.012	4	0.003	24.282		* * *
	D	0.008	4	0.002	15.504		* *
	E	0.009	4	0.002	17.664		* * *
	误差 Q_E	0.000	4	0.000			
	总和 Q_T	0.037	24				
稳定度(kN)	A	11.063	4	2.766	1.228	6.39/15.98	
	B	14.444	4	3.611	1.603		
	C	61.003	4	15.251	6.772		* *
	D	18.855	4	4.714	2.093		
	E	9.470	4	2.367	1.051		
	误差 Q_E	9.008	4	2.252			
	总和 Q_T	123.843	24				

续上表

考核指标	来　源	离差 Q	自　由　度	均方离差 $S=Q/4$	F 值 $=S/S_E$	$F_{0.05}(4,4)$/ $F_{0.01}(4,4)$	显　著　性
流值（mm）	A	2.044	4	0.511	1.230	6.39/15.98	
	B	3.821	4	0.955	2.299		
	C	2.545	4	0.636	1.531		
	D	4.219	4	1.055	2.539		
	E	1.970	4	0.492	1.185		
	误差 Q_E	1.662	4	0.415			
	总和 Q_T	16.260	24				
劈裂强度（MPa）	A	0.112	4	0.028	1.581	6.39/15.98	
	B	0.681	4	0.170	9.606		* *
	C	0.887	4	0.222	12.503		* *
	D	0.550	4	0.138	7.764		* *
	E	0.251	4	0.063	3.547		
	误差 Q_E	0.071	4	0.018			
	总和 Q_T	2.553	24				

注：若 $F>F_{0.01}(f_{因},f_E)$，就称该因素是高度显著的，用3个星号表示，如＊＊＊；若 $F<F_{0.01}(f_{因},f_E)$，但 $F>F_{0.05}(f_{因},f_E)$，则称该因素的影响是显著的，用1或2个星号表示；若 $F<F_{0.05}(f_{因},f_E)$，就称该因素的影响是不显著的，不用星号表示。

由表4-7和表4-8统计分析得出如下结论：

（1）影响空隙率和沥青饱和度的因素排序为 E > C > D > B > A，其中油石比、2.36mm 和 0.075mm 筛孔通过率均是空隙率的高度显著影响因子，4.75mm 筛孔通过率接近高度显著影响因素，而9.5mm 以上筛孔通过率对空隙率的影响较小。当油石比由5.9%下降到3.9%时，2.36mm 筛孔通过率38%下降到24%时，以及0.075mm 筛孔通过率由8%下降到4%时，空隙率分别严格单调增加56.8%、37.2%、34.2%，表明控制 AC-13 沥青混合料空隙率的关键因素是沥青结合料和细集料；同时证明了空隙率并不是受事先设计筛孔通过率区间波动的大小而成线性变化，如9.5mm 筛孔通过率范围（68% ~85%）虽然相差17%，对空隙率的影响并不显著。综合考虑现行规范对空隙率和饱和度的技术要求，可确定满足空隙率为3% ~6%和饱和度为65% ~75%的各因素取值范围：A 为60% ~80%，B 为38% ~48%，C 为26% ~38%，D 为5.0% ~7%，E 为4.4% ~5.9%。

（2）间隙率的影响因素排序为 D > C > B > E > A，影响毛体积相对密度的因素排序为 C > E > D > B > A。从方差分析可知，0.075mm、2.36mm、4.75mm 筛孔通过率均是间隙率的高度显著影响因子；2.36mm 筛孔通过率、油石比、0.075mm 筛孔通过率均为毛体积相对密度的高度显著影响因子。据此可根据各因子的水平变化的调整以达到合理的间隙率和较大的毛体积相对密度，增加混合料的密实性能。

（3）稳定度和15℃劈裂强度的主次影响因素分别为 C > D > B > A > E、C > B > D > E > A，其中2.36mm 筛孔通过率均显著影响两者的力学性能指标，4.75mm 和0.075mm 筛孔通过率对劈裂强度影响显著。说明决定沥青混合料抗压和抗拉强度的是细集料级配而不是油石比。建议在设计与施工中优化级配组成,采用合理的油石比,提高路面结构层的力学性能。

综上所述,两种数理统计分析结果是一致的。各因素所在列的不同只反映该因素由于水平变动引起指标的波动,并不受到其他因素水平变动的影响;级配范围区间的大小并不是影响混合料性能指标的决定性因素,决定沥青混合料材料强度的主要因素是细集料级配而不是油石比。综合考虑马歇尔性能指标和力学性能指标,提出优化的 AC-13 密级配沥青混凝土工程级配设计范围,如图 4-1 所示。

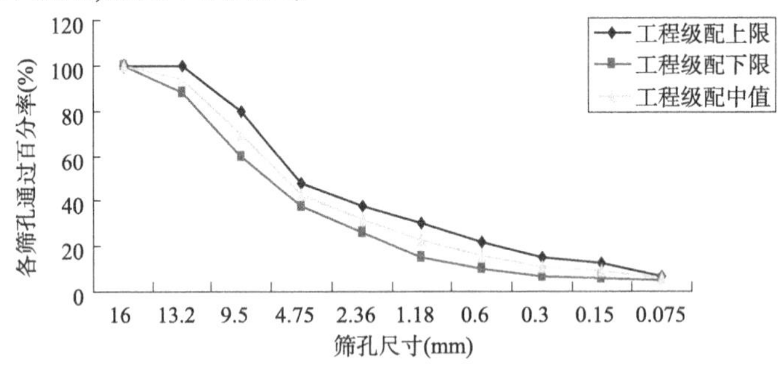

图 4-1 AC-13 工程设计级配范围

4.1.3 试验路铺筑与力学性能验证

1)试验段铺筑与验证

在优化的工程设计级配范围的基础上,确定目标级配和生产合成级配,见表 4-9,马歇尔试验结果见表 4-10。YJ2-LM02 合同段试验段于 2006 年 7 月 31 日铺筑,采用 2 台德国产 ABG-423 摊铺设备,压实设备为英格索兰 DD-130 双钢轮双驱动振动压路机 2 台、悍马 HD-110双钢轮双驱动振动压路机 1 台、徐州产 XP-261 轮胎压路机 2 台、XP-301 轮胎压路机 2 台,共 7 台压路机,并于 2006 年 8 月 1 日进行了路面性能现场检测[67],结果见表 4-11。

合成矿料级配组成设计 表 4-9

级配	通过下列筛孔(mm)的百分率(%)									
	16.0	13.2	9.5	4.75	2.36	1.18	0.6	0.3	0.15	0.075
目标级配	99.9	94.4	66.2	39.2	27.3	19.5	13.7	9.4	7.8	6.2
生产级配	100	96	66.7	37.8	27.9	21.2	14.5	9.5	7.8	6.1

室内路用性能试验结果 表 4-10

试 验 项 目	目 标 配 比	生 产 配 比	项 目 要 求
毛体积相对密度	2.427	2.428	
稳定度 MS(kN)	16.25	16.51	≥10
流值 FL(0.1mm)	34	34	15~40(50)
空隙率 VV(%)	4.5	4.7	4~6
矿料间隙率 VMA(%)	13.6	14.5	≥14.3
沥青饱和度 VFA(%)	66.7	68	65~75

续上表

试验项目	目标配比	生产配比	项目要求
60℃动稳定度(次/mm)	7958	7058	≥2800
浸水马歇尔残留稳定度(%)	94.6	92.4	≥90
冻融劈裂残留强度比(%)	93.2	88.2	≥80
渗水系数(mL/min)	0	0	≤120
理论最大相对密度	2.542	2.547	实测值

试验段现场路用性能检测结果　　表4-11

分析项目	理论压实度(%)	马氏压实度(%)	摆值(BPN)	构造深度(mm)	渗水系数(mL/min)
测点数	6	6	15	24	15
最大值	95.9	100.7	76.9	0.83	60
最小值	93.8	98.5	70.9	0.64	36.1
平均值	94.9	99.6	73.4	0.67	48.6
变异系数(%)	0.81	0.81	3.33	6.44	19.2

从表4-10和表4-11的试验结果可知，目标级配和生产级配动稳定度均大于6000次/mm，冻融劈裂强度比均大于80%，路面残余空隙率在4.1%～6.2%的范围内，以马歇尔标准密度为准的压实度均值为99.6%，摆值和构造深度均满足规范要求，表明优化的矿料级配具有良好的路用性能，表面具有密实、抗滑特点。建议施工中适当提高热拌SBS改性沥青混合料出场温度，重点突出重型(＞26t)胶轮压路机的搓揉效果，降低路面残余空隙率，提高路面强度。经过近3年的通车运营尚无裂缝、坑槽和车辙现象，说明优化的矿料级配具有良好的路面使用功能，可应用于高速公路中。

2)试验方法与力学性能检验

采用旋转压实成型ϕ100mm×100mm圆柱体试件进行沥青混合料相关力学性能试验，如15℃、20℃沥青混合料的抗压强度、回弹模量。圆柱体单轴压缩试验在同济大学MTS-810材料试验机进行，静态抗压回弹模量试验方法首先采用试件破坏荷载的50%进行加载卸载预压，使承载板与试件顶面紧密接触，然后将实际施加的荷载分成6个等级，最大荷载达到试件破坏荷载的70%左右，每级荷载压力维持1min后卸载，卸载时间30s，让试件的弹性变形恢复，整个试验过程中通过固定在试件上下压板上的两个外接位移引伸仪LVDT测定试件的竖向变形，由轴向压力传感器测定试件轴向压力的大小，各传感器通过数据采集卡直接和计算机相连，每隔0.05s采集一次资料，直接存入计算机指定的数据文件中，如图4-2所示；之后分别对各沥青结构层的沥青混合料按6个试件为一组测得其无侧限抗压强度，按式(4-1)计算。整理记录的数据文件，每一级荷载作用下分别取加载和卸载末10个位移差的平均值作为这一级荷载的回弹变形值，以单位压力P为横坐标，回弹变形为纵坐标绘制压力与回弹变形的关系曲线，对曲线进行原点修正，取其斜率作为静态抗压回弹模量，分别按式(4-2)、式(4-3)计算。

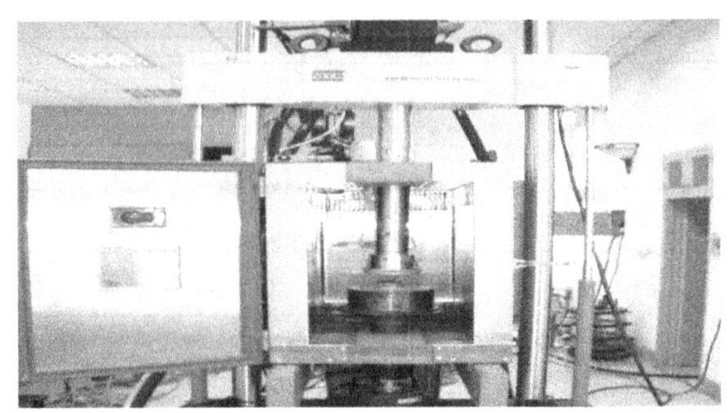

图 4-2　MTS-810 多功能材料试验机

弯曲试验试件由轮碾成型后切制而成,尺寸为 250mm × 30mm × 35mm(长 × 宽 × 高),跨径 200mm。置于 MTS-810 系统实验机环境箱中 3h 以上,试验温度为(−10 ±0.5)℃,加载速率 50mm/min 的条件下进行弯曲试验,测定破坏强度、破坏应变、破坏颈度模量,如式(4-4)所示。

(1)沥青混凝土试件的抗压强度依式(4-1)计算:

$$R_c = \frac{4P}{\pi d^2} \tag{4-1}$$

式中:R_c——试件的抗压强度(MPa);

P——试件破坏时的最大荷载(N);

d——试件直径(mm)。

(2)按式(4-2)计算各级荷载下试件实际承受的压强 q_i。绘制各级荷载的压强 q_i 与回弹变形 ΔL_i 关系曲线,使之与坐标轴相交,得出修正原点,根据此修正原点坐标轴从第 5 级荷载(0.5P)读取压强 q_5 及相应的 ΔL_5。沥青混合料试件的抗压回弹模量按式(4-3)计算:

$$q_i = \frac{4P_i}{\pi d^2} \tag{4-2}$$

$$E = \frac{q_5 \times h}{\Delta L_5} \tag{4-3}$$

式中:q_i——相应于各级试验荷载 P_i 作用下的压强(MPa);

P_i——施加于试件的各级荷载值(N);

E——抗压回弹模量(MPa);

q_5——相应于第 5 级荷载(0.5P)时的荷载压强(MPa);

h——试件轴心高度(mm);

ΔL_5——相应于第 5 级荷载(0.5P)时经原点修正后的回弹变形(mm)。

(3)沥青混凝土劈裂与弯曲试验按式(4-4)计算:

$$R_T = \frac{0.006287 P_T}{h} \tag{4-4}$$

式中:R_T——劈裂抗拉强度(MPa);

P_T——试验荷载的最大值(N);

h——试件高度(mm)。

按照试验段的级配生产热拌改性沥青混合料,进行力学性能检验,试验结果见表 4-12 ~ 表 4-14。

AC-13 沥青混合料抗压强度(20℃)试验结果　　表4-12

试件编号	破坏荷载 P_B(N)	抗压强度(MPa)	平均值(MPa)	标准差
*K*1	53.2	6.77	6.68	0.089
*K*2	51.6	6.57		
*K*3	52.3	6.66		
*K*4	52.5	6.68		
*K*5	53.4	6.80		
*K*6	51.9	6.61		

AC-13 沥青混合料抗压回弹模量(20℃)试验结果　　表4-13

试件编号	抗压回弹模量(MPa)	平均值(MPa)	标准差
*M*1	2365	2364	55
*M*2	2435		
*M*3	2289		
*M*4	2375		
*M*5	2312		
*M*6	2407		

AC-13 沥青混合料弯曲试验结果(-10℃)　　表4-14

试件编号	破坏荷载 P_B(N)	破坏跨中挠度 d(mm)	抗弯拉强度 R_B(MPa)	最大弯拉应变 ε_B(10^{-6})	弯曲劲度模量 S_B(MPa)
*X*1	1236	0.59	10.09	3098	3257
*X*2	1274	0.63	10.4	3308	3144
*X*3	1327	0.58	10.83	3045	3557
*X*4	1249	0.61	10.2	3203	3185
*X*5	1314	0.63	10.73	3308	3244
*X*6	1278	0.59	10.43	3098	3367
平均值	—	—	10.45	3177	3292
标准差	—	—	0.29	114	150

从上述试验结果可看出,20℃抗压强度均值为6.68MPa,标准差为0.089,表明沥青混合料具有较好的抵抗外部荷载作用;抗压回弹模量均值为2364MPa,远大于文献[44]规定的设计参考值1200~1600MPa的要求,说明常温下表面层具有更高的整体强度和受力性能;破坏应变均值为3177$\mu\varepsilon$,大于文献[8]规定的改性沥青混合料不小于2800$\mu\varepsilon$的要求,表明混合料具有较好的抗裂性能。证明了骨架密实型AC-13级配具有优良的力学性能。

4.2 骨架密实级配设计方法与铺筑验证

4.2.1 级配技术研究现状

良好的矿质集料组成,要求粗集料形成骨架且空隙率在某一控制范围内,比表面积的总和也不能太大,前者的目的是保证集料本身最为紧密,具有较大的摩阻力,后者的目的是使填充料最为节约。解决途径主要有基于填充理论的嵌挤原则,基于最大密度曲线理论以及粒子干涉理论的级配原则。文献[11-13]采用多级填充嵌挤理论,通过逐级填充试验设计骨架密实结构级配;张肖宁提出的 CAF 法[14,15](粗集料空隙填充),采用 VCA 指标评价所设计沥青混合料的嵌挤状态是将级配曲线中粗集料颗粒部分采用捣实法测定 VCA_{DRC}值,然后通过成型马歇尔试件所测定的 VCA_{mix},若 $VCA_{mix} \leqslant VCA_{DRC}$则为嵌挤级配。实际应用中,建议 $VCA_{mix} \leqslant VCA_{DRC} + 2\%$;沙庆林在文献[16]针对多碎石沥青混凝土 SAC 系列的设计与施工提出了设计与 VCA 的检验方法,该级配特点粗集料多,填料用量大,值得商榷的是过分地强调骨架结构会造成施工变异性概率增大;Superpave 级配没有明确的设计原则,属于经验性的,其级配密实有余,骨架性不足,是一种悬浮密实结构,后来国内采用贝雷法检验 SUP 矿料级配[17];SMA 通过粗集料骨架间隙率 VCA 判断混合料中粗集料是否真正形成骨架,判别式如下:

$$VCA_{mix} \leqslant VCA_{DRC}$$

式中:VCA_{mix}——压实状态下混合料中粗集料骨架间隙率(%);

VCA_{DRC}——捣实状态下筛孔尺寸 4.75mm 以上粗集料间隙率(%)。

若上式成立,则只需满足:

$$r_f \geqslant \frac{r}{P_{ca}}$$

式中:r_f——试件的毛体积密度;

r——粗集料的捣实密度;

P_{ca}——混合料中粗集料的比例。

以上的研究基本上是强调严格的骨架结构特征,通过降低合成级配中 4.75mm 筛孔通过率或 2.36mm 筛孔通过率。例如,在 $r_f = 2.335$,$r = 1.7$ 的情况下,只有 $P_{ca} \geqslant 73\%$ 时,粗集料才可以完全发挥骨架作用。此时,4.75mm 的筛孔通过率为 27%(掺入结合料后)。室内试验中可以满足混合料结构为骨架密实,但可能无法满足在实际施工中的和易性与可压实性,也很容易出现离析,导致沥青路面逐渐发生大面积网裂松散等早期破坏。文献[8]中混合料设计方法比起原规范有很大进步,但仍然是经验设计方法,集料在混合料中的含量确定时无准确的量化技术标准,仅有粗型和细型之分,对骨架密实结构无明确的定义,在粗型级配范围内仍然可能配制成悬浮密实结构,不能控制设计出的混合料达到骨架密实结构。从沥青面层的室内成型和现场摊铺碾压可以看出,悬浮密实结构沥青混合料的密实性完全可以得到保证,所以验证级配的骨架性就成了骨架密实级配研究的重点。可见,集料级配决定着混合料的级配类型,而混合料的级配类型是影响混合料路用性能的关键因素。这些问题

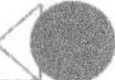

的存在也是我国公路沥青路面达不到设计使用年限的原因之一。因此,AC 型沥青混合料设计优化与改进显得非常重要。

4.2.2 骨架密实级配试验分析

新旧规范[8,9]对密级配沥青混合料设计级配范围要求有所不同,两者对设计级配范围上限的要求几乎相同,现行规范中的 AC 型级配下限基本呈 S 形,关键性筛孔(4.75mm 或 2.36mm)通过率变化范围很大,增加了级配设计的灵活性,适应了不同地区的级配类型需要,同时也增加了级配设计的难度。原因是级配范围内可形成悬浮密实型、骨架空隙型和骨架密实型 3 种结构。如何使得设计级配形成骨架密实结构,并证明是骨架密实结构,目前尚无一致结论。同时,0.075mm 筛孔通过率过高,沥青有效粉胶比变大,会影响到沥青路面的高温流动性、低温抗裂性、水稳定性和抗疲劳性能[68,69]等。根据前人的研究成果和 AC 型连续级配特点,结合安徽省沿江、安景高速公路沥青路面实体工程应用,定义 AC 型骨架密实结构为沥青混合料粗集料(粒径 $d>4.75$mm 或粒径 $d>2.36$mm)间隙率位于矿质粗集料在松散和捣实状态下的最大间隙率和最小间隙率之间时,即为骨架密实结构,大于粗集料松散空隙率为悬浮密实结构,小于粗集料捣实状态下空隙率为骨架空隙结构。本书以 AC-13 级配说明骨架密实级配在工程施工中的应用调整和检验方法(关键性筛孔以 2.36mm 为分界)。

1)AC-13 骨架密实级配设计

(1)原材料与马歇尔试验结果。粗集料(粒径 $d\geqslant2.36$mm)为玄武岩,细集料为石灰岩,填料为矿粉 + 氢氧化钙粉剂(消石灰),结合料为 SBS I-D 级改性沥青,技术指标符合文献[8]要求。

热料仓集料合成级配见表 4-15,密度试验结果见表 4-16。按各档材料比例计算粗集料合成毛体积密度为 2.799g/cm³,合成细集料表观密度为 2.695g/cm³,实测 >2.36mm 粗集料的毛体积密度为 2.803g/cm³,实测细集料表观密度为 2.670g/cm³。粗集料捣实试验结果分别见表 4-17 和表 4-18。马歇尔成型试验温度为(163 ±2.5)℃,理论最大相对密度由计算法确定,试验结果见表 4-19。

AC-13 级配组成设计 表 4-15

矿料	通过下列筛孔(mm)的百分率(%)										
	19.0	16.0	13.2	9.5	4.75	2.36	1.18	0.6	0.3	0.15	0.075
级配	100.0	99.9	96.1	74.5	45.7	34.3	24.8	17.8	12.9	9.3	7.9

矿料密度与吸水率试验结果 表 4-16

矿料规格(mm)	11 ~ 18	6 ~ 11	3 ~ 6	>2.36	<2.36	矿粉	沥青	消石灰
毛体积相对密度	2.830	2.824	2.781	2.629	—	—	—	—
毛体积密度(g/cm³)	2.827	2.821	2.778	2.626	—	—	—	—
表观相对密度	2.933	2.932	2.923	2.728	2.723	2.725	1.035	2.240
表观密度(g/cm³)	2.930	2.929	2.920	2.725	2.721	2.722	1.031	2.238
吸水率(%)	1.24	1.30	1.75	1.38	—	—	—	—

实测粗集料密度的间隙率试验结果　　表 4-17

松散密度	容量筒的容积(cm^3)	容量筒质量(g)	试样和容量筒质量(g)	堆积密度(g/cm^3)	密度均值(g/cm^3)
	10095	1751	17848	1.595	1.600
	10095	1751	17959	1.606	
捣实密度	容量筒的容积(cm^3)	容量筒质量(g)	试样和容量筒质量(g)	堆积密度(g/cm^3)	密度均值(g/cm^3)
	10095	1751	19293	1.738	1.743
	10095	1751	19403	1.749	
松散状态的间隙率	毛体积密度(g/cm^3)	松散密度(g/cm^3)		间隙率(%)	间隙率均值(%)
	2.803	1.595		43.1	42.9
	2.803	1.606		42.7	
捣实状态的间隙率	毛体积密度(g/cm^3)	捣实密度(g/cm^3)		间隙率(%)	间隙率均值(%)
	2.803	1.738		38.0	37.8
	2.803	1.749		37.6	

计算粗集料密度的间隙率试验结果　　表 4-18

松散密度	容量筒容积(cm^3)	容量筒质量(g)	试样和容量筒质量(g)	堆积密度(g/cm^3)	密度均值(g/cm^3)
	10095	1751	17935	1.603	1.602
	10095	1751	17917	1.601	
捣实密度	容量筒的容积(cm^3)	容量筒的质量(g)	试样和容量筒质量(g)	堆积密度(g/cm^3)	密度均值(g/cm^3)
	10095	1751	19243	1.733	1.735
	10095	1751	19290	1.737	
松散状态的间隙率	毛体积密度(g/cm^3)	松散密度(g/cm^3)		间隙率(%)	间隙率均值(%)
	2.799	1.603		42.7	42.8
	2.799	1.601		42.8	
捣实状态的间隙率	毛体积密度(g/cm^3)	捣实密度(g/cm^3)		间隙率(%)	间隙率均值(%)
	2.799	1.733		38.1	38.0
	2.799	1.737		37.9	

设计级配的马歇尔试验结果　　表 4-19

油石比(%)	稳定度(kN)	毛体积相对密度	流值(0.1mm)	空隙率(%)	饱和度(%)	间隙率(%)	理论最大相对密度
5.0	18.57	2.513	45.9	3.5	74.6	13.7	2.603

由试验结果可知:①粗集料在松散和捣实状态下的间隙率为 37.8% ~42.9%,实测粗集

料混合料的密度与计算合成密度相差很小,对间隙率计算影响很小。由此,在松散堆积和捣实状态下的干密度与粗集料的合成毛体积或实测毛体积密度相比,形成的矿料粗集料间隙率基本为38% ~43%。②一组6个马歇尔试件的空隙率均值偏小,饱和度偏大。由按文献[8]计算合成集料吸水率为0.787%,从而吸收沥青比例为0.59%,有效沥青含量为4.2%,有效粉胶比为1.88。从4.1节试验结果分析可知,0.075mm筛孔通过率偏大是造成空隙率偏小、饱和度偏大的主要原因。为此需验证骨架结构类型。

(2)骨架密实级配设计。

①考虑粗集料毛体积密度的骨架密实验证方法。

沥青混合料毛体积密度为2.510kg/L,油石比为5.0%,矿料级配中2.36mm筛孔通过率为34.3%,1m^{3}沥青混合料中沥青质量为2510×0.05÷1.05=119.55kg,1m^{3}沥青混合料中2.36mm以上粗集料质量为(2510-119.55)×(100-34.3)÷100=1570.85 kg,1m^{3}沥青混合料中2.36mm以下细集料(包括矿粉、消石灰)质量为(2510-119.55)×0.343=820.09kg。1m^{3}沥青混合料中2.36mm以上粗集料绝对体积为1570.85÷2.803=560.42L,1m^{3}沥青混合料中2.36mm以下混合料绝对体积为1000-560.42=439.58L。从而,沥青混合料中2.36mm以下混合料总体积,即细集料+矿粉+消石灰+SBS改性沥青+空隙率构成的总体积占沥青混合料总体积的百分率为43.9%(439.58÷1000 =43.958%)。此法的优点是,只需知道马歇尔试件密度、粗集料密度和级配分布即可确定2.36mm筛孔以下沥青混合料的体积。

②考虑细集料表观密度的骨架密实验证方法。

为进一步验证2.36mm以下沥青混合料的总体积分布情况,分别通过实测和计算2.36mm以下集料混合料表观密度、集料合成表观密度以及试件空隙率,可得到2.36mm以下细集料混合料(含矿粉+消石灰)+沥青+空隙率分别为45.8%、45.5%(具体计算分析见表4-20)。与上述计算分析中的43.9%相比,存在接近2%的差别。分析认为,集料密度取用的状态不同,前者粗集料取毛体积密度,后者细集料混合料取表观密度,把集料的吸水量与沥青结合料的吸收量视为等同。其次,空隙率采用有效相对密度计算法得到,尽管考虑了集料吸收沥青的问题,但与实测松散沥青混合料理论最大相对密度相比存在出入。可见,这两种是造成两种计算沥青混合料粗集料间隙率差异的主要直接原因。为佐证这一点,笔者对4.1节25组沥青混合料的最大理论相对密度进行了真空法实测,实验结果如图4-3和图4-4所示。两种方法测试的理论最大相对密度导致空隙率差别为0.33% ~0.67%,且间接计算法比真空法确定的空隙率大,两者的线性关系为$Y_{真空法}=0.9962X_{计算法}-0.4604$($R^2=0.9977$)。因此,应采用粗集料毛体积密度下的方法①确定沥青混合料粗集料间隙率作为评价骨架密实结构的依据。

AC-13沥青混合料相对体积率的计算分析　　表4-20

项　目	2.36mm以下混合料表观密度(kg/L)	2.36mm以下混合料质量(kg)	2.36mm以下混合料绝对体积(L)	沥青质量(kg)	沥青绝对体积(L)	沥青混合料的空隙率体积(L)	细集料+填料+沥青+空隙的总体积(L)	2.36mm以下混合料总体积百分率(%)
实测	2.670	820.09	307.15	119.55	115.97	35.0	458.1	45.8
规范计算	2.695	820.09	304.30	119.55	115.97	35.0	455.3	45.5

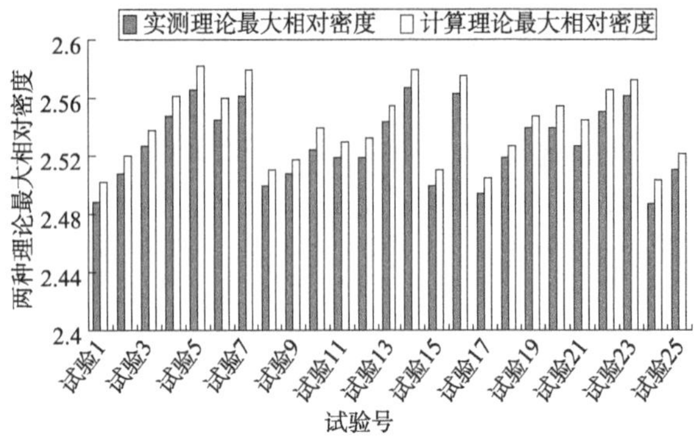

图 4-3 不同测试方法理论最大相对密度对比关系

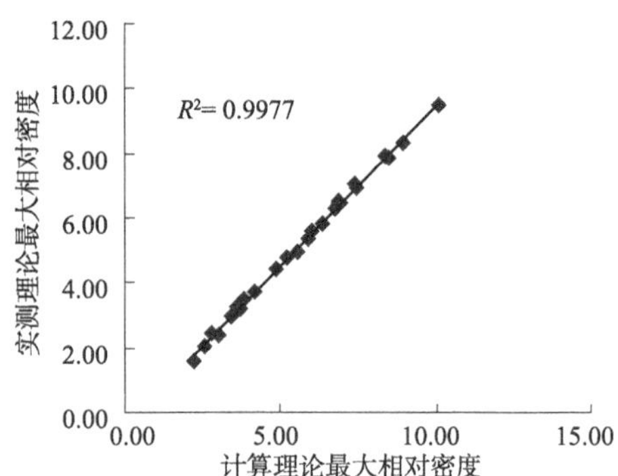

图 4-4 真空实测法与计算法理论最大相对密度关系

综合方法①、方法②实验分析结果，得到的 2.36mm 以下沥青混合料总体积百分率均不在粗集料松散状态与捣实状态间隙率为 38% ~43%，可推断设计采用的矿料级配不是骨架密实型矿料级配，属于悬浮密实结构，但接近骨架密实结构型沥青混合料。

③考虑粗、细集料密度的骨架密实设计方法。

通过矿料筛分级配，实测各规格材料密度（其中 4 号仓、3 号仓、2 号仓、1 号仓 2.36mm 以上的集料均为毛体积密度，1 号仓 2.36mm 以下集料、矿粉、消石灰均为表观密度）和马歇尔试件空隙率，进一步分析沥青混合料内部组成体积与比例，从而计算出沥青混合料中各种原材料的体积，得到沥青混合料中粗集料体积率和细集料混合料 + 沥青 + 空隙的体积率，具体计算分析见表 4-21。

AC-13 沥青混合料相对体积率的计算分析 表 4-21

矿料名称	4 号仓（11 ~ 18mm）	3 号仓（6 ~ 11mm）	2 号仓（3 ~ 6mm）	1 号仓（2.36mm 以上）	1 号仓（2.36mm 以下）	矿粉	沥青	消石灰
密度（g/cm³）	2.827	2.821	2.778	2.626	2.720	2.722	1.031	2.238
外掺比（%）	32	20	7.5	6.4	28.6	4.0	5.0	1.5
内掺比（%）	30.48	19.05	7.14	6.07	27.27	3.81	4.76	1.43
100g 沥青混合中各材料体积（cm³）	10.78	6.75	2.57	2.31	10.02	1.40	4.62	0.64
占总体积百分率（%）	26.61	16.67	6.35	5.70	24.74	3.45	11.40	1.58

沥青混合料总体积 =（10.78 + 6.75 + 2.57 + 2.31 + 10.02 + 1.40 + 4.62 + 0.64）÷（1 − 3.5 ÷ 100）= 40.5cm³，沥青混合料中含 2.36mm 以上粗集料体积百分率 =（26.61 + 16.67 + 6.35 + 5.70）% × 100% = 55.33%；沥青混合料中 2.36mm 以下细集料 + 填料（矿粉和消石灰）+ 空隙的体积百分率 =（24.74 + 3.45 + 11.40 + 1.58 + 3.5）% × 100% = 44.67%。可见，也不介于松散状态与捣实状态间隙率范围（38% ~43%），即沥青混合料属于悬浮密实结构。方法③的计算分析结果介于方法①和方法②之间，综合考虑了粗集料毛体积密度和细集料表观密度问题，缺点是仍然采用马歇尔试件空隙率参与计算，与方法②相同。

综合以上3种分析方法得出的关键性筛孔以下细集料+填料(含矿粉与消石灰等外加剂)+沥青+剩余空隙率均不在粗集料的松散状态下和捣实状态下形成的间隙率为38%~43%,属于悬浮密实结构;采用方法①和方法③分析2.36mm以下沥青混合料的体积特性更为科学合理,解决了粗、细集料密度的取用问题,使得细集料以下保留少量的沥青混凝土能够填充于粗集料的松散和捣实状态下的间隙率。据此,结合4.1节级配优化范围,可进一步确定粗集料、细集料和填料各自占有的质量百分比,从而提出粗、细集料的矿料级配组成。

2)沥青混合料级配调整方法

经过骨架密实型级配验证分析结果,仍属于悬浮密实结构,需要对此调整为骨架密实型矿料级配,其简单化计算分析过程如下:

(1)2.36mm以上粗集料绝对体积百分率应控制为100% $-$ ($VCA_{松散}+VCA_{捣实}$) $\div 2=$ 100% $-$ (42.8+38)% $\div$ 2 = 59.6%,即上述第③种分析方法中粗集料体积百分率为(55.32%+44.68%−40.4%)=59.6%;2.36mm以下细集料+填料+沥青+空隙率绝对体积百分率应控制在($VCA_{松散}+VCA_{捣实}$)÷2=40.4%。从而2.36mm以下细集料体积百分率应调整为(40.4%−3.45%−1.58%−11.40%−3.5%)=20.47%。

(2)骨架密实型沥青混合料绝对体积比为:粗集料:细集料:矿粉:消石灰:沥青=59.6%:20.47%:3.45%:1.58%:11.40%,则体积为1cm^3矿料级配的质量为(0.596×2.799+0.2047×2.720+0.0345×2.722+0.0158×2.238)=2.354g。据此,质量比为粗集料:细集料:矿粉:消石灰=(0.596×2.799÷2.354):(0.2047×2.720÷2.354):(0.0345×2.722÷2.354):(0.0158×2.238÷2.354)=70.9%:23.6%:4%:1.5%。

(3)计算调整后外掺比例为4号仓(11~18mm):3号仓(6~11mm):2号仓(3~6mm):1号仓(0~3mm):矿粉:消石灰=70.9−(23.6÷0.818−23.6)×32÷(32+20+7.5):70.9−(23.6÷0.818−23.6)×20÷(32+20+7.5):70.9−(23.6÷0.818−23.6)×7.5÷(32+20+7.5):(23.6÷0.818):4:1.5=35.2%:22.0%:8.2%:29.1%:4%:1.5%,其调整后合成级配组成见表4-22。

调整后骨架密实型AC-13合成级配结果　　表4-22

筛孔	通过下列筛孔(mm)的百分率(%)										
	19.0	16.0	13.2	9.5	4.75	2.36	1.18	0.6	0.3	0.15	0.075
级配结果	100.0	99.9	95.7	71.9	40.3	29.5	21.6	15.7	11.7	8.6	6.4

(4)对调整后级配成型马歇尔试验,结果见表4-23。采用第③种考虑粗、细集料密度的骨架密实设计方法,计算分析见表4-24。其中4号仓、3号仓、2号仓、1号仓2.36mm以上粗集料均为毛体积密度,1号仓2.36mm以下细集料、矿粉、消石灰均为表观密度。

调整级配后马歇尔性能指标　　表4-23

油石比(%)	稳定度(kN)	毛体积相对密度	流值(0.1mm)	空隙率(%)	饱和度(%)	间隙率(%)	理论最大相对密度
4.9	20.64	2.504	42.5	4.2	70.0	14.1	2.615

调整后 AC-13 沥青混合料级配体积率的计算分析　　表 4-24

矿料名称	4 号仓(11 ~18mm)	3 号仓(6 ~11mm)	2 号仓(3 ~6mm)	1 号仓(>2.36mm)	1 号仓(<2.36mm)	矿粉	消石灰	沥青
相对密度	2.830	2.824	2.781	2.629	2.723	2.725	2.240	1.035
密度(g/cm^3)	2.827	2.821	2.778	2.626	2.720	2.722	2.238	1.031
矿料比(%)	35.2	22.0	8.2	5.5	23.6	4.0	1.5	0
内掺比(%)	33.55	20.97	7.86	5.21	22.50	3.81	1.43	4.67
100g 沥青混合料中各材料体积(cm^3)	11.87	7.43	2.83	1.98	8.27	1.40	0.64	4.53
占总体积百分率(%)	29.18	18.28	6.96	4.88	20.34	3.44	1.57	11.14

100g 沥青混合料总体积 =(11.87 +7.43 +2.83 +1.98 +8.27 +1.40 +4.53 +0.64) ÷(1 - 4.2 ÷100) =40.7cm^3,2.36mm 以上粗集料体积百分率 =(29.18 +18.28 +6.96 +4.88) ×100% =59.3%;2.36mm 以下细集料 + 填料 + 沥青 + 试件空隙率的体积百分率 =(20.34 + 3.44 +11.14 +1.57 +4.2) ×100% =40.7%,在 2.36 mm 以上集料松散状态与捣实状态下的间隙率(38% ~42%)的范围内。据此可判定调整后矿料级配为骨架密实型级配,即细集料 + 填料 + 沥青能够较好地填充于除残余空隙率以外的由粗集料形成的空隙之中。

3)骨架密实级配关键筛孔通过率的确定

高速公路沥青上面层一般采用玄武岩集料,由于产地领域宽广,毛体积相对密度差异较大。结合项目特点,选取毛体积相对密度最大的南京六合玄武岩和毛体积相对密度最小的江西玄武样作为控制范围(2.827 ~2.533),以确定骨架密实型级配的关键性筛孔通过率上、下限范围。假定设计空隙率为 4.0%,对应间隙率为 14%。

(1)南京六合玄武岩:由上述原材料技术性能可知,2.36mm 以上粗集料在松散状态下最小绝对体积百分率 =100 - $VCA_{松散}$ =(100 -42.8)% =57.2%;2.36mm 以下集料 + 填料 + 沥青 + 空隙绝对体积百分率应能够填充 $VCA_{松散}$ =42.8% 条件下的空隙率,则2.36mm 以下集料 + 填料绝对体积百分率 =42.8% -14% =28.8%。

2.36mm 以上粗集料在捣实状态下最大绝对体积百分率 =(100 - $VCA_{捣实}$) ×100% =(100 -38)100% =62%,2.36mm 以下集料 + 填料 + 沥青 + 空隙绝对体积百分率应能够填充捣实状态下的 $VCA_{捣实}$ =38%,则 2.36mm 以下集料 + 填料绝对体积百分率 =38% -14% =24%。

由此可得,矿料级配 2.36mm 筛孔通过率上限的 100cm^3 混合料中矿料的质量为 2.799 ×57.2 +2.695 ×28.8 =237.7g,2.36mm 筛孔通过率下限的 100cm^3 混合料中矿料的质量为 2.799 ×62 +2.695 ×24 =238.2g。从而,矿料级配 2.36mm 筛孔通过率上限中 >2.36mm 以上粗集料质量比为 2.799 ×57.2 ÷237.7 ×100% =67.36%,即 2.36mm 筛孔通过率上限为 32.64%,下限中 >2.36mm 以上粗集料质量比为 2.799 ×62 ÷238.2 ×100% =72.85%,矿料中 2.36mm 通过率下限为 27.15%。可见,对毛体积密度较大的原材料,AC-13 骨架密实型级配中 2.36mm 筛孔通过率范围约为 27% ~33%。

(2)江西鄱阳产玄武岩:对吸水率大的粗集料玄武岩密度进行了严格实测,详见表 4-25,吸水率为 2% ~3%,各档粗集料毛体积相对密度与表观相对密度相差较大;细集料

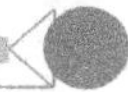

机制砂的表观相对密度为2.724,填料与前述相同,合成表观相对密度为2.695。由于粗集料组成对其间隙率影响很小,见表4-26、表4-27,本次实验不再考虑级配组成对捣实毛体积相对密度和合成毛体积相对密度的影响,直接采用实测法确定毛体积相对密度,试验结果见表4-28。同样假定设计空隙率为4.0%,对应间隙率为14%。

玄武岩集料密度试验结果　　表4-25

集料规格	10～15mm				5～10mm				3～5mm			
试验次数	1	2	1	2	1	2	1	2	1	2	1	2
水中质量(g)	716.9	702.9	729.6	820.9	645.3	515.9	580	782	542.6	674	589.3	612.5
表干质量(g)	1155.1	1131.6	1174.4	1321	1042.8	834	936.8	1260.6	879.3	1098.3	955.7	992.9
烘干质量(g)	1130.7	1108	1148.5	1291	1014.5	814.2	912.1	1227.1	855	1068.8	928.6	966.5
毛体积密度(g/cm^3)	2.58	2.585	2.582	2.58	2.552	2.56	2.556	2.564	2.539	2.519	2.534	2.541
表观密度(g/cm^3)	2.732	2.735	2.742	2.746	2.748	2.729	2.746	2.757	2.737	2.707	2.737	2.73
吸水率(%)	2.16	2.13	2.26	2.35	2.79	2.43	2.71	2.73	2.84	2.76	2.92	2.73
毛体积均值(g/cm^3)	2.582				2.558				2.533			
表观密度均值(g/cm^3)	2.738				2.745				2.727			

集料级配组成设计　　表4-26

级配	通过下列筛孔(mm)的百分率(%)										
	19.0	16.0	13.2	9.5	4.75	2.36	1.18	0.6	0.3	0.15	0.075
1	100.0	99.5	91.5	61.8	24.0	18.5	16.5	14.4	12.7	11.4	10.2
2	100.0	99.5	92.0	63.9	26.9	21.5	18.8	15.9	13.6	12.0	10.5
3	100.0	99.5	92.0	63.9	27.4	22.0	19.2	16.1	13.7	12.0	10.5
4	100.0	99.5	92.4	65.6	29.4	24.0	20.7	17.1	14.3	12.4	10.8

粗集料捣实试验结果　　表4-27

4.75mm通过率(%)	捣实密度(g/cm^3)	毛体积密度(g/cm^3)	粗集料间隙率(%)
24.0	1.587	2.693	41.1
26.9	1.589	2.693	41.0
27.4	1.591	2.693	40.9
29.4	1.593	2.693	40.8

粗集料密度间隙率试验结果　　表4-28

混合料毛体积相对密度	粗集料松散相对密度	粗集料捣实相对密度	松散状态的间隙率(%)	捣实状态的间隙率(%)
2.609	1.41	1.523	45.3	40.9

由此可确定,2.36mm以下集料+填料在松散条件下最大绝对体积百分率=45.3%－14%=31.3%;在捣实条件下最小绝对体积百分率=40.9%－14%=25.1%。进而,级配2.36mm筛孔通过率上限的矿料质量为2.609×54.7+2.695×31.3=227.06g,2.36mm筛孔通过率下限的矿料质量为2.609×59.1+2.695×25.1=221.84g。则上限中>2.36mm以上粗集料质量比为2.609×54.7÷227.06×100%=62.85%,下限中>2.36mm以上粗集料质量比为2.609×59.1÷221.84×100%=69.5%。可见,关键筛孔2.36mm通过率上限为37.15%,2.36mm筛孔通过率下限为30.5%,即2.36mm筛孔通过率范围为30%~37%时可以形成骨架密实结构。

综上所述,毛体积密度为2.827和毛体积密度为2.533的玄武岩粗集料,构成骨架密实型AC-13级配中2.36mm筛孔通过率范围分别为27%~33%和30%~37%;常见玄武岩粗集料毛体积密度为2.533~2.827的2.36mm筛孔通过率建议控制在27%~37%范围内。印证了4.1节AC-13矿料级配优化中影响路用性能的2.36mm筛孔通过率控制范围,对矿料级配组成设计与施工控制具有重要理论和现实意义。

4.2.3 抗车辙性能的影响分析

粗集料为玄武岩,细集料为石灰岩机制砂,填料与改性沥青同4.1节,油石比为4.9%,材料密度、级配和马歇尔试验结果分别见表4-29~表4-31。按照《公路工程沥青及沥青混合料试验规程》(JTG E20—2011)车辙试验要求取平均值作为测试60℃、0.7MPa条件下的动稳定度,结果如图4-5和图4-6所示。

矿料密度与吸水率试验结果 表4-29

矿料规格(mm)	11~17	6~11	3~6	0~3	矿粉	沥青	消石灰
毛体积相对密度	2.744	2.734	2.726	—	—	—	—
表观相对密度	2.783	2.764	2.741	2.722	2.718	1.028	2.246

考虑车辙性能的级配组成设计 表4-30

级配	通过下列筛孔(mm)的百分率(%)									
	16.0	13.2	9.5	4.75	2.36	1.18	0.6	0.3	0.15	0.075
1	100	96.8	77.0	39.8	24.9	18.4	14.1	10.0	7.8	6.1
2	100.0	96.0	72.6	39.7	29.8	21.7	16.1	10.9	8.1	5.9
3	100.0	94.3	63.9	39.8	35.1	25.4	18.5	12.2	8.8	6.2
4	100	94.3	65.6	51.4	46.0	32.9	23.3	14.6	9.8	6.3

马歇尔性能指标实验结果 表4-31

级配	油石比(%)	稳定度(kN)	毛体积相对密度	流值(0.1mm)	空隙率(%)	饱和度(%)	间隙率(%)	理论最大相对密度
1	4.8	15.8	2.44	36.9	4.6	69.9	15.2	2.554
2	4.8	14.6	2.45	33.2	4.2	71.3	14.8	2.553
3	4.8	17.2	2.43	41.2	4.9	68.6	15.5	2.557
4	4.8	17.4	2.43	44.9	5.3	67.1	15.7	2.559

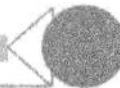

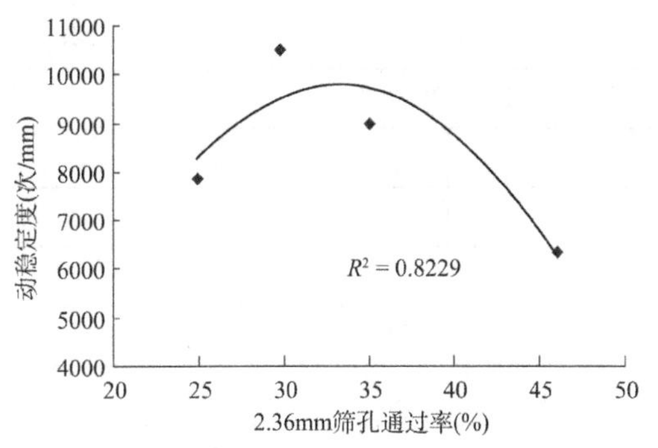

图4-5 2.36mm筛孔通过率与动稳定度的关系

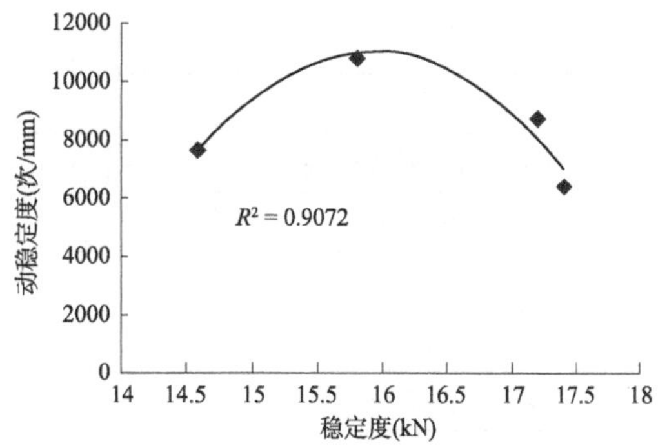

图4-6 动稳定度与马歇尔稳定度的关系

上述实验结果显示:①当2.36mm筛孔通过率为28%~35%时,动稳定度较大,2.36mm筛孔通过率为29.8%时出现最大值,超过35%,动稳定度衰减较快。②当稳定度为16kN左右时,动稳定度出现最大值,之后随稳定度增加,动稳定度逐渐减小。说明尽管4个级配的沥青混合料空隙率均为4%~5%,但混合料中细级配集料所占比例增加时,逐渐将粗集料撑开,难以形成骨架结构,在60℃车辙轮作用下,细料蠕动变形较为明显,总变形相应增大。

4.2.4 骨架密实结构验证与施工性能对比分析

采用上述原材料分别对表4-32中两种级配(4.75mm通过率不同,2.36mm通过率基本一致)进行对比铺筑,马歇尔试验结果见表4-33、表4-34,骨架结构验证见表4-35。级配1和级配2现场路用性能结果见表4-36~表4-43和图4-7~图4-10。试验结果显示,级配1和级配2均为骨架结构。

两种级配组成设计 表4-32

级配号	各筛孔尺寸(mm)通过百分率(%)									
	16.0	13.2	9.5	4.75	2.36	1.18	0.6	0.3	0.15	0.075
级配1	100	95.5	64.8	34.8	28.1	19.0	13.1	9.2	6.9	5.8
级配2	100	93.0	63.7	40.5	29.8	19.8	14.8	11.0	7.6	6.2

玄武岩集料密度试验结果 表4-33

密　度	原材料规格(mm)						
	10~15	5~10	3~5	0~3	矿粉	消石灰	沥青
毛体积相对密度	2.732	2.728	2.705	2.696	—	—	—
表观相对密度	2.770	2.768	2.7773	2.725	2.722	2.242	1.033

热拌沥青混合料马歇尔实验结果 表4-34

试验项目	试验结果	
级配类型	级配1	级配2
沥青油石比(%)	4.7	4.85
毛体积相对密度	2.43	2.443
理论最大相对密度	2.550(间接计算)	2.545(间接计算)

续上表

试验项目	试验结果	
马歇尔稳定度(kN)	15.9	18.1
流值(0.1mm)	35.4	38.2
空隙率(%)	4.7	4.0
沥青饱和度(%)	67	71.4
矿料间隙率(%)	14.2	14.0
动稳定度(次/mm)	7721	6265
冻融劈裂强度比(%)	86.4	—

AC-13 改性沥青混合料骨架密实结构试验结果 表 4-35

级配	γ_{ca}	ρ	ρ_{mb}	P_{ca}(%)	VCA_{drc}(%)	VCA_{mix}(%)	骨架判定
1	2.719	1.633	2.705	69.37	39.9	36.4	是
2	2.727	1.637	2.709	64.568	39.97	41.7	是

注:γ_{ca}-粗集料(粒径 $d>2.36$mm)合成毛体积相对密度;ρ-粗集料捣实相对密度;ρ_{mb}-沥青混合料试件毛体积相对密度;P_{ca}-沥青混合料中粗集料的比例;VCA_{drc}-粗集料间隙率;VCA_{mix}-马歇尔试件粗集料间隙率。

级配 1 路面取芯压实度检测结果 表 4-36

取芯桩号	H(m)	r_f	ρ	TMD	$K1$(%)	$K2$(%)	VV(%)
K66 +975	8.0	2.386	2.430	2.550	93.6	98.2	6.4
K67 +005	4.0	2.402	2.430	2.550	94.2	98.9	5.8
K67 +153	5.0	2.358	2.430	2.550	92.5	97.1	7.5
K67 +230	8.0	2.376	2.430	2.550	93.2	97.8	6.8
K67 +270	2.0	2.381	2.430	2.550	93.4	98.0	6.6
K67 +055	1.0	2.384	2.430	2.550	93.5	98.1	6.5
K67 +090	6.5	2.396	2.430	2.550	94.0	98.6	6.0
K67 +028	4.0	2.395	2.430	2.550	93.9	98.6	6.1
K67 +120	10.5	2.334	2.430	2.550	91.5	96.0	8.5
K67 +190	2.0	2.392	2.430	2.550	93.8	98.4	6.2

注:H-距中线距离;r_f-取芯试件毛体积相对密度;ρ-标准试件相对密度;TMD-理论最大相对密度;$K1$-理论最大相对密度压实度;$K2$-马歇尔压实度;VV-路面残余空隙率。

级配 1 路面铺砂仪构造深度检测结果 表 4-37

取样桩号	距中线距离(m)	摊平砂平均直径(mm)	构造深度(mm)	构造深度均值(mm)	与未离析构造深度比
K66 +970	8.0	197	0.82	0.81	1.02
		188	0.90		
		210	0.72		

续上表

取样桩号	距中线距离（m）	摊平砂平均直径（mm）	构造深度（mm）	构造深度均值（mm）	与未离析构造深度比
K67 +010	4.0	210	0.72	0.76	0.95
		197	0.82		
		206	0.75		
K67 +060	2.0	199	0.80	0.77	0.97
		213	0.70		
		197	0.82		
K67 +110	5.0	210	0.72	0.78	0.98
		196	0.83		
		199	0.80		
K67 +160	10.0	197	0.82	0.78	0.97
		202	0.78		
		209	0.73		
K67 +210	7.0	210	0.72	0.75	0.94
		207	0.74		
		199	0.80		
K67 +260	3.0	196	0.83	0.83	1.04
		197	0.82		

级配1路面摆式仪摩擦系数检测结果　　表4-38

取样桩号	距中线离（m）	摆值 F_{BT}（BPN）					均值（BPN）	路面温度（℃）	温度修正	F_{B20}（BPN）	F_{B20}均值（BPN）
K66 +970	4.0	67	68	67	68	67	67	27	2	69	64
		55	55	56	58	58	56	27	2	58	
		63	63	62	64	61	63	27	2	65	
K67 +010	10.0	64	64	65	66	66	65	27	2	67	65
		62	62	61	62	60	61	27	2	63	
		63	63	62	60	61	62	27	2	64	
K67 +060	2.0	58	60	60	58	59	59	27	2	61	63
		65	65	66	64	65	65	27	2	67	
		58	57	60	58	59	58	27	2	60	
K67 +110	5.0	60	62	60	60	62	61	27	2	63	66
		62	64	63	64	63	63	27	2	65	
		68	66	67	68	66	67	27	2	69	

续上表

取样桩号	距中线离(m)	摆值 F_{BT} (BPN)					均值(BPN)	路面温度(℃)	温度修正	F_{B20} (BPN)	F_{B20}均值(BPN)
K67 +180	8.0	62	63	60	62	63	62	27	2	64	63
		64	62	63	62	65	63	27	2	65	
		58	58	60	59	60	59	27	2	61	
K67 +270	4.0	64	65	65	64	63	64	27	2	66	67
		62	62	64	63	65	63	27	2	65	
		68	67	65	66	68	67	27	2	69	

级配1路面渗水试验结果 表4-39

试验桩号	第一次读数水量(mL)	第二次读数水量(mL)	第一次读数时间(s)	第二次读数时间(s)	渗水系数(mL/min)	平均值(mL/min)
K66 +970 距中3m	100	420	0	180	106.7	122.2
	100	160	0	180	20.0	
	100	500	0	100	240.0	
K67 +010 距中9m	100	400	0	180	100.0	406.7
	100	500	0	30	800.0	
	100	500	0	75	320.0	
K67 +060 距中6m	100	400	0	180	100.0	380.0
	100	500	0	30	800.0	
	100	420	0	80	240.0	
K67 +110 距中2m	100	500	0	35	685.7	695.2
	100	500	0	40	600.0	
	100	500	0	30	800.0	
K67 +160 距中8m	100	500	0	25	960.0	620.0
	100	400	0	180	100.0	
	100	500	0	30	800.0	
K67 +210 距中4m	100	500	0	35	685.7	411.9
	100	400	0	60	300.0	
	100	350	0	60	250.0	
K67 +260 距中2m	100	400	0	60	300.0	595.2
	100	500	0	35	685.7	
	100	500	0	30	800.0	

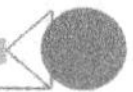

级配2路面取芯压实度检测结果　　表4-40

取芯桩号	H(m)	r_f	ρ	TMD	$K1$(%)	$K2$(%)	VV(%)
K67+480	10.0	2.389	2.443	2.545	93.9	97.8	6.1
K67+495	10.5	2.437	2.443	2.545	95.8	99.8	4.2
K67+680	9.0	2.404	2.443	2.545	94.5	98.4	5.5
K67+885	4.5	2.450	2.443	2.545	96.2	100.3	3.8
K68+080	8.25	2.408	2.443	2.545	94.6	98.6	5.4
K68+280	8.25	2.415	2.443	2.545	94.9	98.9	5.1
K68+470	10.0	2.397	2.443	2.545	94.2	98.1	5.8

级配2路面铺砂仪构造深度检测结果　　表4-41

取样桩号	距中线距离(m)	摊平砂平均直径(mm)	路面构造深度(mm)	路面构造深度平均值(mm)	与未离析路面构造深度比值
K67+480	4.0	213	0.70	0.67	0.89
		213	0.70		
		230	0.60		
K67+680	9.0	213	0.70	0.75	1.00
		206	0.75		
		199	0.80		
K67+885	6.0	221	0.65	0.65	0.87
		230	0.60		
		213	0.70		
K68+080	2.0	199	0.80	0.77	1.02
		206	0.75		
		206	0.75		
K68+280	7.0	199	0.80	0.75	1.00
		199	0.80		
		221	0.65		
K68+470	10.0	199	0.80	0.82	1.09
		194	0.85		
		199	0.80		
K68+660	5.0	213	0.70	0.75	1.00
		206	0.75		
		199	0.80		

级配 2 路面摆式仪摩擦系数检测表 表 4-42

取样桩号	距中线距离(m)	摆值 F_{BT} (BPN)					平均值(BPN)	路面温度(℃)	温度修正	F_{B20} (BPN)	F_{B20}平均值(BPN)
K67 +470	3.0	58	57	57	58	56	57	29	3	60	61
		55	55	56	58	58	56	29	3	59	
		63	61	60	59	60	61	29	3	64	
K67 +670	7.0	56	55	55	56	54	55	29	3	58	58
		52	53	54	52	53	53	29	3	56	
		58	57	59	58	59	58	29	3	61	
K67 +860	10.0	54	55	53	54	55	54	29	3	57	57
		51	52	52	53	52	52	29	3	55	
		58	57	55	58	56	57	29	3	60	
K68 +050	6.0	60	62	60	60	62	61	29	3	64	63
		62	64	63	64	63	63	29	3	66	
		58	57	56	58	57	57	29	3	60	
K68 +280	2.0	56	57	56	55	57	56	29	3	59	61
		57	58	59	58	58	58	29	3	61	
		58	58	60	59	60	59	29	3	62	
K68 +460	5.0	54	55	54	53	55	54	29	3	57	58
		58	59	57	58	57	58	29	3	61	
		52	54	53	54	53	53	29	3	56	
K68 +670	9.0	53	52	54	55	54	54	29	3	57	57
		56	55	56	57	56	56	29	3	59	
		50	52	51	53	52	52	29	3	55	

级配 2 路面渗水试验结果 表 4-43

试验桩号	第一次读数的水量(mL)	第二次读数的水量(mL)	第一次读数的时间(s)	第二次读数的时间(s)	渗水系数(mL/min)	平均值(mL/min)
K67 +480 距中 3m	100	280	0	180	60.0	39.2
	100	168	0	180	22.7	
	100	205	0	180	35.0	
K67 +680 距中 6m	100	190	0	180	30.0	29.0
	100	146	0	180	15.3	
	100	225	0	180	41.7	
K67 +885 距中 10m	100	252	0	180	50.7	51.7
	100	228	0	180	42.7	
	100	285	0	180	61.7	

续上表

试验桩号	第一次读数的水量(mL)	第二次读数的水量(mL)	第一次读数的时间(s)	第二次读数的时间(s)	渗水系数(mL/min)	平均值(mL/min)
K68 +080 距中 2m	100	165	0	180	21.7	30.2
	100	192	0	180	30.7	
	100	215	0	180	38.3	
K68 +280 距中 8m	100	306	0	180	68.7	61.9
	100	285	0	180	61.7	
	100	266	0	180	55.3	
K68 +470 距中 5m	100	148	0	180	16.0	22.8
	100	172	0	180	24.0	
	100	185	0	180	28.3	
K68 +660 距中 9m	100	320	0	180	73.3	56.2
	100	286	0	180	62.0	
	100	200	0	180	33.3	

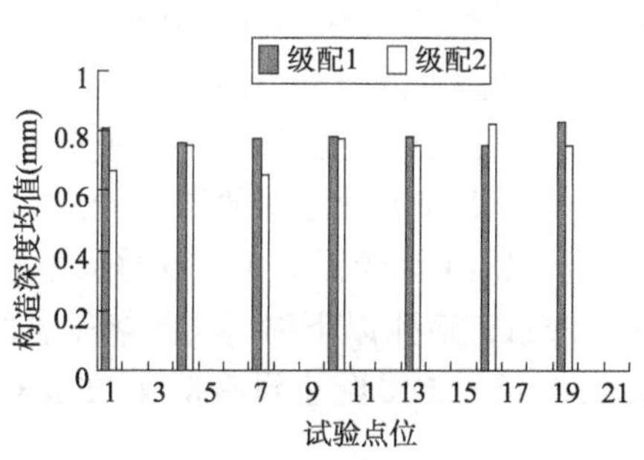

图 4-7 不同级配路面空隙率对比

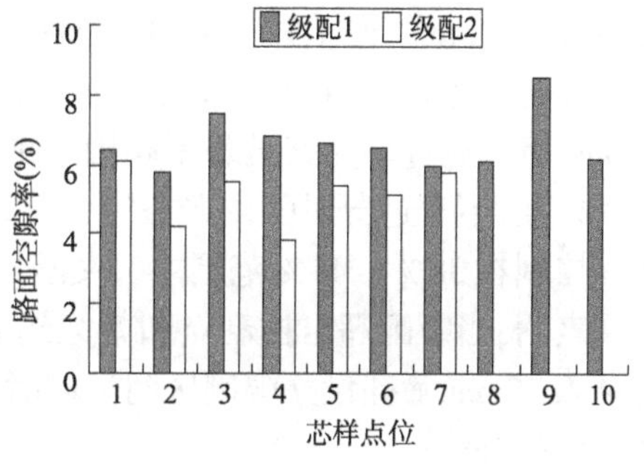

图 4-8 不同级配构造深度对比

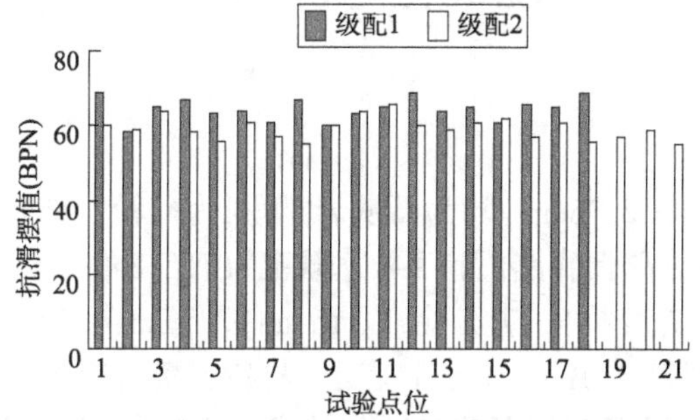

图 4-9 不同级配抗滑摆值对比

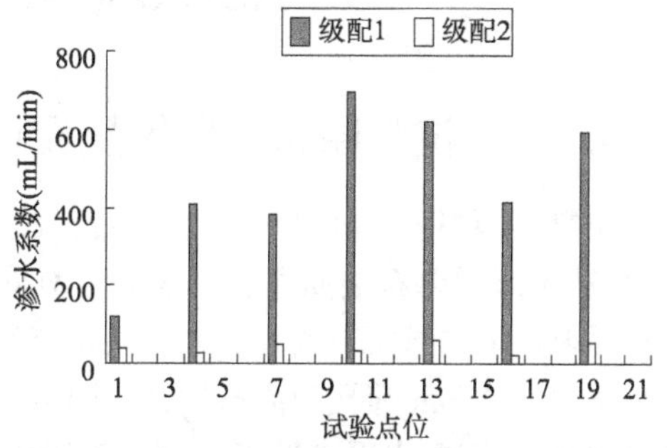

图 4-10 不同级配渗水系数对比

由表 4-36 ~ 表 4-43 与图 4-7 ~ 图 4-10 试验结果可知:

(1)级配 1 路面空隙率范围为 5.8% ~8.5%,均值为 6.6%,变异系数为 12.1%,而级配 2 路面空隙率范围为 4.2% ~6.1%,均值为 5.1%,变异系数为 16.63%。建议施工中应加强级配的关键性筛孔控制,0.075mm、≤2.36mm、≥4.75mm 筛孔通过率的允许偏差宜控制在 ±1%、±2%、±4% 范围内,降低成型路面空隙率及其变异性。

(2)级配 1 路面构造深度样本数 7 处(每处 3 个点)的均值为 0.8mm,标准差为 0.028,变异系数为 3.6%;级配 2 路面构造深度样本数 7 处(每处 3 个点)的均值为 0.74mm,标准差为 0.058,变异系数为 7.9%。对比可知,两种级配构造深度均值差别不大,且各处构造深度比值均为 0.75 ~ 1.15,路面基本不离析。

(3)级配 1 路面摆式摩擦系数样本数 6 的摆值 FB20 均值为 65BPN,标准差为 1.456,变异系数为 2.3%;级配 2 路面摆式摩擦系数样本数 7 的摆值 FB20 均值为 59BPN,标准差为 2.402,变异系数为 4.0%。可见级配 1 摆值大于级配 2 摆值。

(4)级配 1 路面渗水系数样本数为 7 处(每处 3 个点)的均值为 461.6mL/min,变化范围为 122mL/min ~ 620mL/min,标准差为 193.59%,变异系数为 41.94%;级配 2 路面渗水系数样本数为 7 处(每处 3 个点)的均值为 41.6mL/min,变化范围为 22.8mL/min ~ 56.2mL/min,标准差为 15.14%,变异系数为 36.41%。对比可见,级配 1 路面渗水系数均值及其变异系数均明显大于级配 2 路面。

综合分析可知,偏粗级配 1(空隙率为 5.8% ~ 8.5%)较偏细级配 2(空隙率为 4.2% ~ 6.1%)表面空隙率平均大 2% 左右,存在渗水现象;尽管两种级配 2.36mm 通过率基本接近,4.75mm 通过率不同(分别为 34%、40%)的热拌沥青混合料铺筑发现,2.36mm 通过率基本不变的同时,4.75mm 通过率对 AC-13 改性沥青混合料的可压实性具有显著影响,表现了截然不同的综合路用性能特征。印证了第 1 章 AC-13 改性沥青混合料空隙率变异性分析得到的 4.75mm 筛孔通过率为其显著影响因子的正确性。据此建议,配合比设计中应考虑配施工参数变异性,不宜过分对强调严格的骨架结构,权衡密实和抗滑之间的矛盾;推荐 4.75mm 通过率宜控制在 38% ~ 48% 范围内。文献[70]研究 AC-13 沥青混合料(70 号)级配对压实性能结果表明,当级配超出控制点和禁区约束在 2.36mm 筛孔以下时,其混合料难以压实,但没有对 4.75mm 筛孔设立限制区间。同时,Superpave-12.5 级配也没有对 4.75mm 筛孔设立禁区约束条件[71]。

4.3 AC-25 沥青混合料级配优化与应用

4.3.1 试验原材料与级配设计

粗集料(粒径 d >4.75mm)和细集料(粒径 d <2.36mm)均为石灰岩,填料为矿粉。结合料为 70 号 A 级道路石油沥青。技术指标均符合《公路沥青路面施工技术规范》(JTG F40—2004)规范要求(具体指标从略)。采用 $L_{25}(5)^6$ 正交表格安排实验,以 16mm、9.5mm、4.75mm、2.36mm、0.075mm 筛孔和油石比共 6 因素(分别以 A、B、C、D、E、F 表示)与各因素对应的 5 水平安排试验,因素水平表见表 4-44。实验安排中尽可能将影响马歇尔技术指标的各因素列入其中,级配涵盖了粗型和细型级配,设计方案见表 4-45,合成级配如图 4-11 所示。

4.3.2 试验结果与分析

马歇尔成型温度控制(152 ±2.5)℃,双面击实次数为 75,每组有效试件 6 个,理论最大

相对密度采用真空法实测，试验与极差分析结果见表4-46、表4-47。

马歇尔正交设计六因素五水平　　表4-44

因素水平	各筛孔(mm)通过百分率					油石比(%)(F)
	16mm(%)(A)	9.5mm(%)(B)	4.75mm(%)(C)	2.36mm(%)(D)	0.075mm(%)(E)	
1	83	65	45	30	7	4.7
2	79	60	41	26	6	4.4
3	75	55	37	22	5	4.1
4	71	50	33	19	4	3.8
5	65	45	30	16	3	3.5

正交试验设计方案　　表4-45

试验编号	16mm(%)(A)	9.5mm(%)(B)	4.75mm(%)(C)	2.36mm(%)(D)	0.075mm(%)(E)	油石比(%)(F)
1	1(83)	1(65)	1(45)	1(30)	1(7)	1(4.7)
2	1(83)	2(60)	2(41)	2(26)	2(6)	2(4.4)
3	1(83)	3(55)	3(37)	3(22)	3(5)	3(4.1)
4	1(83)	4(50)	4(33)	4(19)	4(4)	4(3.8)
5	1(83)	5(45)	5(30)	5(16)	5(3)	5(3.5)
6	2(79)	1(65)	2(41)	3(22)	4(4)	5(3.5)
7	2(79)	2(60)	3(37)	4(19)	5(3)	1(4.7)
8	2(79)	3(55)	4(33)	5(16)	1(7)	2(4.4)
9	2(79)	4(50)	5(30)	1(30)	2(6)	3(4.1)
10	2(79)	5(45)	1(45)	2(26)	3(5)	4(3.8)
11	3(75)	1(65)	3(37)	5(16)	2(6)	4(3.8)
12	3(75)	2(60)	4(33)	1(30)	3(5)	5(3.5)
13	3(75)	3(55)	5(30)	2(26)	4(4)	1(4.7)
14	3(75)	4(50)	1(45)	3(22)	5(3)	2(4.4)
15	3(75)	5(45)	2(41)	4(19)	1(7)	3(4.1)
16	4(71)	1(65)	4(33)	2(26)	5(3)	3(4.1)
17	4(71)	2(60)	5(30)	3(22)	1(7)	4(3.8)
18	4(71)	3(55)	1(45)	4(19)	2(6)	5(3.5)
19	4(71)	4(50)	2(41)	5(16)	3(5)	1(4.7)
20	4(71)	5(45)	3(37)	1(30)	4(4)	2(4.4)
21	5(65)	1(65)	5(30)	4(19)	3(5)	2(4.4)
22	5(65)	2(60)	1(45)	5(16)	4(4)	3(4.1)
23	5(65)	3(55)	2(41)	1(30)	5(3)	4(3.8)
24	5(65)	4(50)	3(37)	2(26)	1(7)	5(3.5)
25	5(65)	5(45)	4(33)	3(22)	2(6)	1(4.7)

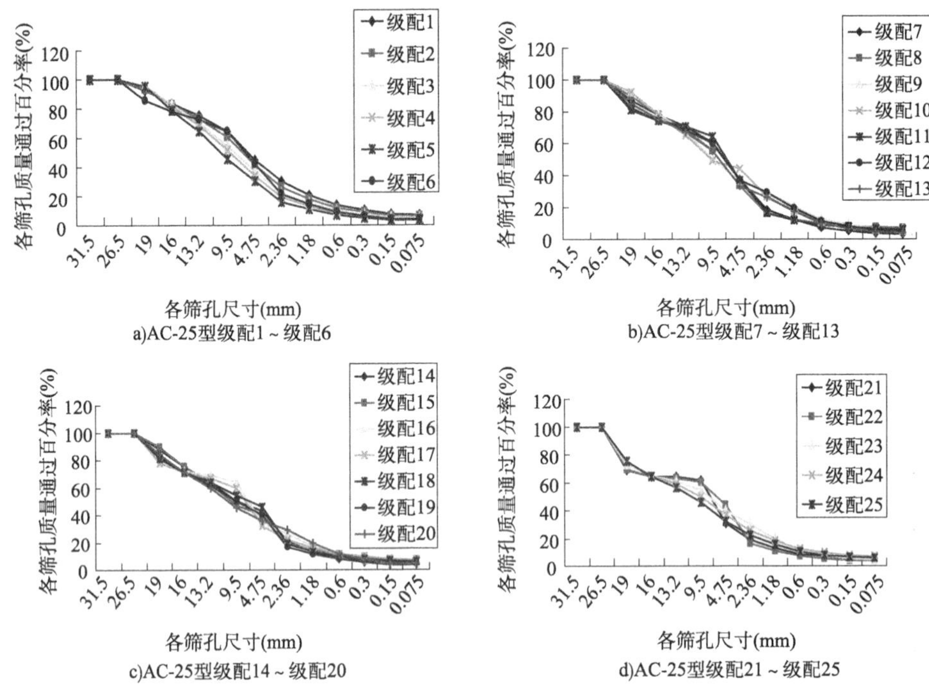

图 4-11　AC-25 矿料级配正交试验设计曲线

AC-25 沥青混合料马歇尔试验结果　　表 4-46

TN	AAR(%)	P_b(%)	γ_{sb}	γ_f	TMD	VV(%)	VMA(%)	VFA(%)	MS(kN)	F_L(mm)
1	4.7	4.49	2.694	2.458	2.535	3.0	12.9	76.7	10.2	2.53
2	4.4	4.21	2.695	2.406	2.542	5.4	14.5	62.8	9.07	1.78
3	4.1	3.94	2.695	2.362	2.558	7.7	15.8	51.3	8.84	1.97
4	3.8	3.66	2.696	2.351	2.568	8.5	16.0	46.9	7.39	1.81
5	3.5	3.38	2.696	2.347	2.576	8.9	15.9	44.0	7.2	2.18
6	3.5	3.38	2.695	2.345	2.577	9.0	15.9	43.4	9.16	1.42
7	4.7	4.49	2.695	2.334	2.532	7.8	17.3	54.9	8.12	1.85
8	4.4	4.21	2.696	2.356	2.547	7.5	16.3	54.0	7.1	2.02
9	4.1	3.94	2.696	2.436	2.551	4.5	13.2	65.9	11.07	1.94
10	3.8	3.66	2.695	2.424	2.564	5.5	13.3	58.6	11.08	1.88
11	3.8	3.66	2.696	2.343	2.562	8.5	16.3	47.9	8.89	1.37
12	3.5	3.38	2.695	2.425	2.581	6.0	13.1	54.2	12.55	1.95
13	4.7	4.49	2.696	2.422	2.528	4.2	14.2	70.4	9.24	1.68
14	4.4	4.21	2.696	2.354	2.546	7.5	16.4	54.3	9.15	2.3
15	4.1	3.94	2.696	2.423	2.554	5.1	13.7	62.8	9.82	1.64
16	4.1	3.94	2.696	2.393	2.557	6.4	14.7	56.5	9.91	2.55
17	3.8	3.66	2.696	2.408	2.564	6.1	14.0	56.4	9.54	2.16

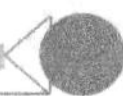

续上表

TN	AAR(%)	P_b(%)	γ_{sb}	γ_f	TMD	VV(%)	VMA(%)	VFA(%)	MS(kN)	F_L(mm)
18	3.5	3.38	2.696	2.351	2.573	8.6	15.7	45.2	10.18	1.74
19	4.7	4.49	2.696	2.388	2.532	5.7	15.4	63.0	8.15	1.55
20	4.4	4.21	2.696	2.449	2.547	3.8	13.0	70.8	12.25	2.64
21	4.4	4.21	2.696	2.375	2.542	6.6	15.6	57.7	8.45	2.83
22	4.1	3.94	2.696	2.346	2.553	8.1	16.4	50.6	8.26	1.79
23	3.8	3.66	2.696	2.411	2.568	6.1	13.8	55.8	11.03	1.96
24	3.5	3.38	2.697	2.466	2.574	4.2	11.7	64.1	12.17	2.36
25	4.7	4.49	2.697	2.451	2.535	3.3	13.2	75.0	9.74	2.44

注：TN-试验号；AAR(asphalt aggregate ratio)-油石比；P_b-沥青含量；γ_{sb}-集料合成毛体积相对密度；γ_f-压实试件毛体积相对密度；TMD-最大理论相对密度；VV-空隙率；VMA-矿料间隙率；VFA-沥青饱和度；MS-稳定度；F_L-流值。

极差分析结果　　表4-47

考核指标	项目	16mm(%)(A)	9.5mm(%)(B)	4.75mm(%)(C)	2.36mm(%)(D)	0.075mm(%)(E)	OAC(%)(F)
毛体积相对密度	*K*1	2.3848	2.3828	2.3866	2.4358	2.4222	2.4106
	*K*2	2.379	2.3838	2.3946	2.4222	2.3974	2.388
	*K*3	2.3934	2.3804	2.3908	2.384	2.3948	2.392
	*K*4	2.3978	2.399	2.3952	2.3668	2.3826	2.3874
	*K*5	2.4098	2.4188	2.3976	2.356	2.3678	2.3868
极差	*R*	0.0308	0.0384	0.011	0.0798	0.0544	0.0238
空隙率(%)	*K*1	6.7	6.7	6.54	4.68	5.18	4.8
	*K*2	6.86	6.68	6.26	5.14	6.06	6.16
	*K*3	6.26	6.82	6.4	6.72	6.3	6.36
	*K*4	6.12	6.08	6.34	7.32	6.72	6.94
	*K*5	5.66	5.32	6.06	7.74	7.34	7.34
极差	*R*	1.2	1.5	0.48	3.06	2.16	2.54
矿料间隙率(%)	*K*1	15.02	15.08	14.94	13.2	13.72	14.6
	*K*2	15.2	15.06	14.66	13.68	14.58	15.16
	*K*3	14.74	15.16	14.82	15.06	14.64	14.76
	*K*4	14.56	14.54	14.66	15.66	15.1	14.68
	*K*5	14.14	13.82	14.58	16.06	15.62	14.46
极差	*R*	1.06	1.34	0.36	2.86	1.9	0.7
沥青饱和度(%)	*K*1	56.34	56.44	57.08	64.68	62.8	68
	*K*2	55.36	55.78	57.56	62.48	59.36	59.92
	*K*3	57.92	55.34	57.8	56.08	56.96	57.42
	*K*4	58.38	58.84	57.32	53.5	56.42	53.12
	*K*5	60.64	62.24	58.88	51.9	53.1	50.18
极差	*R*	5.28	6.9	1.8	12.78	9.7	17.82

续上表

考核指标	项目	16mm(%)(A)	9.5mm(%)(B)	4.75mm(%)(C)	2.36mm(%)(D)	0.075mm(%)(E)	OAC(%)(F)
稳定度(kN)	$K1$	8.54	9.322	9.774	11.42	9.766	9.09
	$K2$	9.306	9.508	9.446	10.294	9.79	9.204
	$K3$	9.93	9.278	10.054	9.286	9.814	9.58
	$K4$	10.006	9.586	9.338	8.792	9.26	9.586
	$K5$	9.93	10.018	9.1	7.92	9.082	10.252
极差	R	1.466	0.74	0.954	3.5	0.732	1.162
流值(mm)	$K1$	2.054	2.14	2.048	2.204	2.142	2.01
	$K2$	1.822	1.906	1.67	2.05	1.854	2.314
	$K3$	1.788	1.874	2.038	2.058	2.036	1.978
	$K4$	2.128	1.992	2.154	1.974	1.868	1.836
	$K5$	2.276	2.156	2.158	1.782	2.168	1.93
极差	R	0.488	0.282	0.488	0.422	0.314	0.478

注：$K1$、$K2$、$K3$、$K4$、$K5$、$K6$ 这一行的 6 个数分别是因素 A、B、C、D、E、F 在第 1 水平、第 2 水平、第 3 水平、第 4 水平、第 5 水平所在的试验中对应各考核技术指标平均值；R 表示极差，极差越大表明因素水平影响越显著。

从表 4-47 极差分析结果可知：

(1)影响空隙率因素的先后排序为 D > F > E > B > A > C，即 2.36mm 筛孔通过率 > 油石比 > 0.075mm 筛孔通过率 > 9.5mm 筛孔通过率 > 16mm 筛孔通过率 > 4.75mm 筛孔通过率。其中，2.36mm 通过影响最大，其次是油石比和 0.075mm 筛孔通过率，三者影响程度基本处于同一层次，各对应筛孔通过率分别由 16% 增至 30% 和 3% 增至 7%，相应空隙率依次严格单调降低 39.5% 和 29.4%，油石比由 3.5% 增至 4.7% 时，空隙率降低 34.6%，而 4.75mm、9.5mm 和 16mm 筛孔通过率对空隙率影响较小。据此建议优化细集料(d≤2.36mm)级配，以提高试件密度，降低空隙率。

(2)影响试件毛体积相对密度和矿料间隙率的因素先后排序为 D > E > B > A > F > C，即 2.36mm 和 0.075mm 筛孔为影响毛体积相对密度和间隙的主要因子。

(3)影响沥青饱和度的因素先后排序为 F > D > E > B > A > C。其排序基本和空隙率影响因素排序相同，油石比和 2.36mm 筛孔通过率均为饱和度的主要影响因子；马歇尔稳定度的影响因素排序为 D > A > F > C > B > E。2.36mm 筛孔通过率由 16% 增至 30%，稳定度严格单调增加 30.6%，16mm 筛孔通过率由 65% 增至 83% 时，稳定度降低 14.5%。说明 2.36mm 和 16mm 筛孔通过率水平的变化，对提高马歇尔稳定度值具有重要贡献。

总之，决定马歇尔综合性能指标的关键因素是细集料(粒径 d≤2.36mm)级配组成和油石比，而粗集料(粒径 d≥4.75mm)级配变化则对其影响较小；级配区间变化的大小并不是控制马歇尔性能指标的主要因素，如 9.5mm 筛孔通过率变化区间为 45% ~65%，差值为 20%，对马歇尔性能指标影响并不大。综合考虑影响因素的重要程度，确定 AC-25 矿料级配工程设计范围建议如图 4-12 所示，各因素通过率取值范围分别是：A 为 62% ~80%，B 为 43% ~60%，C 为 28% ~40%，D 为 22% ~30%，E 为 4% ~7%，F 为 3.8% ~4.7%。

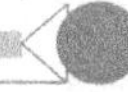

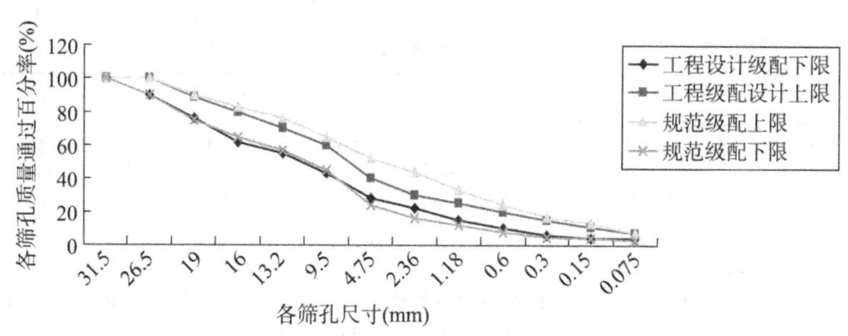

图 4-12 AC-25 矿料级配工程设计范围

4.3.3 实体工程检验

1) AC-25 沥青混合料配比优化

通过优化的工程级配范围确定目标和生产级配见表 4-48，集料密度试验结果见表 4-49。马歇尔试验结果见表 4-50，骨架结构验证见表 4-51。生产配比与试验段铺筑结果见表 4-52。

AC-25 矿料合成级配组成设计 表 4-48

级配号	通过下列筛孔(mm)的百分率(%)												
	31.5	26.5	19.0	16.0	13.2	9.5	4.75	2.36	1.18	0.6	0.3	0.15	0.075
1	100.0	99.5	83.8	74.3	67.6	55.4	31.9	23.0	14.9	11.1	8.8	7.1	5.4
2	100.0	99.5	83.8	74.3	67.6	55.5	34.6	24.9	16.0	11.8	9.2	7.3	5.6
3	100.0	99.5	84.1	75.6	69.8	59.2	38.3	26.9	17.1	12.5	9.7	7.7	5.7
生产级配	100.0	99.5	84.4	73.6	68.1	55.3	32.1	24.5	16.4	11.2	7.9	5.3	4.7

级配粗集料比例计算及密度试验结果 表 4-49

规格(mm)	1 号比例(%)	换算比例(%)	2 号比例(%)	换算比例(%)	3 号比例(%)	换算比例(%)	γ_{sb}	γ_{sa}
20 ~ 25	16	15.98	16	15.98	16	15.98	2.714	2.728
10 ~ 20	30	29.91	30	29.91	26	25.92	2.719	2.735
5 ~ 10	23	21.32	20	18.54	20	18.54	2.702	2.734
3 ~ 5	7	0.85	8	0.98	10	1.22	2.692	2.736

注：1 号、2 号、3 号比例分别为 3 条级配的原材料用量比例；1 号、2 号、3 号比例之后的换算比例为相应级配各档材料大于 4.75mm 筛孔的粗集料比例；γ_{sb}-合成集料毛体积相对密度；γ_{sa}-合成集料表观相对密度。

马歇尔试验结果 表 4-50

级配号	油石比(%)	稳定度(kN)	毛体积相对密度	流值(0.1mm)	空隙率(%)	沥青饱和度(%)	矿料间隙率(%)	理论最大相对密度
1 号	3.8	12.2	2.435	29.0	4.8	63.4	13.2	2.558
2 号	3.8	12.0	2.442	27.8	4.5	65.4	12.9	2.556
3 号	3.8	11.8	2.448	26.2	4.2	67.1	12.6	2.554

骨架结构参数计算 表 4-51

级配	γ_{ca}	ρ	ρ_{mb}	P_{ca}(%)	VCA_{drc}(%)	VCA_{mix}(%)	骨架判定
1	2.712	1.588	2.435	65.6	41.4	41.1	是
2	2.713	1.622	2.442	63.0	40.2	43.3	是
3	2.712	1.61	2.448	59.4	40.6	46.3	否

注:γ_{ca}-粗集料合成毛体积相对密度;ρ-粗集料捣实相对密度;ρ_{mb}-沥青混合料试件毛体积相对密度;P_{ca}-沥青混合料中粗集料的比例,即大于4.75mm的颗粒含量;VCA_{drc}-粗集料间隙率;VCA_{mix}-马歇尔试件粗集料间隙率。

室内路用性能试验结果 表 4-52

试验项目	生产试验结果	试验路铺筑试验结果	项目要求
理论最大相对密度	2.562	2.566	实测值
毛体积相对密度	2.453	2.452	实测值
稳定度(kN)	12.27	11.8	≥8
流值 F_L(0.1mm)	31.8	24.7	15~40
空隙率(%)	4.4	4.4	3~6
矿料间隙率(%)	12.4	12.4	≥12.7
沥青饱和度(%)	64.8	64.3	55~70
动稳定度(次/mm)	2577		≥1000
浸水马歇尔残留稳定度(%)	93.9	94.8	≥90
冻融劈裂残留强度比(%)	93.1	91.9	≥85
抽提油石比(%)	3.8	3.74	-0.1~0.2

上述试验结果可知,级配1与级配2均为骨架密实型,沥青混合料中大于4.75mm筛孔粗集料含量在66%以上才能形成骨架结构;各项性能指标均符合规范要求,且动稳定度和冻融劈裂强度比均远大于规范要求,表明优化级配具有明显的抗车辙性能和抗水损害能力。

2)试验路结果分析

YJ2-LM02合同段试验段于2007年8月11日铺筑,桩号:K98+700~K99+100上行线。第2天检测现场路用性能结果见表4-53。

沥青下面层(AC-25)试验段取芯压实度结果 表 4-53

ZH	L	ρ_s	ρ_0	TMD	$K1$	$K2$	VV
K98+720	2.0	2.455	2.452	2.566	95.7	100.1	4.3
K98+750	5.0	2.431	2.452	2.566	94.7	99.2	5.3
K98+780	9.0	2.456	2.452	2.566	95.7	100.1	4.3
K98+810	5.0	2.419	2.452	2.566	94.3	98.7	5.7
K98+840	2.0	2.513	2.452	2.566	97.9	102.5	2.1
K98+870	5.0	2.451	2.452	2.566	95.5	100.0	4.5
K98+900	9.0	2.510	2.452	2.566	97.8	102.4	2.2

续上表

ZH	L	ρ_s	ρ_0	TMD	$K1$	$K2$	VV
K98 +935	6.0	2.446	2.452	2.566	95.3	99.8	4.7
K98 +990	6.0	2.453	2.452	2.566	95.6	100.0	4.4
K99 +020	9.0	2.459	2.452	2.566	95.8	100.3	4.2
K99 +050	7.0	2.501	2.452	2.566	97.5	102.0	2.5
K99 +080	2.0	2.512	2.452	2.566	97.9	102.5	2.1
SGC 密度	2.495	芯样平均密度		2.467	压实度 K(%)		98.9

注:ZH-桩号;L-距中线距离(m);ρ_s-取芯试件毛体积相对密度;ρ_0-标准试件相对密度;TMD-理论最大相对密度;$K1$-理论最大相对密度压实度(%);$K2$-马氏压实度(%);VV-空隙率(%)。

从表4-53可知,以当天实测理论最大密度为标准密度,样本数:$n=12$,均值 $K_1=96.1\%$,标准偏差 $S=1.283$,平均路面残余空隙率为3.9%,空隙率变异系数为0.327;以当天实测马歇尔试件密度为标准密度,样本数:$n=12$;均值 $K_2=100.6\%>K_0=98\%$,标准偏差 $S=1.343$,且各值均>98%,压实度合格率为100%,以当天旋转试件作为标准密度,平均压实度为98.9%,技术指标均符合规范技术指标要求。表明优化的AC-25矿料级配具有优良的密实性能、抗渗水性能。

3)力学性能试验与结果分析

试验按最佳油石比3.8%,沥青混合料分别按6个试件为一组进行无侧限抗压强度、回弹模量、劈裂强度和低温弯曲破坏应变试验,结果见表4-54。

AC-25沥青混合料力学性能指标试验结果　　表4-54

20℃抗压强度		20℃抗压模量		15℃劈裂强度		弯拉强度		最大拉应变(10^{-6})		弯曲劲度模量	
均值(MPa)	标准差	均值(MPa)	标准差	均值(MPa)	标准差	均值(MPa)	标准差	均值(μm)	标准差	均值(MPa)	标准差
6.00	0.236	1921	100	1.58	0.1	8.13	0.31	2258	94	3606	169

上述试验结果可知,AC-25骨架密实级配具有良好的力学性能,其中抗压强度均值为6MPa,标准差为0.236,表明沥青混合料具有较好的抵抗外部荷载作用;抗压回弹模量均值为1921MPa,远大于设计规范AC-25混合料设计参数参考值800~1200MPa的要求;15℃劈裂强度均值为1.58MPa,远大于设计规范对AC-25混合料设计参数参考值0.6~1.0MPa的要求,表明混合料具有明显的抗拉能力;破坏应变均值为2258με,满足规范对于夏炎热冬冷(1-3)地区不小于2000με的要求,表明混合料具有较好的抗裂性能。

4.4 本章小结

(1)在第2章、第3章研究成果的基础上,以AC-13改性沥青混合料为研究对象,分析了各筛孔通过率和油石比的变化对混合料性能指标影响程度及排序。结果表明,油石比、2.36mm和0.075mm筛孔通过率是空隙率和饱和度的高度显著影响因素;级配区间变化的大小并不是影响混合料性能指标的决定性因素,细集料(粒径 $d\leqslant2.36$mm)的级配变化才是影响混合料性能指标的最关键因素。据此结论,提出了优化的 AC-13 矿料级配工程设计范围,通过实体工程验证,可应用于高速公路沥青路面。

(2)通过 AC 型沥青混合料级配试验分析,提出了检验 AC-13 级配的骨架密实结构 3 种方法,推荐采用粗集料毛体积密度和集料毛体积密度与表观密度相结合的骨架密实结构评价方法更为科学合理、方便可行;给出了由悬浮密实结构调整为骨架密实结构的方法,并经室内试验得到了证实。

(3)通过对构成骨架密实型沥青混合料级配试验分析,得到了毛体积密度差异较大的玄武岩粗集料对构成骨架密实型 AC-13 级配中 2.36mm 筛孔通过率范围依次为 27% ~33% 和 30% ~37%。在 4.1 节的基础上,进一步优化了影响路用性能最为关键的 2.36mm 筛孔通过率控制范围,建议对常见毛体积密度为 2.533 ~2.827 的玄武岩粗集料,2.36mm 通过率控制在 27% ~37% 范围内。

(4)通过实体铺筑发现,2.36mm 筛孔通过率基本不变的同时,4.75mm 筛孔通过率对 AC-13 改性沥青混合料的可压实性具有显著影响。说明关键性筛孔通过率不宜过低,当 4.75mm通过率低于 34%,成型路面空隙率将会显著增大到 7% 临界状态,印证了第 1 章 AC-13 改性沥青混合料空隙率变异性分析得到的 4.75mm 通过率对空隙率影响显著的正确性。建议 4.75mm 筛孔控制点通过率宜为 38% ~48%,不宜过多强调断级配理念,应兼顾骨架结构和细集料、填料的填充作用,权衡密实和抗滑性能之间的利弊关系,以提高路面的耐久性。

(5)为提高 AC-25 沥青混合料路用性能,应用正交均匀设计理论,研究了六因素五水平对马歇尔性能指标的影响。结果表明,2.36mm 筛孔通过率是空隙率、毛体积相对密度、矿料间隙率和稳定度的最主要影响因素;混合料性能指标主要受控于细集料(粒径 $d \leqslant 2.36$mm)的级配组成。据此提出了优化的 AC-25 矿料级配工程设计范围。

第5章 沥青混合料技术参数变异性

第七届国际沥青路面结构会议提出了沥青路面使用品质和使用寿命的基本要求，一个完善的路面结构既应满足功能性使用性能的要求，也应满足结构性使用功能的要求。总结我国高速公路修建以来的路面使用品质，距离完善的路面结构还有相当差距。其中，很多问题的根源都出现在路面施工过程中，或者说施工参数的变异性是造成路面使用过程中各种病害的根源[72]。较大的变异性使得实际成型路面结构远远偏离设计结构与材料设计性能，这也是导致沥青路面损害的重要原因。本章重点探讨沥青混合料的级配、油石比、成型温度、压实功和温度等变异性对沥青混合料性能的影响，以期提出影响路面性能的控制因素。

5.1 沥青混合料成型技术参数

5.1.1 成型温度对混合料性能指标的影响

普通沥青结合料的施工温度一般通过黏度-温度曲线确定，当缺乏黏度-温度曲线时，文献[8]给出了普通沥青混合料试件制作温度，其中70号基质沥青混合料为135～155℃，改性沥青混合料成型温度在此基础上再提高10～20℃。可见，温度变化范围很大，对沥青混合料性能指标的影响与在实际工程质量控制中难以准确把握。本书分别对AC-20 SBS改性沥青混合料和AC-25普通沥青(70号A级)混合料分别成型马歇尔(双面各75次)与旋转压实成型[73](100次)试验，级配见表5-1，油石比分别为4.1%和3.7%，改性和普通沥青混合料室内击实成型温度分别控制为135～210℃和120～170℃，试验结果如图5-1和图5-2所示。

沥青混合料级配组成设计结果 表5-1

级配类型	通过下列筛孔(mm)的百分率(%)												
	31.5	26.5	19	16	13.2	9.5	4.75	2.36	1.18	0.6	0.3	0.15	0.075
AC-20	100	100.0	99.3	91.5	78.0	46.5	31.7	27.2	19.8	14.5	8.9	6.4	5.3
AC-25	100.0	99.5	83.8	74.3	67.6	55.4	31.9	22.8	16.3	12.0	9.2	7.5	6.0

(1)从图5-1可知，成型温度的变化对马歇尔性能指标影响非常显著，随着温度的逐渐升高，空隙率、饱和度、稳定度、密度和流值均随之增大，间隙率随之降低。当温度由135℃增加到163℃时，空隙率降低22.8%、稳定度增加27.5%、饱和度增加9.3%、试件密度增加1.34%、间隙率降低7.6%；温度由150℃增至163℃时，空隙率降低15.4%。

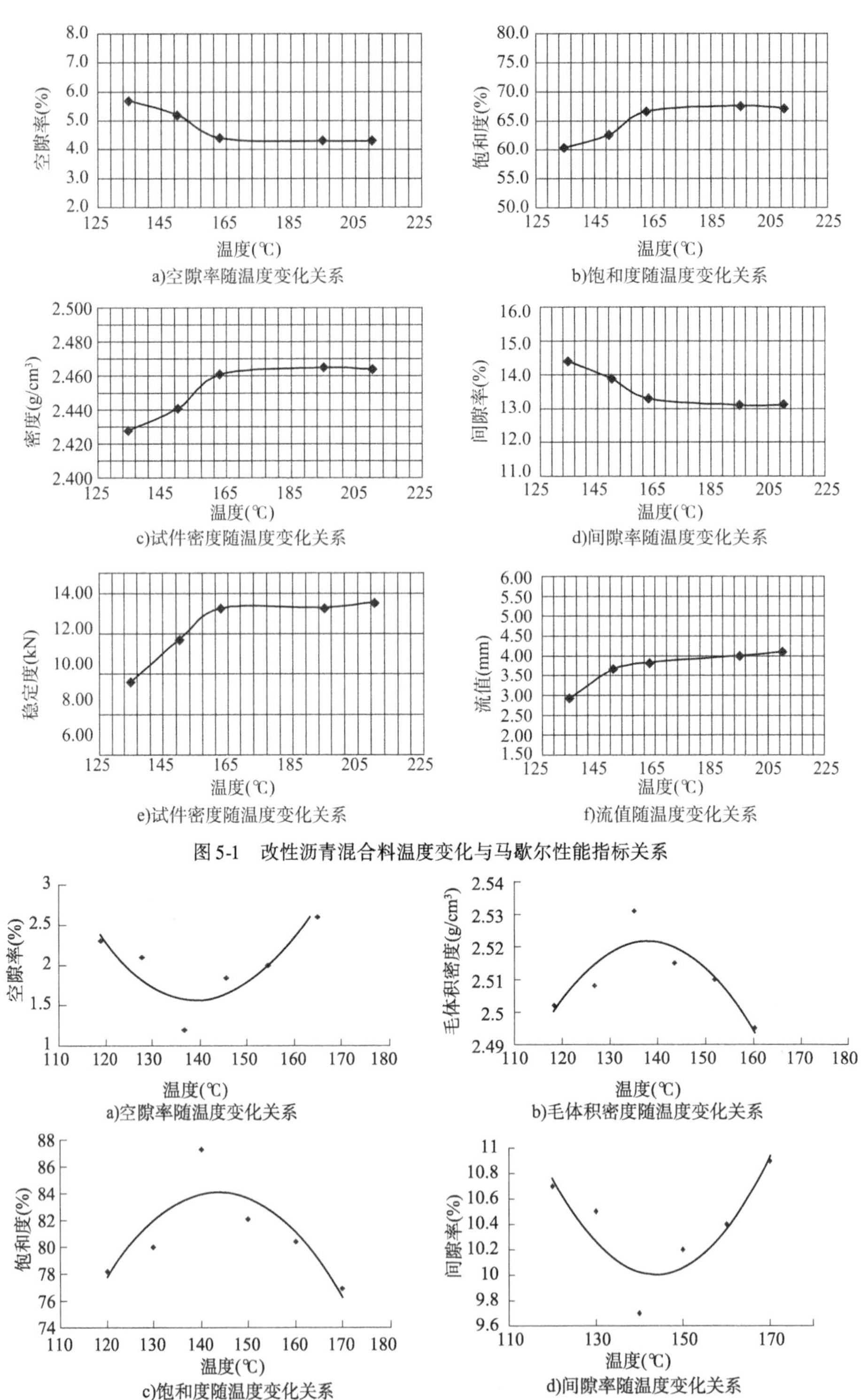

a)空隙率随温度变化关系

b)饱和度随温度变化关系

c)试件密度随温度变化关系

d)间隙率随温度变化关系

e)试件密度随温度变化关系

f)流值随温度变化关系

图 5-1　改性沥青混合料温度变化与马歇尔性能指标关系

a)空隙率随温度变化关系

b)毛体积密度随温度变化关系

c)饱和度随温度变化关系

d)间隙率随温度变化关系

图 5-2　基质沥青混合料温度变化与旋转性能指标的关系

(2)163℃是马歇尔性能指标增减的分界点,也是改性沥青混合料试件成型的最佳温度,低于 163℃时,马歇尔性能指标将会严重受到影响,高于 163℃时,对马歇尔性能指标影响较

小。可见,135 ~ 163℃是改性沥青混合料碾压成型的不利区间温度。据此建议,改性沥青路面初压和复压温度尽量提高,摊铺碾压温度宜为 163 ~ 180℃,有利于降低路面残余空隙率。分析认为,沥青结合料的黏结和润滑作用是混合料压实效果的重要体现,随着压实温度的提高,沥青混合料的黏度减小,矿料间的摩阻力逐渐减小,混合料逐渐出现密度峰值,从而空隙率逐渐降低;当温度升高到某个临界点以后,通过降低结合料黏度来减小集料之间的摩阻力已作用很小。

(3)图 5-2 的结果显示,基质沥青混合料性能指标随成型温度的变化表现出凹形和凸形曲线,与改性沥青混合料性能指标随温度变化表现出不同的特征。当温度由 120℃增至 140℃时,空隙率下降 47.8%、饱和度上升 10%、间隙率下降 9.4%、密度上升 1.15%;当温度由 140℃增至 170℃时,空隙率增加 53.8%、饱和度下降 10%、间隙率上升 11%、密度下降 1.42%。可见,成型温度对基质沥青混合料性能指标的变化更为敏感。

(4)140℃是基质沥青混合料性能指标变化的分水岭,此值为成型的最佳温度,高于或者低于 140℃,沥青混合料性能指标将受到显著影响。建议基质沥青混合料碾压成型温度宜控制在 140 ~ 150℃。分析认为,当混合料温度较高时,基质沥青黏度已经变得很小,甚至出现结合料聚集下沉现象,导致粗集料间摩阻力增大,混合料变得松散,更为严重的是基质沥青容易老化,沥青中的饱和酚、芳香酚易于挥发,剩余的沥青质和胶质甚至被烧焦,有效沥青降低,从而降低混合料的密实性能。

5.1.2 击实次数对混合料性能指标的影响

不同级配类型的沥青混合料设计方法[8]一般采用同一试件尺寸(ϕ101.6mm × 63.5mm)的不同双面击实次数,如密级配面层(AC 型)采用 75 次,密级配基层(ATB)采用 112 次,SMA 采用 50 次,半开级配面层(AM)与排水式开级配磨耗层(OGFC)采用 50 次。这些设计考虑了级配特点、混合料结构类型和设计标准等问题。本书采用级配见表 5-2、油石比为 4.8% 的改性沥青混合料为分析对象,探讨不同的压实功能对施工质量控制和材料性能的影响。以马歇尔成型试件为技术手段,冻融劈裂强度试件在真空保水 730 ~ 740mg 保持 15min 后恢复常压水中净置 0.5h,经过 −18℃环境箱保持(16 ± 1)h 后,经 60℃恒温水浴保温 24h,取出立即在 50mm/min 劈裂试验仪上进行劈裂强度试验,结果如图 5-3 所示。

AC-13 合成级配组成 表 5-2

级配类型	通过下列筛孔(mm)的百分率(%)									
	16	13.2	9.5	4.75	2.36	1.18	0.6	0.3	0.15	0.075
AC-13	100.0	95.9	70.8	39.5	28.6	21.5	15.6	10.5	8.2	6.3

图 5-3 试验结果表明,马歇尔性能和力学性能指标均随马歇尔试件击实次数的变化,表现出优良的二次曲线关系,其相关系数的平方均在 0.98 以上。当击实次数由 20 次增至 112 次时,冻融劈裂强度增加 26.6%、空隙率降低 46.9%、间隙率降低 19.9%、饱和度增加 22.9%;空隙率随击实次数的增加逐渐减少,求导计算可得最佳击实次数为 92,此时对应空隙率为 4.3%,但击实次数达到 75 次时,试件空隙率衰减幅度很小;当空隙率由 4.3% 增至 8.1% 时,冻融劈裂强度值衰减 26.6%。结果表明,压实功的大小对 AC-13 改性沥青混合料性能有着巨大的影响

程度,压实不足时,可能直接导致混合料抗水损害性能快速衰减;对密级配 AC 型沥青混合料,马歇尔设计方法规定双面 75 次击实标准是合适的。建议成型沥青路面时应重视压实功大小和压实工艺组合,尤其是增加胶轮压路机的搓揉碾压,可显著降低路面残余空隙率。

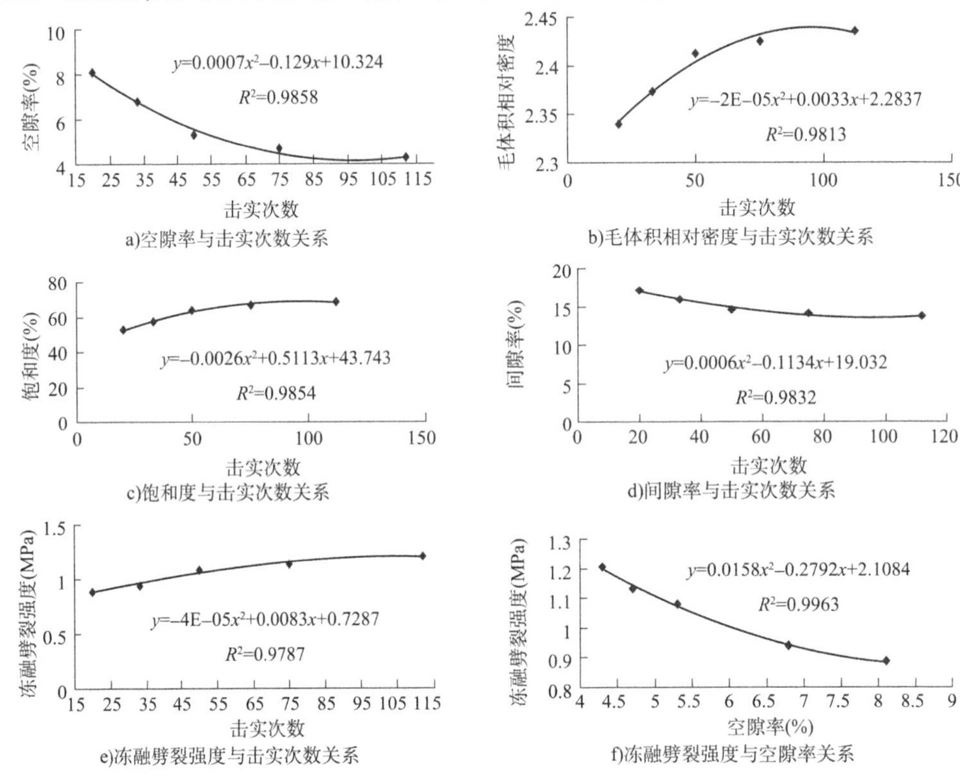

图 5-3　AC-13 型改性沥青混合料马歇尔不同击实次数与性能的关系

5.1.3　成型方式对混合料空隙率的影响

本书分别采用 SGC 旋转压实、GTM 旋转试验机和标准马歇尔(双面各 75 次)成型 SMA-13 与 AC-13 改性沥青混合料试件,成型温度为(163 ± 2.5)℃,SMA 沥青含量 P_b 从 5.1% 变化到 6.3%,间隔 0.3%,SGC 试件直径(mm)、高度(mm)、压力(KPa)、压实角(℃)和转速(rpm)分别为 150、115、600、1.25、30;GTM 旋转压实试件成型条件为:垂直压力 0.8MPa、成型温度 163℃、控制方式为极限平衡状态。试验结果如图 5-4 和图 5-5 所示。

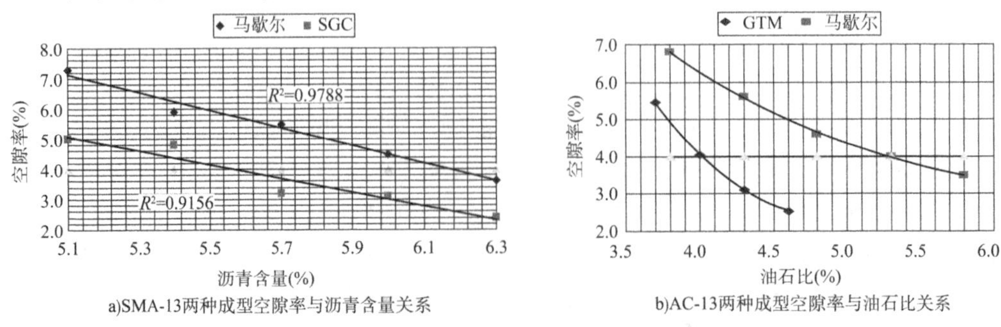

图 5-4　SGC 成型和马歇尔成型 SMA-13 改性沥青混合料的空隙率与沥青用量关系

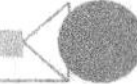

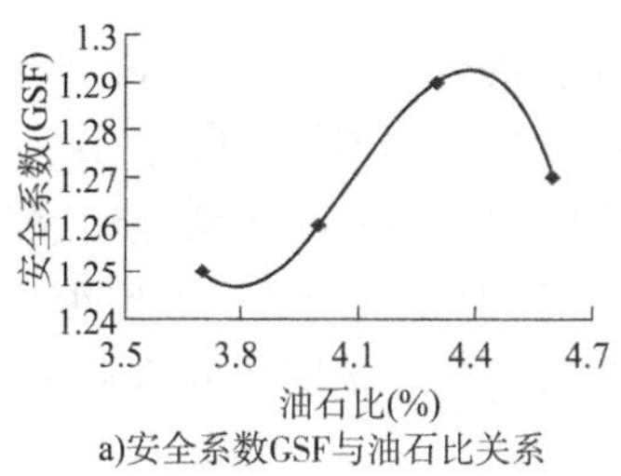

a)安全系数GSF与油石比关系

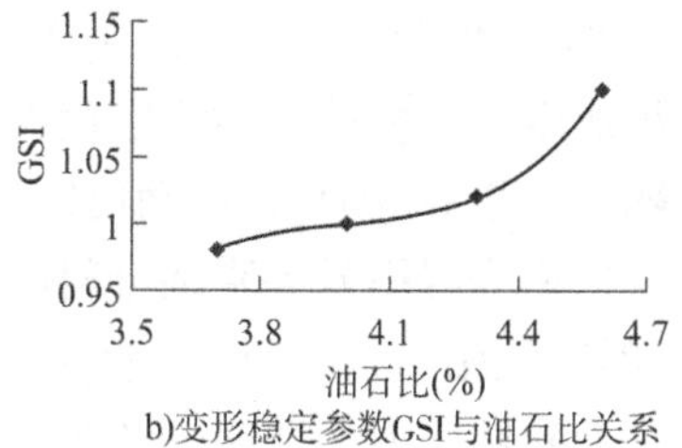

b)变形稳定参数GSI与油石比关系

图5-5 GTM成型AC-13(SBS改性)的变形稳定参数(GSI)、安全系数(GSF)与油石比关系

上述试验结果可知：

(1)SGC旋转压实与GTM旋转压实均较标准马歇尔(双面各75次)压实功能大。SMA混合料空隙率为4.0%时的SGC试件对应的最佳沥青含量为5.5%，马歇尔试件最佳沥青含量为6.2%；GTM旋转试件和马歇尔试件的AC沥青混合料空隙率为4.0%时，对应油石比分别为4.0%、5.3%。可见，两种成型方式与马歇尔成型相比，沥青用量分别低0.7%和1.3%，GTM压实功最大。

(2)从变形稳定参数GSI等于或接近1.0时所对应的沥青用量为所设计沥青混合料的最大沥青可知，当油石比大于4.3%时，曲线呈急剧增加趋势，表明沥青含量已偏多，试件塑性变形增大；从安全系数GSF≥1.0设计的沥青用量最小可知，当油石比大于4.3%时，GSF值明显减少。可见，GTM旋转压实设计方法较马歇尔设计方法所得油石比明显偏少。事实上，4.3%油石比条件下的GTM试件密度为2.528，而Marshall试件密度只有2.463，空隙率分别为3.1%和5.6%，相差2.5%，马歇尔设计空隙率明显偏大。根据我国沥青混合料施工经验，马歇尔目标空隙率为4.5%~4.8%时是合适的，采用SGC旋转压实与GTM旋转压实设计更低的用油量，不利于混合料施工和易性和可压实性，尚需经过实体工程验证。

5.2 空隙率变异性对力学性能的影响

空隙率对于沥青混凝土使用性能有很大影响，空隙率的大小直接与沥青路面的透水性、抗车辙性能和疲劳寿命等关键技术指标相关[74-82]。大量工程实践和SHRP中Superpave路面将沥青混合料的空隙率为4%作为设计标准，说明空隙率在沥青混合料组成设计时具有举足轻重的作用。由于影响沥青混合料空隙率的因素很多，各因素均会导致沥青混合料空隙率存在较大的变异性。研究和实践证明，沥青混合料经过拌和、运输、摊铺、碾压工艺后形成的路面残余空隙率较室内成型的试件空隙率变异性明显偏大[83-85]。因此，本书结合成型路面出现的空隙率变异性特征，采用先抽提级配和油石比，再进行室内空隙率变异性对混合料物理-力学性能的影响规律研究。

5.2.1 试验研究设计

为模拟施工过程级配变异引发沥青混合料空隙率变异，进而引起路面力学性能衰减，建立在室内试验的基础上全面分析空隙率变异对沥青混合料性能的影响，试验设计如下：①将摊铺后未压实的AC-13改性沥青混合料取样抽提级配，见表5-3。②采用抽提得到的油石比，按表5-3级配制作成型、符合现场空隙率的AC-13沥青混合料马歇尔试件。③AC-20级配变异分布见表5-4,油石比为4.1%,制作改性沥青混合料马歇尔试件。④高温稳定性试验平行试件每组成型5块板进行动稳定度试验(0.7MPa,60℃),剔除变异系数大于20%的动稳定度值和随之引起的变形值,取动稳定度平均值和以60min车辙变形速率(总变形除以60min)评价随空隙率变异引发沥青混合料的抗变形能力衰变规律。⑤空隙率标准确定采用真空法实测、集料有效相对密度间接计算和轮碾车辙板取芯实测法联合确定空隙率,以科学准确掌握空隙率变异性对力学性能的影响。

AC-13 矿料合成级配组成 表5-3

级配号	筛孔尺寸(mm)筛孔通过百分率(%)									
	16	13.2	9.5	4.75	2.36	1.18	0.6	0.3	0.15	0.075
1	100	93.9	58.2	38.8	33.6	24.2	16.3	9.3	7.3	5.7
2	100	95.6	68.5	41.6	33.5	24.3	16.6	10.0	8.2	6.6
3	100	97.1	77.1	34.4	24.5	18.5	13.4	9.0	7.8	6.5
4	100	95.5	68.8	50.9	20.2	11.2	7.5	6.1	5.9	5.4
5	100	98.4	85	33.9	19.6	13.9	9.7	5.9	5	4.1

AC-20 矿料合成级配组成 表5-4

级配号	通过下列筛孔(mm)的百分率(%)											
	26.5	19	16	13.2	9.5	4.75	2.36	1.18	0.6	0.3	0.15	0.075
1	100.0	99.3	91.5	78.0	46.5	31.7	27.2	19.8	14.5	8.9	6.4	5.3
2	100.0	99.4	91.7	78.5	45.0	26.8	17.1	10.6	8.3	6.4	5.6	4.9
3	100.0	99.3	91.3	77.5	48.2	35.9	29.8	20.9	15.1	8.9	6.1	5.0
4	100.0	99.4	91.9	79.1	52.6	41.2	30.8	20.3	14.5	8.7	6.2	5.1
5	100.0	99.4	92.0	79.4	56.6	48.8	39.1	26.4	18.4	10.0	6.4	5.0
6	100.0	99.4	92.1	79.7	60.5	55.8	43.3	28.5	19.5	10.2	6.2	4.8
7	100.0	99.6	94.8	86.4	53.9	30.9	25.0	17.5	12.8	7.9	5.8	4.8

5.2.2 力学性能试验结果分析

(1)按表5-3中5种抽提级配和油石比成型标准马歇尔试件,判定依据以空隙率为4.5%视为无变异性,进行归一化比值处理。结果见表5-5~表5-8和图5-6~图5-8。

(2)按表5-4中7种级配沥青混合料马歇尔与车辙试验结果见表5-9和图5-9~图5-11。

马歇尔物理-力学性能试验结果 表5-5

级配号	油石比(%)	空隙率(%)	间隙率(%)	饱和度(%)	未冻融强度(MPa)	冻融强度(MPa)	强度比(%)
1	5.1	3.4	13.7	73.2	1.485	1.393	93.8
2	5.4	4.5	13.9	68.4	1.374	1.241	90.32
3	5.4	5.7	16	65.4	1.228	1.055	81.9
4	5.4	7.4	17.7	57.3	1.381	1.057	76.54
5	4.5	10.1	18.1	44	1.211	0.816	71.5

马歇尔稳定度试验结果 表5-6

空隙率(%)	3	4.3	5.7	7.4	10.1
均值(kN)	15.2	14.3	12.6	10	6.5
归一化比值	1.06	1.00	0.88	0.79	0.65

劈裂强度试验结果 表5-7

空隙率(%)	3	4.3	5.7	7.4	10.1
试验温度(℃)	15	15	15	15	15
均值(MPa)	1.82	1.77	1.67	1.13	0.94
归一化比值	1.03	1.00	0.94	0.64	0.53
试验温度(℃)	25	25	25	25	25
均值(MPa)	1.37	1.3	1.05	0.71	0.39
归一化比值	1.05	1.00	0.81	0.55	0.30

抗压回弹模量试验结果 表5-8

空隙率(%)	3	4.3	5.7	7.4	10.1
试验温度(℃)	15	15	15	15	15
均值(MPa)	1991	1902	1533	1342	1225
归一化比值	1.05	1.00	0.81	0.71	0.64
试验温度(℃)	20	20	20	20	20
均值(MPa)	1643	1601	1336	1235	921
归一化比值	1.03	1.00	0.83	0.77	0.58

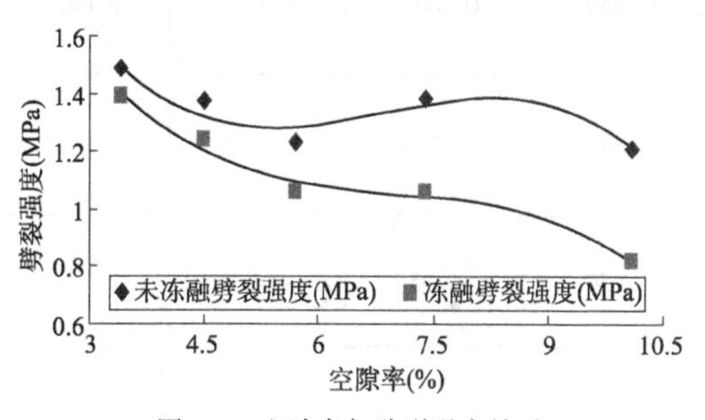

图5-6 空隙率与劈裂强度关系

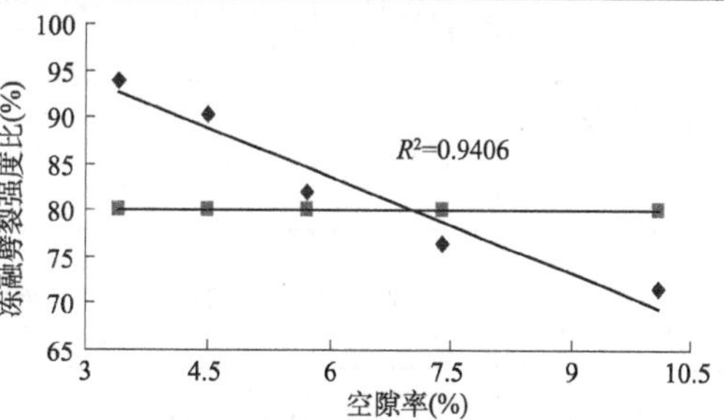

图5-7 空隙率与冻融劈裂强度比关系

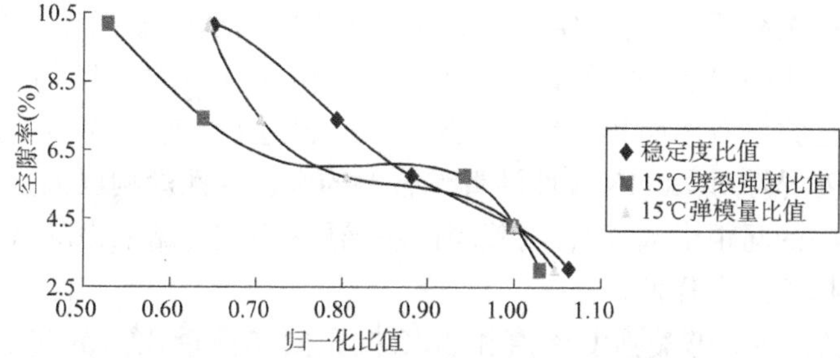

图5-8 空隙率与力学性能关系

AC-20 改性沥青马歇尔物理-力学性能试验结果 表5-9

指 标	配合比1	配合比2	配合比3	配合比4	配合比5	配合比6	配合比7
毛体积相对密度	2.461	2.392	2.470	2.466	2.456	2.473	2.421
实测最大理论相对密度	2.570	2.568	2.567	2.572	2.572	2.570	2.569
计算最大理论相对密度	2.575	2.575	2.574	2.573	2.571	2.570	2.574
实测最大理论密度空隙率(%)	4.2	6.9	3.8	4.1	4.5	3.8	5.8
车辙板取芯空隙率(%)	6.2	8.5	5.4	4.6	3.7	4.4	6.0
计算最大理论密度空隙率(%)	4.4	7.1	4.0	4.2	4.5	3.8	5.9
稳定度(kN)	13.26	9.43	12.58	15.43	17.66	17.54	10.46
流值(mm)	3.83	3.41	3.56	2.92	3.52	3.73	2.82
60min 总变形量(mm)	2.40	3.42	2.42	1.91	1.52	1.97	1.91
相对变形(mm)	0.123	0.253	0.093	0.097	0.150	0.137	0.167
15min 变形速率(mm/min)	0.0537	0.0749	0.0395	0.0505	0.0951	0.0719	0.0882
60min 变形速率(mm/min)	0.1198	0.1710	0.1210	0.0957	0.0762	0.0985	0.0953
动稳定度(次/mm)	5159	2503	6867	6634	4463	4678	3841

由上述试验结果得出以下结论：

(1)对 AC-13 改性沥青混合料，未冻融劈裂强度与冻融劈裂强度均随着空隙率的增大而减小，冻融劈裂强度衰减幅度更大，空隙率在接近6%处出现明显拐点。当空隙率从3.4%增加到5.7%时，冻融劈裂强度降低24.3%，当空隙率由5.7%增加到10.1%时，降低22.6%；TSR 随着空隙率增大而相应减小，当空隙率超过6%时，TSR 不能满足规范技术要求。可见，空隙率变异性对 AC-13 改性沥青混合料的水稳定性影响巨大。分析认为，随着空隙率的增大，集料间的间距增大，沥青与集料的黏结面积减小，黏聚力降低，沥青容易从集料上剥落，从而抗水损害能力降低。

(2)稳定度比值、15℃劈裂强度比值和20℃抗压回弹模量比值的演变规律与空隙率变化有直接相关关系，随着空隙率的急剧增大，各种力学性能指标与空隙率为4.3%的沥青混

合料相比，均呈现同步下降的趋势，表现为良好的一致性，且降低幅度分布在某一空隙率区间内；空隙率由5.7%增大到10.1%时，各项力学性能衰减幅度达40%～60%。说明沥青混合料力学性能的降低幅度取决于级配和油石比的变异性，表现在成型路面中即为空隙率分布变异性是导致力学性能降低的本质所在。

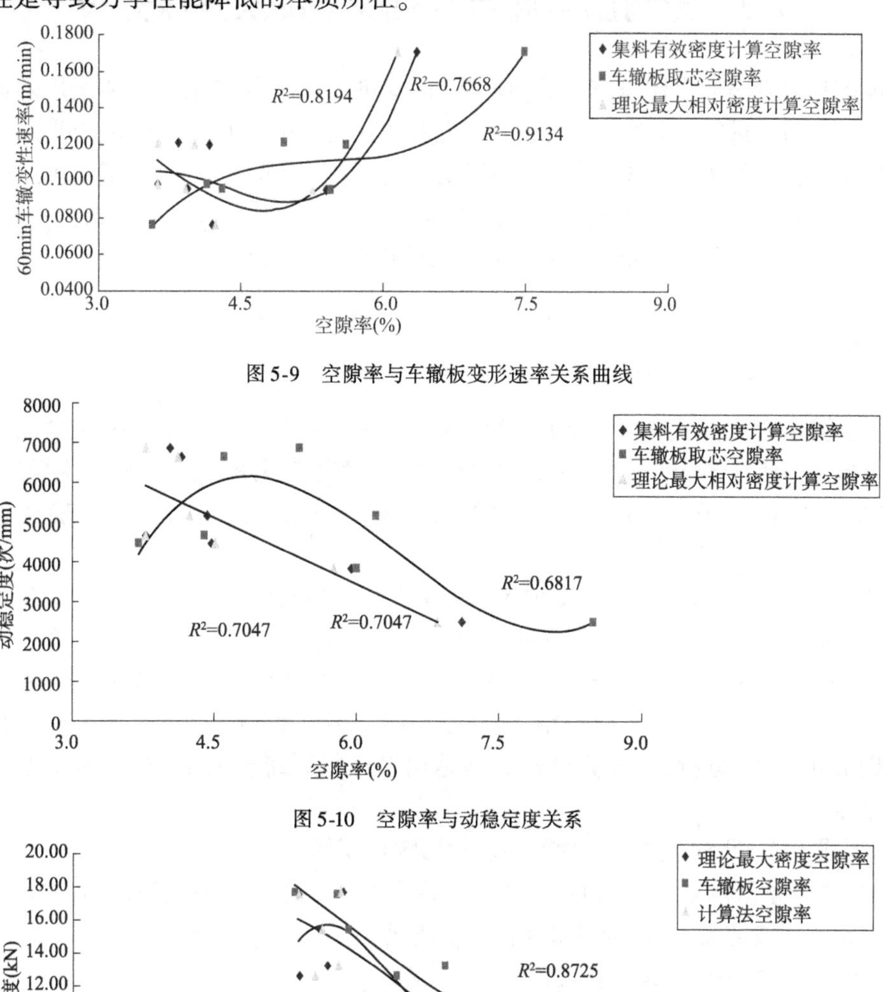

图5-9　空隙率与车辙板变形速率关系曲线

图5-10　空隙率与动稳定度关系

图5-11　空隙率与马歇尔稳定度关系曲线

(3)无论是按照计算法或者是真空法确定理论最大相对密度得到空隙率，还是车辙板芯样空隙率，60min车辙变形速率和动稳定度与3种空隙率具有良好的二次曲线相关关系，在空隙率为6%时的60min变形速率和动稳定度均出现拐点，随后呈急剧上升趋势，当空隙率从6%增加到8.5%时，动稳定度降低34.8%；当空隙率小于4%时，动稳定度值并没有提高。

同时,马歇尔稳定度随空隙率增大也呈现明显降低的规律。表明空隙率对沥青路面高温性能影响显著,在交通荷载作用下,过大和过小空隙率均会在夏季出车辙变形等病害。

5.3 影响沥青混合料空隙率的灰关联分析

空隙率是沥青路面设计与施工的核心指标,对沥青路面的使用性能和使用寿命等起关键作用。学者对此进行了研究[86,87],这些研究基本建立在少量的因素样本空间上,没有考虑涉及影响施工性能的关键性技术指标,如压实温度、碾压功能大小等,对基于施工过程变异性的混合料空隙率影响因素研究还很少。本章在前几节单因素研究的基础上,利用灰色系统理论进一步揭示基于施工变异性的空隙率影响因素演变内在规律,以指导设计,提高施工质量。

5.3.1 灰色系统基本理论

灰色系统理论[88]是我国著名学者邓聚龙教授 1982 年创立的一门新兴横断学科,它以“部分信息已知,部分信息未知”的“小样本”“贫信息”不确定性系统为研究对象,主要通过对“部分”已知信息的生成、开发、提取有价值的信息,实现对系统运行行为的正确认识和有效控制。

一般的抽象系统都包含有许多种因素,多种因素共同作用的结果决定了系统的发展态势,我们常常希望知道在众多因素中,哪些是主要因素,哪些是次要因素,哪些因素对系统发展影响大,哪些因素对系统发展影响小,哪些因素对系统发展起推动作用需强化发展,哪些因素对系统发展起阻碍作用,需加以抑制……这就必须进行系统分析。数理统计中的回归分析、方差分析、主成分分析等都是用来进行系统分析的方法,这些方法均有以下不足之处:

(1)要求有大量数据,数据量少就难以找出统计规律;

(2)要求样本服从某个典型的概率分布,要求各因素数据与系统特征数据之间呈线性关系且各因素之间彼此无关,这种要求往往难于满足;

(3)计算量大,一般要靠计算机帮助;

(4)可能出现量化结果与定性分析不符现象,导致系统的关系和规律遭到扭曲和颠倒。

灰色关联分析方法则弥补了采用数理统计方法作系统分析所导致的缺憾。它对样本量的多少和样本有无规律同样适用,计算量小,十分方便,更不会出现量化结果与定性分析结果不符的情况。基本思想是根据序列曲线几何形状相似程度来判断其联系是否紧密,曲线越接近,发展变化态势越接近,关联程度就越大。

5.3.2 灰色关联度计算方法

进行系统分析时,选准系统行为特征的映射量后,还需进一步明确影响系统主行为的有效因素。如要做量化研究分析,则需对系统行为特征映射量和各有效因素进行适当处理,通过算子作用,使之化为数量级大体相近的无量纲数据。

设 X_i 为系统因素，其在序号 k 上的观测数据为 $x_i(k)$，$k=1,2,\cdots,n$，则称 $X_i=[x_i(1),x_i(2),\cdots,x_i(n)]$ 为因素 X_i 的行为序列；又设 D_1、D_2 为序列算子，且 $X_iD_1=[x_i(1)d_1,x_i(2)d_1,\cdots,x_i(n)d_1]$，$X_iD_2=[x_i(1)d_2,x_i(2)d_2,\cdots,x_i(n)d_2]$。

其中，

$$x_i(k)d_1=\frac{x_i(k)}{\overline{X}_i},\overline{X}_i=\frac{1}{n}\sum_{i=1}^{n}x_i(k),k=1,2,\cdots,n;$$

$$x_i(k)d_2=x_i(k)-x_i(1),k=1,2,\cdots,n。$$

则称 D_1 为均值化算子，X_iD_1 为 X_i 在均值化算子 D_1 下的像，简称均值像；D_2 为始点零化算子，X_iD_2 为 X_i 的始点零化像。

始点零化像可记为：$X_i^0=[x_i^0(1),x_i^0(2),\cdots,x_i^0(n)]$

令

$$S_i=\int_1^n[X_i-x_i(1)]\mathrm{d}t,S_i-S_j=\int_1^n(X_i^0-X_j^0)\mathrm{d}t$$

则

$$|S_i|=\Sigma\left|\sum_{k=2}^{n-1}x_i^0(k)+\frac{1}{2}x_i^0(n)\right|$$

$$|S_i-S_j|=\left|\sum_{k=2}^{n-1}[x_i^0(k)-x_j^0(k)]+\frac{1}{2}[x_i^0(n)-x_j^0(n)]\right|$$

称 $\varepsilon_{ij}=\dfrac{1+|S_i|+|S_j|}{1+|S_i|+|S_j|+|S_i-S_j|}$ 为 X_i 与 X_j 的灰色绝对关联度。

5.3.3　试验设计与结果分析

试验选择3种常见级配类型，如AC-25、AC-20、AC-13，合成级配见表5-10。其中，表5-10中级配1～级配6为AC-20，级配7为AC-25，级配8～级配13为AC-13；不同沥青结合料，如70号A级沥青和SBS改性沥青。空隙率影响因素还考虑了沥青混合料的密度、温度、压实功和油石比等。马歇尔试验结果见表5-11，其中试件毛体积密度采用表干法获得。

设 y_1 为系统特征行为数据序列，表示沥青混合料压实试件空隙率；$X_2,X_2,\cdots,X_{10}$ 分别代表相关因素序列，具体见表5-12；$\varepsilon_{ij}(i=1,2,3,4;j=1,2,\cdots,19)$ 为 Y_i 与 X_j 的灰色相对关联度。相关数据和计算过程见表5-12～表5-15。

沥青混合料矿料级配　　表5-10

级配号	通过下列筛孔(mm)的百分率(%)												
	31.5	26.5	19.0	16.0	13.2	9.5	4.75	2.36	1.18	0.6	0.3	0.15	0.075
1	100.0	100.0	93.4	75.3	65.2	48.8	24.1	15.4	11.7	8.7	6.2	4.8	4.1
2	100.0	100.0	94.1	77.7	67.7	51.3	27.0	18.4	13.9	10.3	7.4	5.6	4.8
3	100.0	100.0	95.4	81.8	72.1	55.7	29.8	20.8	15.6	11.4	8.0	6.0	5.0
4	100.0	100.0	95.6	83.0	73.9	58.5	33.3	24.0	17.9	12.8	8.8	6.4	5.3
5	100.0	100.0	95.5	82.8	74.6	61.0	41.1	29.2	21.4	14.9	9.7	6.8	5.5
6	100.0	100.0	95.5	83.2	76.5	65.7	49.0	32.6	23.7	16.4	10.6	7.2	5.8
7	100	98.6	87.1	80.4	65.3	46.7	31.2	22.1	15.9	10.7	7.4	6.2	4.8

续上表

级配号	通过下列筛孔(mm)的百分率(%)												
	31.5	26.5	19.0	16.0	13.2	9.5	4.75	2.36	1.18	0.6	0.3	0.15	0.075
8	100	100	100	100	94.2	67.8	36.2	28.1	20.2	13.7	9.7	7	5.9
9	100	100	100	100	94.3	68.7	39.2	30.9	22.1	14.9	10.4	7.4	6.2
10	100	100	100	100	94.7	70.5	42.2	33.7	24	16.1	11.1	7.8	6.5
11	100	100	100	100	95.5	64.8	34.8	28.1	19	13.1	9.2	6.9	5.8
12	100	100	100	100	95.6	66.2	38.6	31.2	20.9	14.2	9.9	7.3	6.1
13	100	100	100	100	95.9	70.8	39.5	28.6	21.5	15.6	10.5	8.2	6.3

沥青混合料马歇尔试验结果 表5-11

级配号	击实次数	温度(℃)	毛体积相对密度	油石比(%)	空隙率(%)	13.3mm通过率(%)	9.5mm通过率(%)	4.75mm通过率(%)	2.36mm通过率(%)	0.075mm通过率(%)
1	75	163	2.404	4.3	5.5	65.2	48.8	24.1	15.4	4.1
2	75	163	2.418	4.3	5	67.7	51.3	27	18.4	4.8
3	75	163	2.425	4.3	4.7	72.1	55.7	29.8	20.8	5.0
4(1)	75	163	2.445	4.3	4	73.9	58.5	33.3	24.0	5.3
4(2)	75	163	2.442	4	4.5	73.9	58.5	33.3	24.0	5.3
4(3)	75	163	2.45	4.6	3.4	73.9	58.5	33.3	24.0	5.3
5	75	163	2.46	4.3	3.4	74.6	61.0	41.1	29.2	5.5
6	75	163	2.455	4.3	3.6	76.5	65.7	49.0	32.6	5.8
7(1)	75	115	2.431	3.7	5.3	65.3	46.7	31.2	22.1	4.8
7(2)	75	130	2.441	3.7	5	65.3	46.7	31.2	22.1	4.8
7(3)	75	145	2.448	3.7	4.7	65.3	46.7	31.2	22.1	4.8
7(4)	75	160	2.441	3.7	4.1	65.3	46.7	31.2	22.1	4.8
7(5)	75	175	2.431	3.7	4.2	65.3	46.7	31.2	22.1	4.8
8	75	163	2.425	4.8	5	94.2	67.8	36.2	28.1	5.9
9	75	163	2.432	4.8	4.7	94.3	68.7	39.2	30.9	6.2
10	75	163	2.443	4.8	4.2	94.7	70.5	42.2	33.7	6.5
11	75	163	2.427	4.9	4.5	95.5	64.8	34.8	28.1	5.8
12(1)	75	163	2.429	4.6	4.9	95.6	66.2	38.6	31.2	6.1
12(2)	75	163	2.439	5.2	3.7	95.6	66.2	38.6	31.2	6.1
13(1)	20	163	2.34	4.8	8.1	95.9	70.8	39.5	28.6	6.3
13(2)	33	163	2.373	4.8	6.8	95.9	70.8	39.5	28.6	6.3
13(3)	50	163	2.412	4.8	5.3	95.9	70.8	39.5	28.6	6.3
13(4)	75	163	2.425	4.8	4.7	95.9	70.8	39.5	28.6	6.3
13(5)	112	163	2.435	4.8	4.3	95.9	70.8	39.5	28.6	6.3

马歇尔试件空隙率及其影响因素初值　　表5-12

影响因素	代号	级配编号																					
		1	2	3	4(1)	4(2)	4(3)	5	6	7(1)	7(2)	7(3)	7(4)	7(5)	8	9	10	11	12(1)	12(2)	13(1)	13(2)	13(3)	13(4)	13(5)
VV(%)	Y_1	5.5	5	4.7	4	4.5	3.4	3.4	3.6	5.3	5	4.7	4.1	4.2	5	4.7	4.2	4.5	4.9	3.7	8.1	6.8	5.3	4.7	4.3
R_f	X_2	2.404	2.418	2.425	2.445	2.442	2.45	2.46	2.455	2.431	2.441	2.448	2.463	2.46	2.425	2.432	2.443	2.427	2.429	2.439	2.34	2.373	2.412	2.425	2.435
温度(℃)	X_3	163	163	163	163	163	163	163	163	115	130	145	160	175	163	163	163	163	163	163	163	163	163	163	163
击实次数	X_4	75	75	75	75	75	75	75	75	75	75	75	75	75	75	75	75	75	75	75	20	33	50	75	112
$P_{4.75}$	X_5	24.1	27	29.8	33.3	33.3	33.3	41.1	49	31.2	31.2	31.2	31.2	31.2	36.2	39.2	42.2	34.8	38.6	38.6	39.5	39.5	39.5	39.5	39.5
$P_{2.36}$	X_6	15.4	18.4	20.8	24	24	24	29.2	32.6	22.1	22.1	22.1	22.1	22.1	28.1	30.9	33.7	28.1	31.2	31.2	28.6	28.6	28.6	28.6	28.6
$P_{0.075}$	X_7	4.1	4.8	5	5.3	5.3	5.3	5.5	5.8	4.8	4.8	4.8	4.8	4.8	5.9	6.2	6.5	5.8	6.1	6.1	6.3	6.3	6.3	6.3	6.3
$P_{9.5}$	X_8	48.8	51.3	55.7	58.5	58.5	58.5	61	65.7	46.7	46.7	46.7	46.7	46.7	67.8	68.7	70.5	64.8	66.2	66.2	70.8	70.8	70.8	70.8	70.8
$P_{13.2}$	X_9	65.2	67.7	72.1	73.9	73.9	73.9	74.6	76.5	65.3	65.3	65.3	65.3	65.3	94.2	94.3	94.7	95.5	95.6	95.6	95.9	95.9	95.9	95.9	95.9
OAC	X_{10}	4.3	4.3	4.3	4.3	4	4.6	4.3	4.3	3.7	3.7	3.7	3.7	3.7	4.8	4.8	4.8	4.9	4.6	5.2	4.8	4.8	4.8	4.8	4.8

注：VV-压实试件空隙率(%)；R_f-试件毛体积相对密度；温度-马歇尔击实成型温度(℃)；击实次数-马歇尔试件双面击实次数；$P_{4.75}$-4.75mm 筛孔通过百分率(%)；$P_{2.36}$-2.36mm 筛孔通过百分率(%)；$P_{0.075}$-0.075mm 筛孔通过百分率(%)；$P_{9.5}$-9.5mm 筛孔通过百分率(%)；$P_{13.2}$-13.2mm 筛孔通过百分率(%)；OAC-沥青油石比(%)。

马歇尔试件空隙率及其影响因素均值像 表 5-13

VV(%)	Y_1	1.162	1.056	0.993	0.845	0.951	0.718	0.718	0.761	1.120	1.056	0.993	0.866	0.887	1.056	0.993	0.887	0.951	1.035	0.782	1.711	1.437	1.120	0.993	0.908
R_f	X_2	0.989	0.995	0.998	1.006	1.005	1.008	1.012	1.010	1.000	1.004	1.007	1.014	1.012	0.998	1.001	1.005	0.999	1.000	1.004	0.963	0.977	0.993	0.998	1.002
温度(℃)	X_3	1.024	1.024	1.024	1.024	1.024	1.024	1.024	1.024	0.722	0.816	0.911	1.005	1.099	1.024	1.024	1.024	1.024	1.024	1.024	1.024	1.024	1.024	1.024	1.024
击实次数	X_4	1.050	1.050	1.050	1.050	1.050	1.050	1.050	1.050	1.050	1.050	1.050	1.050	1.050	1.050	1.050	1.050	1.050	1.050	1.050	0.280	0.462	0.700	1.050	1.567
$P_{4.75}$	X_5	0.677	0.759	0.837	0.936	0.936	0.936	1.155	1.377	0.877	0.877	0.877	0.877	0.877	1.017	1.102	1.186	0.978	1.085	1.085	1.110	1.110	1.110	1.110	1.110
$P_{2.36}$	X_6	0.591	0.706	0.799	0.921	0.921	0.921	1.121	1.252	0.849	0.849	0.849	0.849	0.849	1.079	1.186	1.294	1.079	1.198	1.198	1.098	1.098	1.098	1.098	1.098
$P_{0.075}$	X_7	0.739	0.865	0.901	0.955	0.955	0.955	0.991	1.045	0.865	0.865	0.865	0.865	0.865	1.063	1.117	1.171	1.045	1.099	1.099	1.135	1.135	1.135	1.135	1.135
$P_{9.5}$	X_8	0.808	0.849	0.922	0.968	0.968	0.968	1.010	1.088	0.773	0.773	0.773	0.773	0.773	1.122	1.137	1.167	1.073	1.096	1.096	1.172	1.172	1.172	1.172	1.172
$P_{13.2}$	X_9	0.801	0.832	0.886	0.908	0.908	0.908	0.916	0.940	0.802	0.802	0.802	0.802	0.802	1.157	1.158	1.163	1.173	1.174	1.174	1.178	1.178	1.178	1.178	1.178
OAC	X_{10}	0.974	0.974	0.974	0.974	0.906	1.042	0.974	0.974	0.838	0.838	0.838	0.838	0.838	1.087	1.087	1.087	1.109	1.042	1.177	1.087	1.087	1.087	1.087	1.087
OAC	X_{10}	0.000	0.000	0.000	0.000	-0.068	0.068	0.000	0.000	-0.136	-0.136	-0.136	-0.136	-0.136	0.113	0.113	0.113	0.136	0.068	0.204	0.113	0.113	0.113	0.113	0.113

表 5-14

马歇尔试件空隙率及其影响因素始点零化像

VV (%)	Y_1	0.000	-0.106	-0.169	-0.317	-0.211	-0.444	-0.444	-0.401	-0.042	-0.106	-0.169	-0.296	-0.275	-0.106	-0.169	-0.275	-0.211	-0.127	-0.380	0.549	0.275	-0.042	-0.169	-0.254
R_f	X_2	0.000	0.006	0.009	0.017	0.016	0.019	0.023	0.021	0.011	0.015	0.018	0.024	0.023	0.009	0.012	0.016	0.009	0.010	0.014	-0.026	-0.013	0.003	0.009	0.013
温度 (℃)	X_3	0.000	0.000	0.000	0.000	0.000	0.000	0.000	0.000	-0.301	-0.207	-0.113	-0.019	0.075	0.000	0.000	0.000	0.000	0.000	0.000	0.000	0.000	0.000	0.000	0.000
击实次数	X_4	0.000	0.000	0.000	0.000	0.000	0.000	0.000	0.000	0.000	0.000	0.000	0.000	0.000	0.000	0.000	0.000	0.000	0.000	0.000	-0.770	-0.588	-0.350	0.000	0.518
$P_{4.75}$	X_5	0.000	0.081	0.160	0.259	0.259	0.259	0.478	0.700	0.200	0.200	0.200	0.200	0.200	0.340	0.424	0.509	0.301	0.407	0.407	0.433	0.433	0.433	0.433	0.433
$P_{2.36}$	X_6	0.000	0.115	0.207	0.330	0.330	0.330	0.530	0.660	0.257	0.257	0.257	0.257	0.257	0.488	0.595	0.703	0.488	0.607	0.607	0.507	0.507	0.507	0.507	0.507
$P_{0.075}$	X_7	0.000	0.126	0.162	0.216	0.216	0.216	0.252	0.306	0.126	0.126	0.126	0.126	0.126	0.324	0.378	0.432	0.306	0.360	0.360	0.396	0.396	0.396	0.396	0.396
$P_{9.5}$	X_8	0.000	0.041	0.114	0.161	0.161	0.161	0.202	0.280	-0.035	-0.035	-0.035	-0.035	-0.035	0.315	0.329	0.359	0.265	0.288	0.288	0.364	0.364	0.364	0.364	0.364
$P_{13.2}$	X_9	0.000	0.031	0.085	0.107	0.107	0.107	0.115	0.139	0.001	0.001	0.001	0.001	0.001	0.356	0.357	0.362	0.372	0.373	0.373	0.377	0.377	0.377	0.377	0.377
OAC	X_{10}	0.000	0.000	0.000	0.000	-0.068	0.068	0.000	0.000	-0.136	-0.136	-0.136	-0.136	-0.136	0.113	0.113	0.113	0.136	0.068	0.204	0.113	0.113	0.113	0.113	0.113

灰色关联度计算结果　　表 5-15

影响因素	代　号	$\|S_i\|$	S_j	$\|s_1-s_j\|$	灰色绝对关联度	排序大小
VV(%)	Y_1	3.761	-3.761	0.000		
R_f	X_2	0.251	0.251	4.012	0.555	3
温度(℃)	X_3	0.565	-0.565	3.195	0.625	2
击实次数	X_4	1.448	-1.448	2.312	0.729	1
$P_{4.75}$	X_5	6.072	6.072	9.833	0.524	7
$P_{2.36}$	X_6	4.589	4.589	8.349	0.528	6
$P_{0.075}$	X_7	4.429	4.429	8.189	0.529	5
$P_{9.5}$	X_8	7.529	7.529	11.289	0.521	8
$P_{13.2}$	X_9	9.556	9.556	13.317	0.518	9
OAC	X_{10}	0.577	0.577	4.338	0.552	4

由灰色相对关联度计算结果可知,各因素对空隙率影响程度由大到小排序为击实次数 > 成型温度 > 试件毛体积密度 > 油石比 > 0.075mm 筛孔通过率 > 2.36mm 筛孔通过率 > 4.75mm 筛孔通过率 > 9.5mm 筛孔通过率 > 13.2mm 筛孔通过率。

(1)马歇尔试件击实次数的大小是影响空隙率的最重要因素,说明增大压实功对降低路面空隙率最为有效。

(2)试件成型温度的高低对空隙率影响仅次于击实次数,排在第二位,说明沥青混合料温度变化对空隙率影响也是巨大的,提高混合料温度有利于路面空隙率的降低。由于混合料成型温度变异性较为隐蔽,难以通过目测得到,往往不能及时发现。因此,温度变异性尚未引起人们的足够重视。

(3)试件毛体积密度对空隙率的影响列为第三位。说明提高沥青混合料的密实性能有助于降低成型路面空隙率,可通过提高混合料摊铺温度,增加胶轮压路机的搓揉压实作用,提高混合料密实程度。

(4)油石比排在第四位,说明油石比的大小也是影响空隙率的重要因素,但相对于压实功大小、温度变异和毛体积密度大小而言,对空隙率的影响程度不是那么明显。这与以前的研究[86]结论不一致,原因是以前的研究对空隙率的影响因素与施工变异性结合较少,且与样本容量有限有关。

(5)级配变异对空隙率影响程度基本处于同一数量级,关联系数基本在 0.52 左右,但 0.075mm、2.36mm 筛孔通过率较 4.75mm 筛孔通过率对空隙率影响大,9.5mm 和 13.2mm 筛孔通过率影响最小。说明细集料级配的变异对空隙率影响程度不可忽视,这与前几章研究结论是一致的。

5.4 温度变异性对路面空隙率的影响

1996 年 8 月,美国华盛顿大学研究生 Steve Read 用红外感温成像仪对沥青混合料在运输、摊铺和压实过程中的温度场进行拍摄,并分析了路面施工温度与压实密度的关系,发现温度离析的影响比人们想象中的要大得多,巨大的温度差异将严重影响路面的压实度,温度

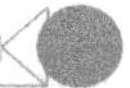

差异更容易出现在夜间施工中。在当时,这一结论没有引起美国运输当局的注意,后来在运输部的资助下,该研究生在更大的范围内展开了调查,并最终确认了温度离析的严重危害,在国际学术界引起了很大反响。事实上,沥青混合料从拌和楼拌缸出料温度经过滑车溜槽运输至热储料仓,一直到装车、运输车到达摊铺现场,最后到卸料摊铺,混合料内部温度随这些施工环节和周围环境气温的变化已经散热很多。本书结合 AC-25 基质沥青混合料铺筑实践,分析摊铺碾压温度变异性对沥青路面空隙率的影响程度与工程保证措施。考虑施工过程中气温、混合料层厚温度、风速及下卧层表面层温度等因素,选取了日气温在 10℃左右条件下的规模施工作业段落,并进行了实测混合料温度。表 5-16 与表 5-17 试验结果为《公路沥青路面施工技术规范》(JTG F40—2004)规范规定的压实设备下限要求(5 台压路机)的碾压效果;表 5-18 试验结果为采用 7 台压路机(3 台钢轮压路机、4 台胶轮压路机)的压实效果,工艺组合如图 5-12 所示。

摊铺温度变异性对路面空隙率影响结果　　表 5-16

桩号	摊铺温度(℃)	密度(kg/m³)					理论最大密度(kg/m³)	空隙率(%)
		位置 1	位置 2	位置 3	位置 4	平均值		
105K +200	102	2327	2320	2329	2326	2325.5	2561	9.2
	112	2325	2329	2324	2330	2327.0		9.1
	138	2386	2389	2390	2389	2388.5		6.7
	140	2384	2389	2402	2396	2392.8		6.6
	145	2400	2389	2409	2404	2400.5		6.3
	150	2418	2417	2416	2402	2413.3		5.8
	155	2425	2423	2415	2429	2423.0		5.4

不同初压温度下的路面空隙率试验结果　　表 5-17

桩号	初压温度(℃)	密度(kg/m³)					理论最大密度(kg/m³)	空隙率(%)
		位置 1	位置 2	位置 3	位置 4	平均值		
AK2 +560	110	2320	2317	2322	2307	2316.5	2561	9.5
	120	2385	2380	2379	2380	2381		7.0
	155	2431	2451	2443	2478	2450.75		4.3

温度变异性对路面空隙率的影响试验结果　　表 5-18

桩号	初压温度(℃)	密度(kg/m³)					理论最大密度(kg/m³)	空隙率(%)
		位置 1	位置 2	位置 3	位置 4	平均值		
105K +590 ~ 690	138	2404	2401	2389	2409	2400.75	2561	6.3
	140	2410	2404	2406	2409	2407.25		6.0
	143	2419	2420	2399	2424	2415.5		5.7
	141	2410	2402	2394	2406	2403		6.2
	118	2389	2390	2396	2380	2388.75		6.7
	123	2380	2395	2388	2402	2391.25		6.6
	130	2400	2417	2401	2407	2406.25		6.0

a)

b)

图 5-12　碾压工艺表现效果

表 5-16 结果表明,存在温度明显变异路段,经过 5 台压路机碾压后,沥青面层的密度随摊铺面温度的升高呈增大的趋势,当摊铺沥青混合料低于 138℃时,成型路面空隙率不满足规范要求;表 5-17 表明,初压温度为 120℃沥青混合料在满足规范规定下限(5 台压路机)的压实条件下,压实空隙率也难以符合工程质量要求,压实度不能满足技术规范要求。印证了本章分析的成型温度变异对空隙率产生巨大影响的正确性。说明在较低温度下与温度变异性较大路段,对沥青面层的压实质量具有实质性影响,混合料温度变异对路面质量的危害比材料变异对路面质量的危害大。

从表 5-18 试验结果可看出,压实厚度为 8cm 的 AC-25 沥青的混合料摊铺极端最低温度为 118℃,虽不满足《公路沥青路面施工技术规范》(JTG F40—2004)在 5 ~ 8cm 厚的普通沥青混合料最低摊铺温度不允许低于 140℃的要求,但摊铺温度为 118 ~ 140℃时采用 7 台压路机组合碾压,其压实质量是合格的。说明沥青面层摊铺过程中出现温度变异路段,通过增加压实功,尤其是经过胶轮压路机的搓揉碾压作用可提高面层密实度,可挽救由于施工温度变异导致路面空隙率偏大的工程质量问题。印证了本章采用灰色系统理论分析 AC-25 基质沥青混合料的压实功大小对空隙率影响规律的正确性。

综上所述,满足现行规范规定碾压的下限(5 台压路机)要求,较低温区域的沥青混合料会影响到邻近正常温度区域沥青混合料的压实效果,使正常温度的沥青混合料在相同压实功的作用下也呈现较低的密度,且低温区域面积的大小也影响压路机作用在碾压带(沥青混合料)上的应力分布,进而影响碾压带(沥青混合料)的密实度。据此建议,普通沥青混合料摊铺和初压温度分别不宜低于 140℃和 130℃;配备足够的碾压设备可有效降低沥青混合料较低温度下或施工温度变异性较大路段的路面空隙率。碾压工艺表现效果如图 5-12 所示。

5.5　本章小结

(1)对于热拌热铺的 AC-13、AC-20 和 AC-25 沥青混合料而言,成型温度的变异对改性沥青混合料马歇尔性能指标的影响非常显著。163℃为马歇尔性能指标增减的分界点,也是试件最佳成型温度。温度由 135℃增至 163℃时,空隙率降低 22.8%、稳定度增加 27.5%。可见,135 ~ 163℃是改性沥青混合料碾压成型的不利区间温度,推荐改性沥青混合料摊铺碾压温度宜为 163 ~ 180℃,有利于降低路面残余空隙率。

(2)基质沥青混合料性能指标随成型温度的变化表现出凹形和凸形曲线,高于或低于140℃时,性能指标均随温度改变而表现出明显变化特征,140℃是成型的最佳温度,推荐基质沥青混合料碾压成型温度宜控制在140~150℃。

(3)AC-13改性混合料性能指标均随压实功的变化表现出二次曲线关系,其相关系数的平方均在0.98以上。击实次数由20增至112时,冻融劈裂强度增加26.6%、空隙率降低46.9%、间隙率降低19.9%、饱和度增加22.9%。当压实功大于一定值后,通过增加压实功降低混合料空隙率与增大冻融劈裂强度值是困难的。

(4)不同成型方式对沥青混合料性能指标影响差异较大,同等空隙率条件下(4%),SGC油石比较马歇尔低0.7%,GTM油石比较马歇尔低1.3%。证明SGC压实功与GTM压实功均较马歇尔压实功能大,其中GTM压实功最大。结合我国经验,SGC旋转压实与GTM旋转压实设计法有待商榷,压实度质量控制指标结合马歇尔设计空隙率可通过增加现场施工压实功能有助于降低空隙率,适合中国国情。

(5)空隙率变异对AC-13改性沥青混合料性能影响非常显著,60min时段抗变形能力、动稳定度和冻融前、后劈裂强度均随空隙率变化而产生明显变化,在空隙率接近6%处出现拐点。当空隙率大于6%时,高温变形急剧增大,动稳定度和冻融劈裂强度急剧下降。表明过大的空隙率将会导致夏季路面出现压密车辙变形和水损害等病害。建议成型路面空隙率宜控制在6%以下。

(6)稳定度比值、15℃劈裂强度比值和20℃抗压回弹模量比值的演变规律与空隙率变化有直接相关关系,随着空隙率的急剧增大,各力学性能指标均呈现同步下降的趋势,各项力学性能衰减幅度达40%~60%。表明沥青混合料力学性能的降低幅度取决于级配和油石比的变异性,表现在成型路面中,空隙率分布变异性是导致力学性能降低的本质所在。

(7)在单因素分析的基础上,提出基于施工过程变异性的空隙率影响因素分析,应用灰色系统理论研究了压实功、温度、毛体积密度、级配和油石比的变异等因素对空隙率的影响。结果表明,空隙率影响因素由大到小排序为击实次数>成型温度>试件毛体积密度>油石比>0.075mm筛孔通过率>2.36mm筛孔通过率>4.75mm筛孔通过率>9.5mm筛孔通过率>13.2mm筛孔通过率。压实功的大小和成型温度变异是影响试件空隙率的最重要因素。说明提高压实工艺与压实功与沥青混合料有效压实温度对降低路面空隙率非常重要;级配和油石比对空隙率的影响虽不如压实功与温度变化明显,但在压实功与成型温度一定时,油石比与细集料对空隙率的影响也是很显著的。

(8)通过实体工程铺筑验证,摊铺和碾压温度变异性对路面空隙率的影响很大,在一定程度上,混合料温度变异对路面质量的危害比材料变异对路面质量的危害大,尤其在较低温度下与温度变异性较大路段,存在对沥青面层的压实质量构成实质性影响。普通沥青混合料摊铺和碾压温度分别不宜低于140℃和130℃,配备足够的碾压设备和增大压实功可有效降低沥青混合料较低温度下或施工温度变异性较大路段的路面空隙率。验证了本章采用灰色系统理论分析温度变化对空隙率影响规律的正确性。

第6章 沥青混合料配合比优化与实践创新

混合料组成设计必须以使用性能为中心,是保证路面性能成功与否的关键环节。安徽江南地区2007年同时施工的几条高速公路有沿江高速公路、铜汤高速公路、宣广高速改建等,共同特点是所处区域内材料的材质比较接近,但沥青混合料配合比设计不尽相同,如AC-20中面层级配(表6-1),均采用了粗型密级配沥青混合料,但也存在明显的不同之处,如9.5mm、4.75mm、2.36mm、0.075mm筛孔通过率存在差别,采用了规范中值和下限之间更粗的骨架型结构。本章结合前几章级配优化研究,针对沿江高速公路所处地域的地理、气象和环境条件及其服务的对象,优化配合比设计和路用性能,以提高创新应用。

3条高速公路沥青路面AC-20目标级配 表6-1

AC-20	通过下列筛孔(方孔筛mm)的质量百分率(%)											
	26.5	19.0	16.0	13.2	9.5	4.75	2.36	1.18	0.6	0.3	0.15	0.075
沿江	100	97	86.7	76.3	58.1	32.8	21.4	15.9	11.6	8.8	7.4	4.8
铜汤	100	98.3	85.4	72.4	57.8	40.1	29.5	23.9	94.7	9.2	7.3	5.4
宣广	100	94.8	85.7	72.6	54.2	39.6	27.9	19.3	11.9	9.1	6.9	5.2

6.1 沥青混合料配合比优化设计

鉴于马歇尔设计方法的局限性,采用SHRP旋转压实仪进行校核。以沿江高速公路二期:YJ2-LM01合同段沥青面层配合比设计为例,分别对上面层SBS改性AC-13、中面层SBS改性AC-20和下面层普通沥青AC-25的混合料配合比进行优化设计和铺筑验证。

6.1.1 各沥青结构层原材料技术性能

下面层(AC-25)用集料为石灰岩集料,规格为20~25mm、10~20mm、5~10mm、3~5mm碎石、0~3mm石灰岩机制砂5种,结合料为70号A级沥青;中面层(AC-20)集料规格为下面层的后四档集料,上面层(AC-13)集料规格为3~5mm、5~10mm、10~15mm玄武岩碎石,细集料为石灰岩机制砂(0~3mm)共四档集料,部分填料以消石灰作为抗剥落剂,结合料为SBS I-D改性沥青。技术指标分别见表6-2~表6-5。

70号A级沥青性能指标 表6-2

试验项目		试验结果	项目要求
针入度(25℃5s100g)(0.1mm)		71	60~80
针入度指数PI		-0.63	-1.2~+1.0
延度(cm)	15℃	>100	≥100
	10℃	35	≥20

续上表

试验项目		试验结果	项目要求
软化点(℃)		50.5	≥46
15℃密度(g/cm^3)		1.036	
25℃与水的相对密度		1.032	实测值
溶解度(三氯乙烯)/%		99.83	≥99.5
RTFOT后	蒸发损失率(%)	0.05	±0.8
	针入度比(%)	61.5	≥61
	15℃延度(cm)	18	≥15
	10℃延度(cm)	7	≥6
135℃黏度(Pa.S)		0.46	实测值
60℃黏度(Pa.S)		216.5	≥180
闪点(coc)(℃)		307	≥260
含蜡量(%)		1.8	≤2.0

SBS改性沥青性能指标　　表6-3

序号	试验项目		试验结果	规范要求
1	针入度(25℃,5s,100g)(0.1mm)		52	30~60
2	针入度指数PI		0.37	≥0
3	延度(cm)	5℃	36	≥20
4	软化点(℃)		82.5	≥70
5	15℃密度(g/cm^3)		1.039	
6	25℃与水的相对密度		1.035	实测值
7	RTFOT后	蒸发损失率(%)	0.02	±1.0
		针入度比(%)	80.1	≥75
		5℃延度(cm)	19	≥15
8	135℃黏度(Pa.S)		2.44	≤3

石灰岩集料技术性能试验结果　　表6-4

试验项目	消石灰	矿粉	0~3	3~5	5~10	10~20	20~25	项目要求
压碎值(%)						22.3		
针片状颗粒含量(%)					11.7	8.3	7.0	≤15
软石含量(%)					0.8	0.7	0.5	≤3.0
<0.075mm颗粒含量(%)			8.2	0.5	0.4	0.2	0.1	≤0.6
表观相对密度	2.235	2.722	2.718	2.736	2.734	2.735	2.728	≥2.60

续上表

试验项目	消石灰	矿粉	0～3	3～5	5～10	10～20	20～25	项目要求
吸水率(%)				0.86	0.42	0.22	0.19	≤2.0
表观密度(g/cm^3)	2.232	2.715	2.715	2.731	2.728	2.73	2.723	
毛体积相对密度			2.665	2.692	2.702	2.719	2.714	
坚固性(%)			2.6	1.2	0.9	0.6	0.4	≤12
磨耗损失(%)				19.6	18.5	17.2	16.4	≤28
亚甲蓝值(g/kg)			1.4					
棱角性(g)			52.6					
砂当量(%)			72					
液限(%)		20.7						
塑限(%)		18.3						
塑性指数		2.4						≤3
有效氧化钙镁含量(%)	67.2							≥66

玄武岩集料技术性能试验结果 表6-5

试验项目	10～15	5～10	3～5	项目要求
压碎值(%)	15.5			≤20
针片状颗粒含量(%)	7.8	9.3		≤15
软石含量(%)	0.2	0.2		≤3.0
<0.075mm 颗粒含量(%)	0.1	0.2	0.2	≤0.8
表观相对密度	2.745	2.737	2.730	≥2.60
吸水率(%)	0.54	0.6	0.86	≤2.0
毛体积相对密度	2.704	2.692	2.668	
坚固性(%)	0.5	0.8	1.1	≤12
磨耗损失(%)	17.1	17.6	18.4	≤28

6.1.2　AC-25 沥青混合料优化设计

(1)级配优化确定。根据 AC-25 工程级配范围,选定的三个级配见表6-6,油石比为3.8%,马歇尔试验与旋转压实级配1(设计旋转次数100次)的试验结果见表6-7。

AC-25 矿料合成级配 表6-6

级配	通过下列筛孔(mm)的百分率(%)												
	31.5	26.5	19.0	16.0	13.2	9.5	4.75	2.36	1.18	0.6	0.3	0.15	0.075
1	100.0	99.5	83.8	74.3	67.6	55.4	31.9	23.0	14.9	11.1	8.8	7.1	5.4
2	100.0	99.5	83.8	74.3	67.6	55.5	34.6	24.9	16.0	11.8	9.2	7.3	5.6
3	100.0	99.5	84.1	75.6	69.8	59.2	38.3	26.9	17.1	12.5	9.7	7.7	5.7

AC-25 沥青混合料马歇尔与旋转试验结果 表 6-7

级配	油石比（%）	稳定度（kN）	毛体积相对密度	流值（0.1mm）	空隙率（%）	饱和度（%）	矿料间隙率（%）	理论最大相对密度
1	3.8	12.2	2.435	29.0	4.8	63.4	13.2	2.558
2	3.8	12.0	2.442	27.8	4.5	65.4	12.9	2.556
3	3.8	11.8	2.448	26.2	4.2	67.1	12.6	2.554
旋转 1	3.8		2.480		3.0	73.7	11.6	2.558

根据试验结果，油石比为 3.8% 时的级配 1 马歇尔空隙率为 4.8%，而对应旋转压实空隙率只有 3.0%。如果按 Superpave 设计标准空隙率 4% 为标准，油石比只有 3.1%，按马歇尔设计油石比为 3.1% 时的空隙率会达到 6.2% 左右，这样的空隙率标准存在渗水和路面耐久性问题。根据我国高速公路多年的施工经验，选择级配 1 为下面层目标配合比最佳级配。

（2）最佳油石比确定。依据级配 1，分别以油石比为 2.8%、3.3%、3.8%、4.3%、4.8% 进行标准马歇尔试验，结果见表 6-8。分别绘制稳定度、流值、空隙率、饱和度、密度与油石比关系曲线（图 6-1）。

确定最佳油石比的马歇尔试验结果 表 6-8

油石比（%）	稳定度（kN）	毛体积相对密度	流值（0.1mm）	空隙率（%）	间隙率（%）	理论最大相对密度	饱和度（%）
2.8	11.9	2.415	24.0	7.0	13.0	2.595	46.7
3.3	12.2	2.433	27.3	5.6	12.8	2.576	56.5
3.8	12.3	2.439	29.1	4.7	13.0	2.558	64.2
4.3	12.0	2.439	32.8	4.0	13.5	2.540	70.4
4.8	11.7	2.435	37.8	3.5	14.0	2.522	75.3

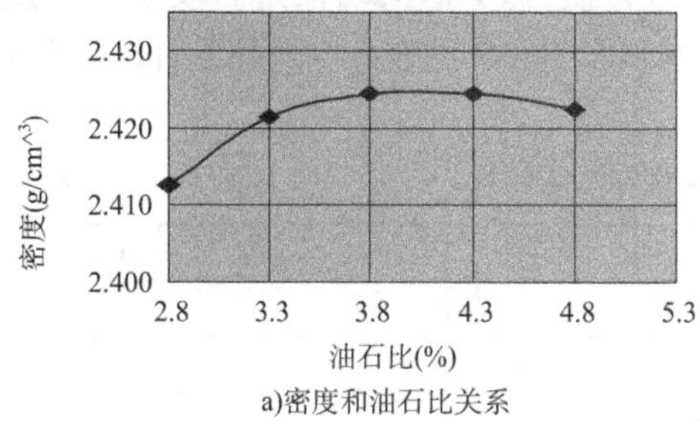

a)密度和油石比关系

b)稳定度和油石比关系

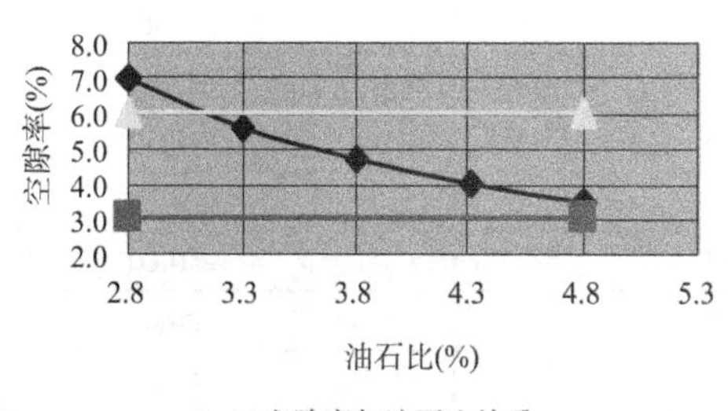

c)空隙率与油石比关系

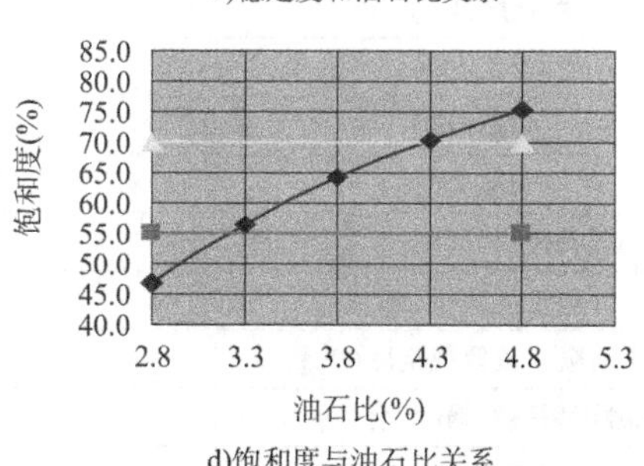

d)饱和度与油石比关系

图 6-1

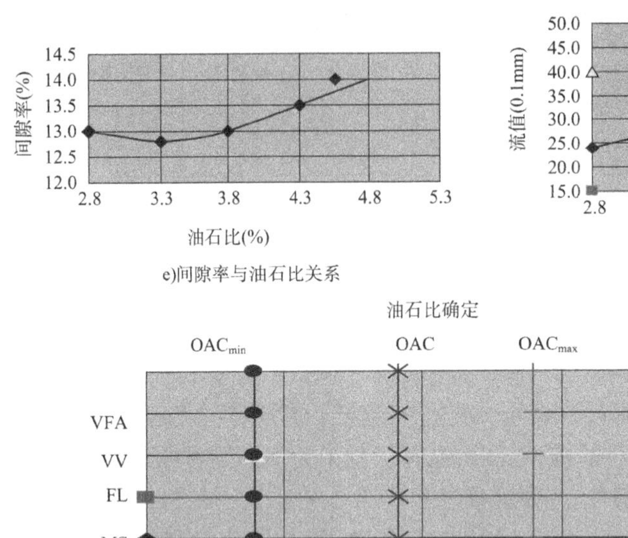

e)间隙率与油石比关系

f)流值与油石比关系

g)马歇尔指标与油石比关系

图6-1　AC-25 马歇尔最佳油石比确定结果

由曲线图分析可知,最大毛体积相对密度、最大稳定度、目标空隙率(4.8%)、饱和度中值(62%)时的油石比分别为3.9%、3.6%、3.7%、3.7%,从而OAC1 =(3.9% +3.6% +3.7% +3.7%) =3.73%;各项指标均符合现行规范要求的油石比共同范围值取为3.4% ~4.3%,从而OAC2 =(3.2% +4.2%)/2 =3.70%,取OAC =(3.73% +3.70%)/2 =3.7%,最佳油石比为3.7%。

(3)室内路用性能检验。根据最佳油石比3.7%制作马歇尔试件,进行浸水48h残留稳定度试验、冻融劈裂试验、混合料车辙试验及渗水试验,结果见表6-9。可见,混合料各项性能指标均满足现行规范要求。

AC-25 沥青混合料性能试验结果　　表6-9

试验项目	试验结果	项目要求
油石比(%)	3.7	
毛体积相对密度	2.440	
稳定度(kN)	12.43	≥8
流值(0.1mm)	29.3	15 ~40
空隙率(%)	4.7	3 ~6
矿料间隙率(%)	12.9	≥12.7
沥青饱和度(%)	63.2	55 ~70
动稳定度(次/mm)	2535	≥1000
浸水马歇尔残留稳定度(%)	92.9	≥80
冻融劈裂残留强度比(%)	88.1	≥75
渗水系数(mL/min)	4.2	≤120
理论最大相对密度	2.562	

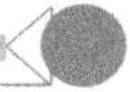

(4)下面层生产配比设计。生产级配与目标级配基本吻合,成型马歇尔试验,结果见表6-10。可知油石比为3.7%时的各项性能指标均符合技术要求。

AC-25 沥青混合料马歇尔试验结果　　表6-10

试验项目	生产配比时试验结果			验证试验结果	规范要求
油石比(%)	3.4	3.7	4.0	3.7	
毛体积相对密度	2.449	2.453	2.458	2.453	
理论最大相对密度	2.576	2.565	2.554	2.565	实测值
稳定度(kN)	12.8	13.2	12.9	12.27	≥8
流值(0.1mm)	27.3	31.6	34.9	31.8	15~40
空隙率(%)	4.9	4.4	3.8	4.4	3~6
沥青饱和度(%)	59.8	64.9	69.8	64.8	55~70
矿料间隙率(%)	12.3	12.4	12.4	12.4	≥12.4
残留稳定度(%)				93.8	≥80
冻融劈裂强度比(%)				93.1	≥75
动稳定度(次/mm)				2577	≥1000

(5)下面层AC-25沥青混合料的铺筑验证。施工设备采用日工NBD320型间歇式沥青拌和楼,拌和全过程计算机自动控制,具有5个冷料斗、5个热料仓,最大产量大于320t/h,单盘拌和量4000kg;德产ABG-423摊铺机2台;英格索兰DD-130双钢轮双驱动振动压路机2台、悍马HD-110双钢轮双驱动振动压路机1台(配重后12t)、XP-26I轮胎压路机2台、XP-30I轮胎压路机2台。于2007年8月10日在K98+700~K99+100上行线进行了试验段铺筑,并进行抽提、理论最大密度和成型标准马歇尔、冻融劈裂试验,8月11日在施工现场路用性能检测,结果分别见表6-11~表6-15。

热拌沥青混合料试验结果　　表6-11

试验项目	试验结果	规范要求
油石比(%)	3.74(拌和楼取样)	设计值-0.1%~设计值+0.2%
毛体积相对密度	2.452	
理论最大相对密度	2.566	实测值
马歇尔稳定度(kN)	11.8	≥8
流值(0.1mm)	24.7	15~40
空隙率(%)	4.4	3~6
沥青饱和度(%)	64.3	55~70
矿料间隙率(%)	12.4	≥12.4
残留稳定度(%)	94.8	≥80
冻融劈裂强度比(%)	91.9	≥80

沥青路面压实度检测结果(取芯法) 表6-12

取芯桩号	距中线距离(m)	取芯毛体积相对密度	标准试件相对密度	最大相对密度	压实度 $K1$(%)	压实度 $K2$(%)	残余隙率(%)
K98 +720	2.0	2.455	2.452	2.566	95.7	100.1	4.3
K98 +750	5.0	2.431	2.452	2.566	94.7	99.2	5.3
K98 +780	9.0	2.456	2.452	2.566	95.7	100.1	4.3
K98 +810	5.0	2.419	2.452	2.566	94.3	98.7	5.7
K98 +840	2.0	2.513	2.452	2.566	97.9	102.5	2.1
K98 +870	5.0	2.451	2.452	2.566	95.5	100.0	4.5
K98 +900	9.0	2.510	2.452	2.566	97.8	102.4	2.2
K98 +935	6.0	2.446	2.452	2.566	95.3	99.8	4.7
K98 +990	6.0	2.453	2.452	2.566	95.6	100.0	4.4
K99 +020	9.0	2.459	2.452	2.566	95.8	100.3	4.2
K99 +050	7.0	2.501	2.452	2.566	97.5	102.0	2.5
K99 +080	2.0	2.512	2.452	2.566	97.9	102.5	2.1
旋转密度	2.495	芯样平均密度	2.467	压实度 K(%)		98.9	

注:压实度 $K1$ 按理论最大密度计算;压实度 $K2$ 按马歇尔试件密度计算。

沥青路面渗水试验结果 表6-13

试验桩号	距中线距离(m)	第一次读数的水量(mL)	第二次读数的水量(mL)	渗水系数(mL/min)	平均值(mL/min)
K98 +760	3	100	325	75.0	61.7
		100	255	51.7	
		100	275	58.3	
K98 +820	8	100	385	95.0	100.0
		100	420	106.7	
		100	395	98.3	
K98 +860	5	100	130	10.0	31.7
		100	235	45.0	
		100	220	40.0	
K98 +920	9	100	275	58.3	58.3
		100	300	66.7	
		100	250	50.0	
K99 +020	3	100	320	73.3	83.9
		100	385	95.0	
		100	350	83.3	

注:第一次读数时间为0s;第二次读数时间为180s。

沥青路面构造深度检测结果(铺砂仪法)　　表6-14

取样桩号	距中线距离(m)	路面构造深度(mm)	路面构造深度平均值(mm)	与未离析路面构造深度比值
K98 +750	4.0	0.92	0.94	1.08
		1.00		
		0.90		
K98 +800	10.0	0.85	0.87	1.00
		0.80		
		0.95		
K98 +850	8.0	0.78	0.83	0.96
		0.82		
		0.90		
K98 +900	5.0	1.00	0.95	1.09
		0.90		
		0.95		
K99 +050	2.0	0.90	0.97	1.11
		1.05		
		0.95		

沥青路面摩擦系数检测结果(摆式仪法)　　表6-15

取样桩号	距中线距离(m)	平均值(BPN)	路面温度(℃)	温度修正值	FB20(BPN)	FB20 平均值(BPN)
K98 +750	4.0	55	42	7	62	64
		56	42	7	63	
		59	40	7	66	
K98 +800	10.0	55	42	7	62	59
		51	43	7	58	
		52	42	7	59	
K98 +850	8.0	49	41	7	56	56
		51	42	7	58	
		48	40	7	55	
K98 +900	5.0	61	43	7	68	67
		63	41	7	70	
		57	42	7	64	
K98 +950	10.0	51	41	7	58	60
		51	40	7	58	
		59	42	7	66	
K99 +050	2.0	64	41	7	71	70
		67	42	7	74	
		57	42	7	64	

试验段检测结果说明：

(1)以当天实测理论最大密度为标准密度的钻芯样本数为 12 的压实度均值 $K1$ = 96.1%，路面残余空隙率均值为 3.9%，标准偏差为 1.283，变异系数为 32.9%，路面空隙率在 2.1% ~5.7% 内；按旋转压实成型热拌沥青混合料的压实度为 98.9%。说明采用高于现行规范压路机下限(5 台)要求的 4 台胶轮压路机和 3 台钢轮压路机，路面压实效果较为明显。

(2)样本数为 5 处的渗水系数总均值为 67.1mL/min，标准差为 26%，变异系数为 39%；样本数为 6 处的构造深度均值为 0.9mm，标准差 S = 0.058，变异系数 CV = 6.4%；样本数为 6 处的摩擦系数(FB20)均值为 63BPN，标准差 S = 4.980，变异系数 CV = 7.9%。表明下面层表面具有优良的抗滑、密实和防渗水性能。

6.1.3 AC-20 沥青混合料优化设计

(1)级配优化确定。在 AC-20 工程级配范围内选择 3 个合成级配见表 6-16，马歇尔[击实温度(163 ±2.5)℃]和旋转试验(设计旋转次数 100 次)，结合料采用 SBS 改性沥青，结果见表 6-17。

AC-20 矿料合成级配 表 6-16

级配	通过下列筛孔(mm)的百分率(%)												
	31.5	26.5	19.0	16.0	13.2	9.5	4.75	2.36	1.18	0.6	0.3	0.15	0.075
1	100.0	100.0	96.4	83.0	76.5	61.8	31.8	21.8	14.1	10.3	7.8	6.1	5.2
2	100.0	100.0	96.6	83.8	77.6	63.6	35.3	23.6	15.1	10.9	8.2	6.3	5.4
3	100.0	100.0	96.7	84.2	78.1	64.6	38.1	26.3	16.7	11.9	8.8	6.7	5.6

AC-20 沥青混合料马歇尔与旋转试验结果 表 6-17

级配	油石比(%)	稳定度(kN)	毛体积相对密度	流值(0.1mm)	空隙率(%)	饱和度(%)	间隙率(%)	理论最大相对密度
1	4.3	13.8	2.440	33.6	4.6	66.8	13.7	2.557
2	4.3	13.4	2.444	35.1	4.3	67.9	13.5	2.555
3	4.3	13.1	2.450	37.8	4.1	69.4	13.3	2.554
旋转 1	4.3	14.1	2.453	36	4.0	68.5	13.2	2.557

由以上数据可知，3 组级配的标准马歇尔各项指标均符合规范要求。综合分析实验证结果，确定级配 1 为优化矿料级配。

(2)最佳油石比确定。以级配 1 为标准，分别采用 3.3%、3.8%、4.3%、4.8%、5.3% 这 5 种不同油石比进行马歇尔试验，据此分别绘制稳定度、流值、空隙率、饱和度、密度与油石比关系曲线(图 6-2)。

相对于最大毛体积相对密度、最大稳定度、目标空隙率(4.8%)、饱和度中值(70%)的油石比分别为 4.4%、3.8%、4.0%、4.4%，从而 OAC1 = (4.4% +3.8% +4.0% +4.4%) = 4.15%，各项指标均符合技术规范要求的油石比的共同范围值取为 4.1% ~4.5%，从而

OAC2 =（4.1% +4.5%）/2 =4.30%，取 OAC =（4.15% +4.30%）/2 =4.22%。此时，粉胶比为1.37，有效沥青膜厚度为8.673um，根据经验选定最佳油石比为4.2%。

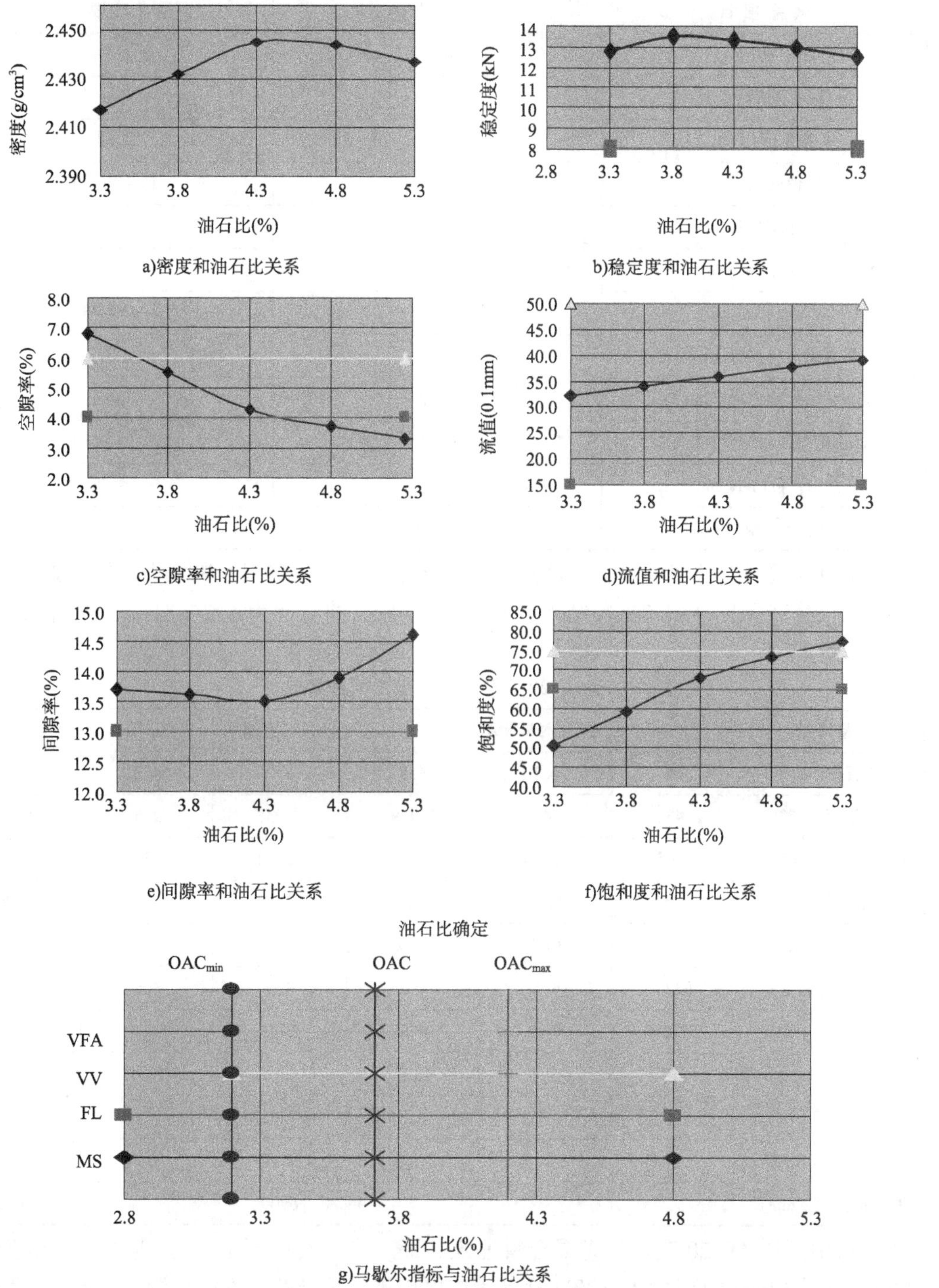

a)密度和油石比关系

b)稳定度和油石比关系

c)空隙率和油石比关系

d)流值和油石比关系

e)间隙率和油石比关系

f)饱和度和油石比关系

g)马歇尔指标与油石比关系

图6-2　AC-20马歇尔最佳油石比确定结果

（3）室内路用性能验证。按最佳油石比4.2%进行马歇尔、浸水48h马歇尔试验、冻融劈裂试验、车辙试验及渗水试验,结果见表6-18。可见,各项性能指标均满足规范要求。

中面层沥青混合料路用性能试验结果 表6-18

试验项目	试验结果	项目要求
油石比(%)	4.2	
毛体积相对密度	2.443	
稳定度(kN)	13.46	≥8
流值(0.1mm)	35.5	15~40(50)
空隙率(%)	4.5	4~6
矿料间隙率(%)	13.5	≥13.5
沥青饱和度(%)	66.5	65~75
动稳定度(次/mm)	6641	≥4000
浸水马歇尔残留稳定度(%)	94.7	≥85
冻融劈裂残留强度比(%)	92.4	≥80
渗水系数(mL/min)	2.8	≤120
理论最大相对密度	2.559	

(4)中面层生产配比设计。在YJ2-LM02标拌和楼取各热料仓料筛分,使合成级配符合目标级配,生产配比马歇尔试验结果见表6-19。可见,油石比为4.2%时的各项指标均符合技术要求。

AC-20生产配比马歇尔试验结果 表6-19

试验项目	生产配比时试验结果			验证试验结果	旋转压实	项目要求
油石比(%)	3.9	4.2	4.5	4.2	4.2	
毛体积相对密度	2.431	2.436	2.439	2.438	2.5	
理论最大相对密度	2.565	2.554	2.543	2.554	2.554	
马歇尔稳定度(kN)	12.5	12.1	12.0	12.61		≥8
流值(0.1mm)	32.6	36.7	39.2	35.9		15~40(50)
空隙率(%)	5.2	4.6	4.1	4.5	3.8	4~6
沥青饱和度(%)	61.3	65.9	70.3	66.3	70.3	65~75
矿料间隙率(%)	13.5	13.6	13.7	13.5	12.8	≥13.5
残留稳定度(%)				93.6		≥85
冻融劈裂强度比(%)				91.7		≥80
动稳定度(次/mm)				6900		≥4000

(5)中面层AC-20改性沥青混合料铺筑验证。施工设备同下面层,业主中心试验室于2007年9月13—17日对YJ2-LM02标沥青中面层进行现场路用性能检测。从沥青拌和站取热拌沥青混合料进行马歇尔试验、冻融劈裂试验、车辙试验。同时进行了抽提、理论最大密度、水洗筛分试验。结果见表6-20~表6-24。

中面层热拌沥青混合料室内试验结果　　表6-20

试验项目	马歇尔试验结果	旋转压实试验	项目要求
油石比(%)	4.24(拌和楼取样)	4.24(拌和楼取样)	设计值-0.1%~设计值+0.2%
毛体积相对密度	2.431	2.473	
理论最大相对密度	2.553	2.553	实测值γ=2.551
马歇尔稳定度(kN)	14.1		≥8
流值(0.1mm)	26.3		15~40(50)
空隙率(%)	4.8	3.1	4~6
沥青饱和度(%)	65.4	74.5	65~75
矿料间隙率(%)	13.8	12.3	≥13.8
动稳定度(次/mm)	5878		≥4000
残留稳定度(%)	95.1		≥85
冻融劈裂强度比(%)	86.8		≥80

各筛孔尺寸(mm)通过百分率(%)													
级配	31.5	26.5	19.0	16.0	13.2	9.5	4.75	2.36	1.18	0.6	0.3	0.15	0.075
抽提级配	100	100	97.8	84.3	70.2	50.0	31.1	23.6	17.1	10.8	8.1	6.4	5.2
合成级配	100.0	100.0	96.5	87.1	74.3	58.5	32.9	26.0	18.1	12.6	8.3	6.0	5.3
试铺级配	100.0	100.0	96.8	85.1	69.0	50.7	32.5	24.4	17.5	10.9	7.9	5.7	4.9
生产设计	100.0	100.0	98.9	83.5	73.3	57.9	32.1	23.8	15.8	10.9	7.9	6.0	5.2

沥青路面压实度检测结果(取芯法)　　表6-21

取芯桩号	距中线距离(m)	取芯毛体积相对密度	标准试件相对密度	理论最大相对密度	压实度$K1$(%)	压实度$K2$(%)	空隙率(%)
K108+220	9.0	2.499	2.431	2.553	97.9	102.8	2.1
K108+280	2.0	2.487	2.431	2.553	97.4	102.3	2.6
K108+340	4.0	2.470	2.431	2.553	96.8	101.6	3.2
K108+400	6.0	2.487	2.431	2.553	97.4	102.3	2.6
K108+460	6.0	2.437	2.431	2.553	95.5	100.3	4.5
K108+580	5.0	2.470	2.431	2.553	96.7	101.6	3.3
K108+250	5.0	2.460	2.431	2.553	96.4	101.2	3.6
K108+310	5.0	2.429	2.431	2.553	95.1	99.9	4.9
K108+370	2.0	2.490	2.431	2.553	97.5	102.4	2.5
K108+430	10.0	2.487	2.431	2.553	97.4	102.3	2.6
K108+490	2.0	2.432	2.431	2.553	95.3	100.1	4.7
K108+550	9.0	2.456	2.431	2.553	96.2	101.0	3.8

沥青路面渗水试验结果 表6-22

试验桩号	距中线距离(m)	第一次读数的水量(mL)	第二次读数的水量(mL)	渗水系数(mL/min)	平均值(mL/min)
K108 +260	10	100	225	41.7	31.7
		100	155	18.3	
		100	205	35.0	
K108 +308	0.5	100	485	128.3	127.7
		100	420	106.7	
		100	500	148.1	
K108 +410	7	100	130	10.0	9.4
		100	135	11.7	
		100	120	6.7	
K108 +510	3	100	175	25.0	13.9
		100	100	0.0	
		100	150	16.7	
K108 +610	10	100	120	6.7	3.9
		100	105	1.7	
		100	110	3.3	

注:第一次读数时间为0s;第二次读数时间为180s。

沥青路面摩擦系数检测结果(摆式仪法) 表6-23

取样桩号	距中线距离(m)	平均值(BPN)	路面温度(℃)	温度修正值	FB20(BPN)	FB20平均值(BPN)
K108 +240	9.0	57	33	4	61	61
		56	33	4	60	
		59	33	4	63	
K108 +290	7.0	55	33	4	59	58
		54	33	4	58	
		52	33	4	56	
K108 +380	9.0	51	33	4	55	54
		51	33	4	55	
		48	33	4	52	
K108 +440	2.0	61	33	4	65	68
		63	33	4	67	
		67	33	4	71	
K108 +520	7.0	72	33	4	76	75
		71	33	4	75	
		69	33	4	73	

续上表

取样桩号	距中线距离(m)	平均值(BPN)	路面温度(℃)	温度修正值	FB20(BPN)	FB20平均值(BPN)
K108+580	8.0	64	33	4	68	65
		62	33	4	66	
		57	33	4	61	
K108+613	1.0	63	33	4	67	66
		60	33	4	64	
		62	33	4	66	

沥青路面构造深度检测结果(铺砂仪法)　　表6-24

取样桩号	距中线距离(m)	路面构造深度(mm)	路面构造深度平均值(mm)	与未离析路面构造深度比值
K108+230	10.5	0.75	0.72	0.80
		0.70		
		0.70		
K108+260	6.0	1.00	1.02	1.13
		1.00		
		1.05		
K108+330	2.0	0.70	0.65	0.72
		0.60		
		0.65		
K108+400	8.0	0.80	0.71	0.79
		0.62		
		0.70		
K108+480	2.0	1.00	0.93	1.04
		1.00		
		0.80		
K108+560	5.0	1.20	1.18	1.31
		1.30		
		1.05		
K108+610	8.0	0.95	0.90	1.00
		0.90		
		0.85		

由上述试验结果可知：

(1)样本数为12的理论最大密度压实度的路面空隙率均值为3.4%，标准偏差S为

0.944,变异系数为28%。分析认为,本次级配和油石比检测(表6-21)变异较小,造成空隙率偏低的主要原因是施工处于夏季,混合料温度和日气温均较高,以及压实功较大所致。从图6-4中面层钻芯芯样切割破面可见,混合料内部粗集料形成了稳定的嵌挤结构,较为密实。

(2)样本数为7处共21测点的摩擦系数均值FB20 = 64BPN,标准差$S = 6.814$,变异系数CV = 10.7%;样本数为7处共21个测点位的构造深度均值TD = 0.9mm,标准差$S = 0.193$,变异系数CV = 22.1%;样本数为5处共15个测点位的渗水系数最大为127.7mL/min,最小为3.9mL/min,均值为37.3mL/min,变异性系数为163%。可见,中面层表面功能性指标均高于规范技术要求。

6.1.4 AC-13沥青混合料优化设计

(1)级配优化确定。按表6-25级配进行马歇尔试验,结果见表6-26。

AC-13矿料级配组成 表6-25

级配	通过下列筛孔(mm)的百分率(%)									
	16.0	13.2	9.5	4.75	2.36	1.18	0.6	0.3	0.15	0.075
1	100.0	92.5	67.3	35.0	25.9	17.7	12.2	8.6	6.5	5.7
2	100.0	93.0	69.8	38.0	28.5	19.4	13.2	9.2	6.8	6.0
3	100.0	93.4	71.5	40.8	30.3	20.5	13.9	9.6	7.0	6.2

AC-13混合料马歇尔试验标结果 表6-26

级配	油石比(%)	稳定度(kN)	毛体积相对密度	流值(0.1mm)	空隙率(%)	饱和度(%)	间隙率(%)	理论最大相对密度
1	4.8	17.7	2.381	37.3	6.0	61.5	15.5	2.532
2	4.8	18.2	2.391	38.8	5.5	63.4	15.1	2.531
3	4.8	18.6	2.401	40.5	5.1	65.1	14.8	2.531

根据以上数据分析,级配1和级配2的马歇尔饱和度指标不符合要求。考虑到沿江路为重交通、炎热地区,采用级配3为沥青上面层目标配合比级配。

(2)最佳油石比确定。以级配3为标准,采用3.9%、4.4%、4.9%、5.4%、5.9%这5种不同油石比配制沥青混合料进行马歇尔试验,结果见表6-27。分别绘制稳定度、流值、空隙率、饱和度、密度与油石比关系曲线,如图6-3所示。

不同油石比的马歇尔试验结果 表6-27

油石比(%)	稳定度(kN)	毛体积相对密度	流值(0.1mm)	空隙率(%)	间隙率(%)	理论最大相对密度	饱和度(%)
3.9	17.9	2.373	33.9	7.4	15.0	2.563	50.6
4.4	18.5	2.389	36.3	6.1	14.9	2.545	58.7
4.9	18.3	2.403	38.7	4.9	14.8	2.528	66.6
5.4	18.0	2.403	41.5	4.3	15.2	2.510	71.7
5.9	17.7	2.399	33.1	3.8	15.7	2.494	75.9

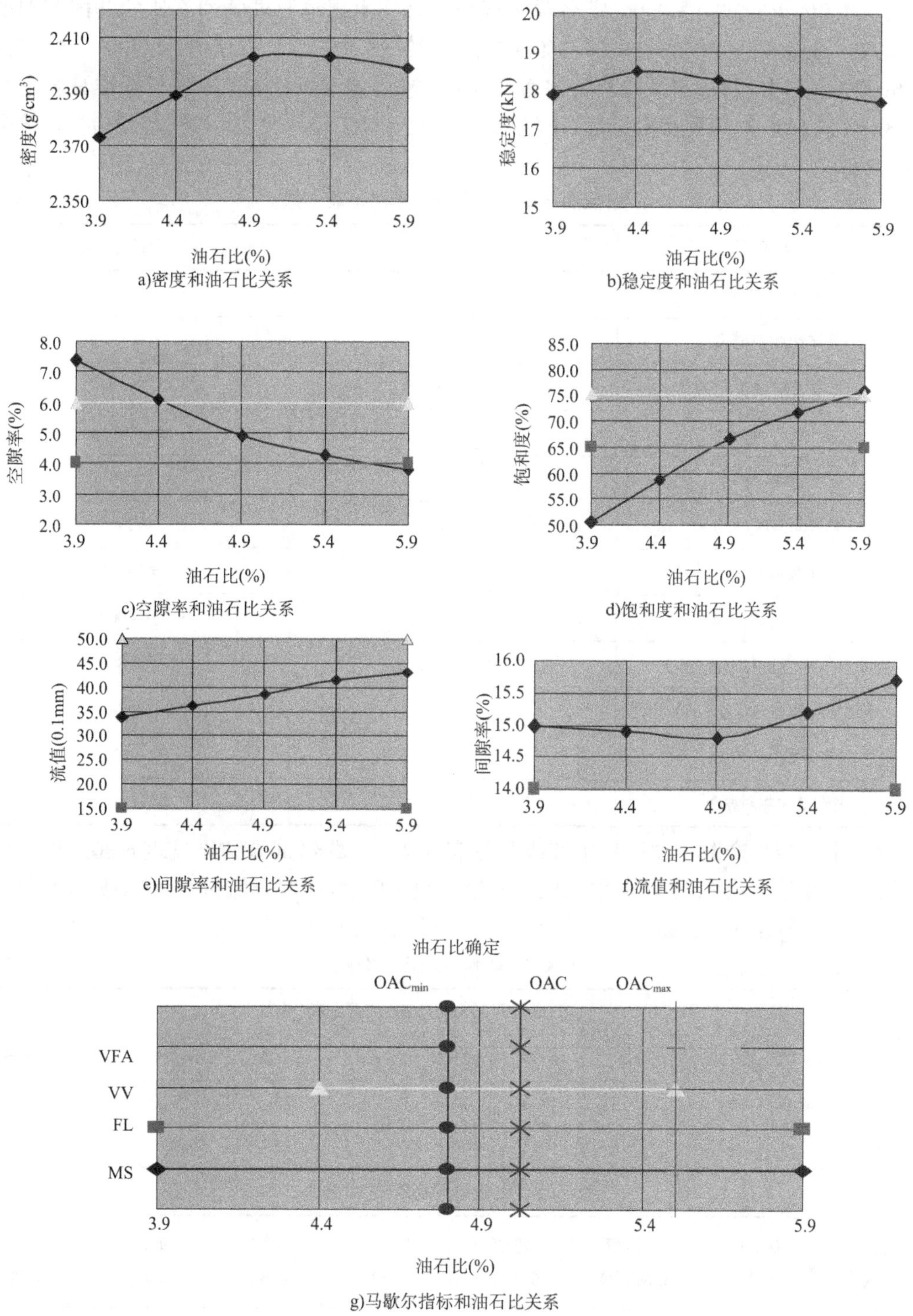

a)密度和油石比关系

b)稳定度和油石比关系

c)空隙率和油石比关系

d)饱和度和油石比关系

e)间隙率和油石比关系

f)流值和油石比关系

油石比确定

g)马歇尔指标和油石比关系

图 6-3　AC-13 改性沥青混合料最佳油石比确定

最大毛体积相对密度对应油石比为 5.1%，最大稳定度对应油石比为 4.4%，目标空隙率对应油石比为 4.9%，饱和度中值(70%)对应油石比为 5.2%，从而 OAC1 = (5.1% +

4.4% +4.9% +5.2%) =4.90%,各项指标均符合技术规范要求的油石比的共同范围值取为4.8% ~5.5%,从而OAC2 =(4.8% +5.5%)/2 =5.15%,取OAC =(4.90% +5.15%)/2 =5.02%,根据经验选定最佳油石比为5.0%。按最佳油石比5.0%进行标准马歇尔和浸水48h马歇尔试验、冻融劈裂试验、车辙试验及渗水试验,结果见表6-28,各项指标均符合规定技术要求。

最佳油石比条件下的马歇尔试验结果 表6-28

试验项目	试验结果	项目要求
油石比(%)	5.0	
毛体积相对密度	2.404	
稳定度(kN)	18.26	≥10
流值(0.1mm)	38.9	15 ~40(50)
空隙率(%)	4.8	4 ~6
矿料间隙率(%)	14.8	≥13.5
沥青饱和度(%)	67.9	65 ~75
动稳定度(次/mm)	7245	≥4000
浸水马歇尔残留稳定度(%)	92.8	≥85
冻融劈裂残留强度比(%)	89.5	≥80
渗水系数(mL/min)	4.3	≤120
理论最大相对密度	2.524	

(3)上面层生产配比设计。生产级配见表6-29,马歇尔试验结果见表6-30。根据最佳油石比5.0%进行浸水48h马歇尔试验、冻融劈裂试验、混合料车辙试验,结果见表6-31。试验结果显示,最佳油石比条件下的各项路用性能均满足项目规定要求。

AC-13矿料生产合成级配 表6-29

级配	通过下列筛孔(mm)的百分率(%)									
	16.0	13.2	9.5	4.75	2.36	1.18	0.6	0.3	0.15	0.075
生产配比	100.0	94.0	69.3	40.3	32.1	20.2	13.9	9.8	7.1	6.1
目标配比	100.0	93.4	71.5	40.8	30.3	20.5	13.9	9.6	7.0	6.2

生产配合比设计马歇尔试验结果 表6-30

油石比(%)	稳定度(kN)	毛体积相对密度	流值(0.1mm)	空隙率(%)	饱和度(%)	间隙率(%)	理论最大相对密度
4.7	17.5	2.390	32.6	5.5	62.6	14.8	2.530
5.0	17.8	2.398	36.7	4.8	67.3	14.8	2.520
5.3	17.5	2.401	39.2	4.3	70.9	14.9	2.510

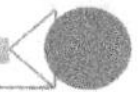

最佳油石比条件下的路用性能试验结果　　表6-31

试验项目	试验结果	规范要求
油石比(%)	5.0	
毛体积相对密度	2.398	
稳定度(kN)	18.01	≥10
流值(0.1mm)	38.5	15～40
空隙率(%)	4.8	4～6
矿料间隙率(%)	14.8	≥14.8
沥青饱和度(%)	67.3	65～75
动稳定度(次/mm)	7209	≥4000
浸水马歇尔残留稳定度(%)	93.3	≥85
冻融劈裂残留强度比(%)	91.2	≥80
理论最大相对密度	2.520	

(4)铺筑验证。2007年10月12日,阴天,东北风3～4级,气温20～24℃;施工设备同中、下面层,拌和时干拌时间设为5s,湿拌时间设为40s(较中面层AC-20沥青混合料的湿拌时间增加5s),拌和周期为58～59s,每盘拌和量4000kg;施工过程温度检测结果见表6-32。上面层(AC-13)室内试验和现场路用性能检测结果见表6-33～表6-37。

施工各环节温度检测　　表6-32

控制环节	规定温度范围(℃)	实测温度范围(℃)	实测平均温度(℃)
出料温度	175～185	177～183	179.9
到场温度	>170	175～180	177.1
摊铺温度	>165	165～170	167
碾压初始温度	>160	157～166	161.5
轮胎压路机复压温度	—	127～151	140.2
碾压终了温度	>100	103～108	105.4

热拌沥青混合料马歇尔试件结果　　表6-33

试验项目	试验结果	项目要求
沥青油石比(%)	4.92	设计值-0.1%～0.2%
毛体积相对密度	2.397	
理论最大相对密度	2.523	实测:2.508
马歇尔稳定度(kN)	15.7	≥8
流值(0.1mm)	38.3	15～40(50)
空隙率(%)	5.0	4～6
沥青饱和度(%)	66.2	65～75
矿料间隙率(%)	14.8	≥15.0
浸水残留稳定度(%)	91.8	≥85
冻融劈裂强度比(%)	86.9	≥80
动稳定度(次/mm)	6901	≥4000

沥青路面压实度检测结果(取芯法) 表6-34

取芯桩号	距中线距离(m)	取芯试件毛体积相对密度	标准试件相对密度	理论最大相对密度	压实度 *K*1(%)	压实度 *K*2(%)	空隙率(%)
K107 +600	2.0	2.396	2.397	2.523	94.9	99.9	5.1
K107 +720	8.0	2.429	2.397	2.523	96.3	101.3	3.7
K107 +840	8.0	2.378	2.397	2.523	94.2	99.2	5.8
K108 +020	4.0	2.453	2.397	2.523	97.2	102.3	2.8
K107 +660	5.0	2.392	2.397	2.523	94.8	99.8	5.2
K107 +780	10.0	2.421	2.397	2.523	95.9	101.0	4.1
K107 +900	4.0	2.428	2.397	2.523	96.2	101.3	3.8
K107 +960	2.0	2.373	2.397	2.523	94.1	99.0	5.9

沥青路面渗水试验结果 表6-35

试验桩号	距中线距离(m)	第一次读数的水量(mL)	第二次读数的水量(mL)	渗水系数(mL/min)	平均值(mL/min)
K107 +610	2	100	158	19.3	24.1
		100	155	18.3	
		100	204	34.7	
K107 +660	5.0	100	286	62.0	63.5
		100	312	70.7	
		100	256	57.8	
K107 +720	9	100	225	41.7	45.0
		100	272	57.3	
		100	208	36.0	
K107 +820	5	100	175	25.0	24.6
		100	148	16.0	
		100	198	32.7	
K107 +880	10	100	126	8.7	12.9
		100	152	17.3	
		100	138	12.7	
K108 +100	3	100	252	50.7	51.3
		100	236	45.3	
		100	274	58.0	

注:第一次读数时间为0s;第二次读数时间为180s。

沥青路面摩擦系数检测结果(摆式仪法) 表6-36

取样桩号	距中线距离(m)	平均值(BPN)	路面温度(℃)	温度修正值	FB20(BPN)	FB20平均值(BPN)
K107+600	10.0	57	23	1	58	56
		56	23	1	57	
		53	23	1	54	
K107+660	3.0	59	23	1	60	58
		54	23	1	55	
		57	23	1	58	
K107+720	4.0	68	23	1	69	63
		61	23	1	62	
		58	23	1	59	
K107+780	8.0	61	23	1	62	61
		56	23	1	57	
		63	23	1	64	
K107+840	2.0	63	23	1	64	67
		66	23	1	67	
		69	23	1	70	
K107+960	8.0	64	23	1	65	62
		62	23	1	63	
		57	23	1	58	
K108+015	2.0	63	23	1	64	63
		60	23	1	61	
		62	23	1	63	

沥青路面构造深度检测结果(铺砂仪法) 表6-37

取样桩号	距中线距离(m)	路面构造深度(mm)	路面构造深度平均值(mm)	与未离析路面构造深度比值
K107+600	9.0	0.75	0.77	1.01
		0.80		
		0.75		
K107+650	5.0	0.80	0.83	1.10
		0.80		
		0.90		
K107+700	2.0	0.85	0.87	1.14
		0.85		
		0.90		

续上表

取样桩号	距中线距离(m)	路面构造深度(mm)	路面构造深度平均值(mm)	与未离析路面构造深度比值
K107 +760	9.0	0.60	0.65	0.86
		0.70		
		0.65		
K107 +810	5.0	0.90	0.92	1.21
		0.95		
		0.90		
K107 +860	2.0	0.65	0.68	0.90
		0.70		
		0.70		
K107 +920	9.0	0.65	0.62	0.81
		0.60		
		0.60		
K107 +980	5.0	0.75	0.78	1.03
		0.80		
		0.80		

从试验段铺筑结果可知：

(1)样本数为 8 的理论最大密度压实度均值 $K1$ = 95.5%，路面残余空隙率均值为 4.5%，标准偏差 S = 1.111，变异性系数为 24.5%；样本数为 8 的马歇尔试件密度压实度均值 $K2$ = 100.5% > $K0$ = 98%。可见，尽管马歇尔设计空隙率较大，但通过增大压实功和提高摊铺、碾压温度可有效降低成型路面空隙率。图 6-4 和图 6-5 为现场取芯芯样切割效果。

(2)检测样本数 8 处共 24 个测位点的构造深度均值 TD = 0.76mm，标准差 S = 0.107，变异系数 CV = 14.0%；样本数为 6 处共 18 个测位点的渗水系数均值为 36.9mL/min，标准差为19.36%，变异性系数为 52.5%；样本数为 6 处共 19 测点的摩擦系数均值 FB20 = 61BPN，标准差 S = 3.595，变异系数 CV = 5.85%。可见，上面层表面具有防渗、抗滑的特征。

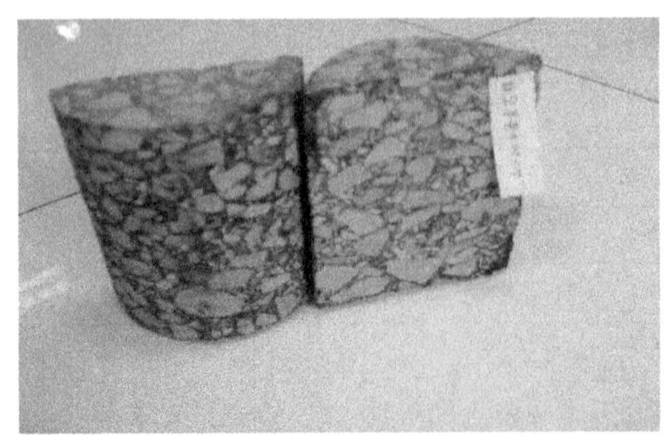
图 6-4　中面层(AC-20)取芯切割芯样效果

图 6-5　上面层(AC-13)芯样切割效果

6.2 室内外力学性能相关性分析

近年来,高速公路沥青路面出现的高温车辙和纵向裂缝现象不容忽视,说明沥青路面的抗剪切变形和抗剪强度以及抗拉能力还有待进一步提高[89,90],实际施工成型路面与室内试件存在很多可变因素和较大差距,如摊铺离析、油石变变异、施工结构层厚度保证、层间结合和压实度。这些可变因素的积累会导致实际施工质量与室内设计存在一定的偏差,而路面取芯芯样劈裂强度可以反映实际施工的材料组成、工艺组合、层间实际结合等更多的信息,芯样力学强度更是评价施工质量控制技术的措施之一。本章通过劈裂试验和动稳定度试验对比分析,探讨评价抗车辙性能的其他技术指标的可能性。

6.2.1 研究方案设计

为探讨成型沥青路面与热拌沥青混合料室内外力学性能的相关系,检验室内试验获取力学性能在成型路面各结构层的实现程度,以指导材料组成设计和提高路面施工质量。设计方案如下:采用 AC-25 下面层、AC-20 中面层和 AC-13 上面层标准施工级配,见表6-38,上面层、中面层、下面层按照批复的油石比分别为4.8%、4.2%、3.7%分为不同工况:工况1为室内按标准级配和批复油石比成型马歇尔试验(静态试验),工况2为以热拌沥青混合料成型马歇尔试件和成型车辙板,以及动稳定度试验(动态试验),工况3为在对应施工结束后对应现场钻取各结构层芯样评价路面强度。

AC 型标准级配组成设计　　表6-38

级配类型	通过下列筛孔(mm)的百分率(%)												
	31.5	26.5	19.0	16.0	13.2	9.5	4.75	2.36	1.18	0.6	0.3	0.15	0.075
AC-25	100	99.8	85	76.8	66.6	52.6	31.7	23.1	17.1	11.3	7.9	5.7	5
AC-20	100	100	96.5	84.9	67.0	50.7	31.4	24.0	18.1	11.5	7.8	5.8	5.1
AC-13	100	100	100	100	94.5	68.9	41.4	30.3	22.3	14.4	9.5	7.2	6.3

6.2.2 试验结果分析

马歇尔制件温度均为(163 ±2.5)℃,试验结果见表6-39和图6-6~图6-9、图6-10~图6-15。

沥青混合料力学性能对比试验结果　　表6-39

结构类型	温度(℃)	室内静态成型试件	施工动态成型试件	现场钻芯试件				动稳定度(次/mm)
				钻芯厚度		切割芯样厚度		
		劈裂强度(MPa)						
上面层(AC-13)	60	2.20	2.235	4cm	1.4	4cm	1.4	6265.2
	45	2.95	2.9725		1.625		1.625	
	15	7.31	6.42		4.3175		4.3175	

续上表

结构类型	温度(℃)	室内静态成型试件	施工动态成型试件	现场钻芯试件				动稳定度(次/mm)
				钻芯厚度		切割芯样厚度		
		劈裂强度(MPa)						
中面层(AC-20)	60	2.61	2.6675	6cm	2.67	4cm	2.4125	5978.2
	45	3.15	3.97		3.3		2.785	
	15	9.66	8.1975		9.245		6.5725	
下面层(AC-25)	60	1.11	1.2875	8cm	2.445	4cm	1.135	2436.4
	45	1.57	2.8725		2.595		1.365	
	15	5.99	6.365		9.3175		5.3925	

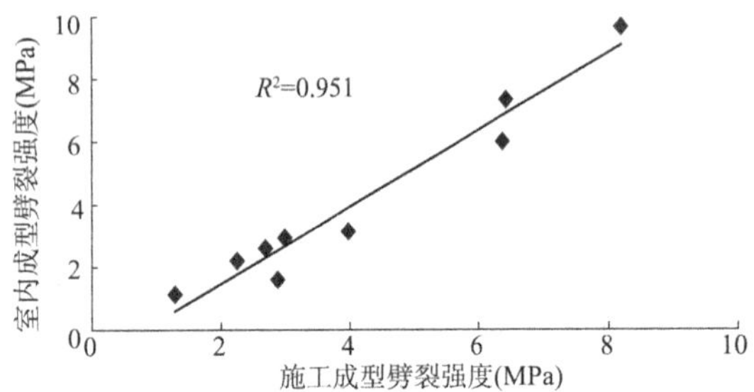

图 6-6　热拌沥青混合料和室内配比劈裂强度关系

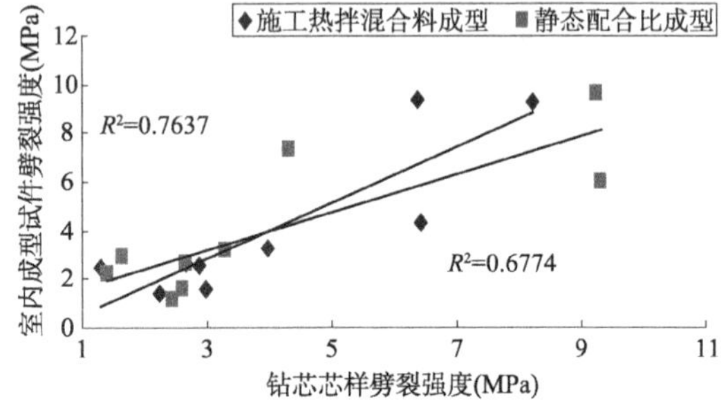

图 6-7　路面成型和室内配比劈裂强度关系

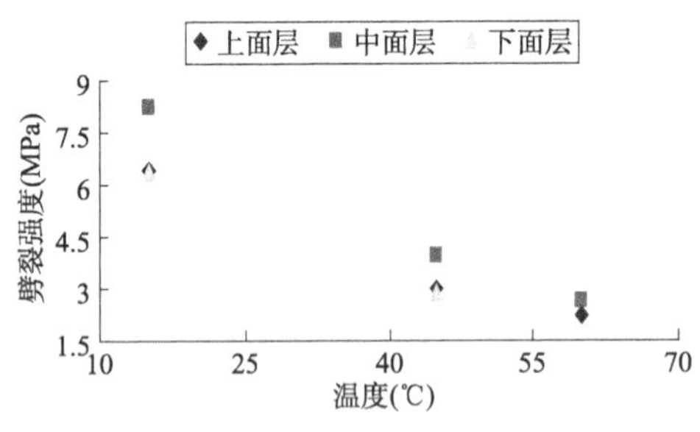

图 6-8　不同温度与热拌混合料劈裂强度关系

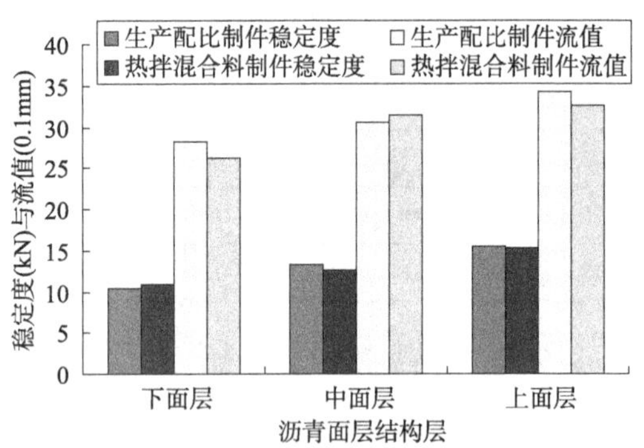

图 6-9　静态和动态马歇尔稳定度与流值对比

从上述试验结果可知：

(1)静态试验和动态试验得到的劈裂强度之间具有良好的线性相关关系，相关系数为0.9752。表明拌和楼生产的热拌沥青混合料与设计沥青混合料配比在15～60℃范围内时，劈裂强度具有一致性，基本实现了静态试验力学性能。

(2)不同结构层厚度的钻芯芯样劈裂强度与动态、静态成型马歇尔试件的劈裂强度在不同温度范围内具有线性关系，两者之间的线性相关系数分别为0.8739、0.8230。表明不同成型结构层(不同级配、不同结构层厚度)在15～60℃范围内的劈裂强度与动态试验劈裂强度相关性优于静态试验劈裂强度。

(3)中面层 AC-20 改性沥青石灰岩混合料劈裂强度最高，上面层 AC-13 改性沥青玄武岩混合料劈裂强度次之，下面层 AC-25 基质沥青混合料劈裂强度最小。各结构层劈裂强度均随温度升高而快速衰减，当温度从 15℃增加到 60℃时，劈裂强度衰减达到 3 ~ 4 倍。表明温度变化对劈裂强度影响非常显著。

(4)上、中、下沥青面层的动态和静态马歇尔稳定度和流值较为吻合，中、上改性沥青混合料稳定度较下面层稳定度大。

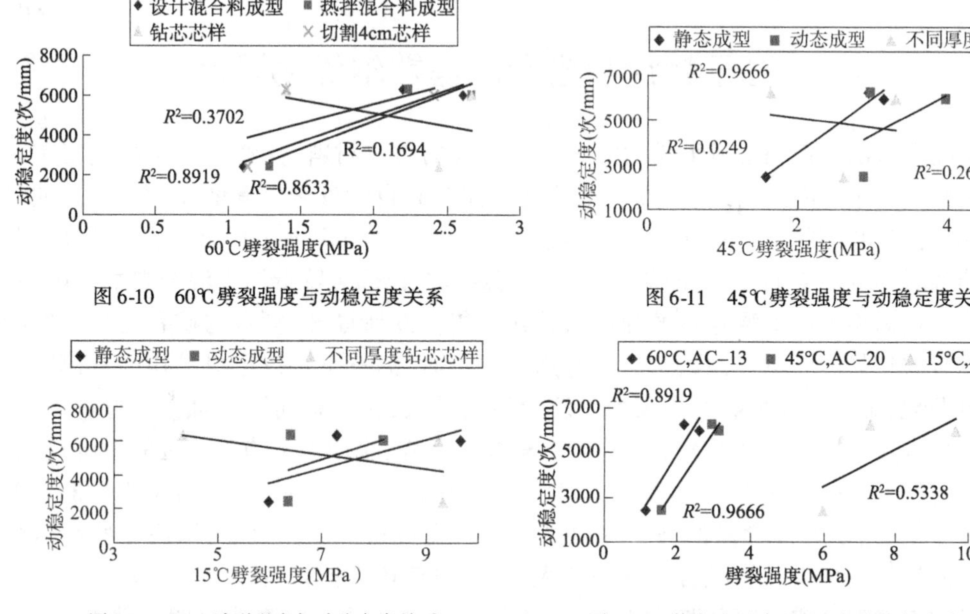

图 6-10　60℃劈裂强度与动稳定度关系

图 6-11　45℃劈裂强度与动稳定度关系

图 6-12　15℃劈裂强度与动稳定度关系

图 6-13　静态成型劈裂强度与动稳定度关系

图 6-14　动态成型劈裂强度与动稳定度关系

图 6-15　不同厚度钻芯芯样劈裂强度与动稳定度关系

图 6-10 ~ 图 6-15 试验结果表明：

(1)不同级配类型在不同工况下的劈裂强度与 60℃动稳定度存在一定的关联性，动态和静态试验劈裂强度增大，60℃动稳定度亦随之增大，静态成型劈裂强度与 60℃动稳定度之间的线性相关性(相关系数绝对值为 0.9832)要好于动态成型劈裂强度与 60℃动稳定度的相关性(相关系数绝对值为 0.9444)，说明施工过程中客观存在变异性；不同厚度的钻芯芯样劈裂强度与 60℃动稳定度相关性最差。

(2)60℃动稳定度与 60℃劈裂强度的线性相关性优于 45℃和 15℃劈裂强度，且随温度的下降，动稳定度与劈裂抗拉强度之间的相关性逐渐变差。

综上所述,通过对 AC 型沥青混合料马歇尔优化设计,凸显了目标空隙率的合理取值必须与理论最大相对密度压实度(路面空隙率)相结合,在保证混合料施工温度的同时,增大现场施工压实功能是实现高性能沥青混合料的关键所在;各结构层的力学强度基本反映了优化配比设计的实现程度,表明改进马歇尔设计和施工变异性控制可获得较高抗拉强度和抗车辙性能;钻芯芯样作为成型路面结构的一部分,芯样劈裂强度可以真实反映路面的力学性能,结合动稳定度评价综合分析,由于级配类型和芯样数量有限,得到初步结论为采用 60℃劈裂强度评价沥青混合料的高温性能是合适和有效的。

6.3 基于针片状含量的马歇尔优化设计

沥青混合料由沥青和集料组成的复杂多项构成的散体材料,并通过一定的施工工艺转变成沥青混凝土空间网络结构,具有抵抗行车荷载和自然气候因素的使用功能。如果加工集料的针片状颗粒含量过高,针片状集料在一定外力作用下不仅容易击(压)碎,而且相互接触时形成的空洞较多,即便增加沥青用量也难以弥补降低沥青混合料的空隙率,重要的是严重影响了沥青混合料的强度与使用性能。众所周知,沥青与矿料之比是影响沥青混合料剪切强度的重要因素。当沥青用量过小时,沥青不足以形成结构沥青薄膜来黏结矿料颗粒,难以形成足够的黏聚力。沥青用量过大,在矿料间形成自由沥青量增多,黏聚力随沥青用量增加而降低和混合料的内摩擦角下降,也增加了施工单位的经济负担。国内相关研究者进行了报道,这些研究基本上从针片状含量对沥青混合料路用性能影响角度展开[91-93],对多针片含量的马歇尔改进设计研究报道很少。目前,国内一些高速公路沥青路面施工用集料针片状含量普遍偏大,对道路使用性能极为不利。有些高速公路在建项目和安徽省合安高速公路、连霍高速公路的上、中面层的沥青含量明显偏大[35],通车不久发生显著车辙现象,首要原因是上面层和中面层的沥青含量偏高,表现在芯样厚度上的车辙辙谷内厚度明显低于设计厚度,且与车辙辙峰内厚度增加量相等,说明中、上面层变形起源于高温状态下沥青胶浆的侧向移动。作者在第 2 章研究成果的基础上,结合多年从事高速公路建设经验和文献[8][44]中关于针片状含量指标的技术要求,选取 4 个不同采石场加工的粗集料,将起抗车辙作用的中面层(AC-20)改性沥青混合料作为研究对象,探讨如何在针片状含量较大且较低沥青用量条件下,通过调整集料级配达到低油量、低空隙率的马歇尔优化设计,以提供沥青路面施工技术保证措施和改善集料加工控制技术标准。

6.3.1 马歇尔设计

鉴于中面层(AC-20)在沥青路面结构设计和抗车辙性能的重要性,本章以 AC-20 级配为研究对象,分别对采石场 1 和采石场 2 加工的粗集料(9.5 ~ 19mm、4.75 ~ 9.5mm)针片状含量按文献[8]进行颗粒平面方向的最大长度和侧面厚度的最大尺寸之比为 1∶3 和 1∶2 的针片状试验。采石场 1 结果见表 6-40 和表 6-41,采石场 2 结果见表 6-42和表 6-43,矿料级配为 AC-20C 型,见表 6-44,马歇尔设计结果见表 6-45、表 6-46和图 6-16。

1号粗集料(9.5～19mm)针片状试验结果(采石场1) 表6-40

试验次数	游标卡尺法			
	试样总质量(g)	针片状颗粒总质量(g)	针片状颗粒含量均值(%)	附注
1	2300.1	330.9	14.4	1:3
2	2300.1	781.5	34.0	1:2

2号粗集料(4.75～9.5mm)针片状试验结果(采石场1) 表6-41

试验次数	游标卡尺法			
	试样总质量(g)	针片状颗粒总质量(g)	针片状颗粒含量均值(%)	附注
1	501.7	90.9	18.1	1:3
2	501.7	247.9	49.4	1:2

1号粗集料(9.5～19mm)针片状试验结果(采石场2) 表6-42

试验次数	游标卡尺法			
	试样总质量(g)	针片状颗粒总质量(g)	针片状颗粒含量均值(%)	附注
1	2000	137.0	6.9	1:3
2	2000	982.0	49.1	1:2

2号粗集料(4.75～9.5mm)针片状试验结果(采石场2) 表6-43

试验次数	游标卡尺法			
	试样总质量(g)	针片状颗粒总质量(g)	针片状颗粒含量均值(%)	附注
1	500	85.0	17.0	1:3
2	500	291.0	58.2	1:2

AC-20矿料级配组成 表6-44

级配名称	通过下列筛孔(mm)的质量百分率(%)											
	26.5	19	16	13.2	9.5	4.75	2.36	1.18	0.6	0.3	0.15	0.075
采石场1	100	95.1	88.0	76.6	61.4	32.3	23.0	17.8	12.4	8.2	6.5	5.4
采石场2	100.0	93.9	84.1	73.8	61.7	32.0	22.8	16.3	11.0	7.9	6.6	5.3

确定最佳油石比的马歇尔试验结果(采石场1) 表6-45

油石比(%)	稳定度(kN)	毛体积相对密度	流值(0.1mm)	空隙率(%)	间隙率(%)	理论最大相对密度	饱和度(%)
3.3	13.16	2.374	28.0	7.0	14.9	2.576	47.4
3.8	13.4	2.369	30.0	5.6	15.5	2.558	52.3
4.3	13.90	2.388	34.0	4.7	15.3	2.537	61.7
4.8	14.25	2.418	38.0	4.0	14.6	2.522	71.8
5.3	14	2.415	45.0	3.5	15.1	2.505	76.1

确定最佳油石比的马歇尔试验结果(采石场2) 表6-46

油石比(%)	稳定度(kN)	毛体积相对密度	流值(0.1mm)	空隙率(%)	间隙率(%)	理论最大相对密度	饱和度(%)
3.3	12.79	2.425	16	8.2	15.3	2.641	46.8
3.8	13.1	2.442	29	6.8	15.2	2.621	55
4.3	13.25	2.448	35	5.9	15.4	2.601	61.7
4.8	13.95	2.456	41	4.9	15.5	2.582	68.5
5.3	12.57	2.455	48	4.2	15.9	2.564	73.4

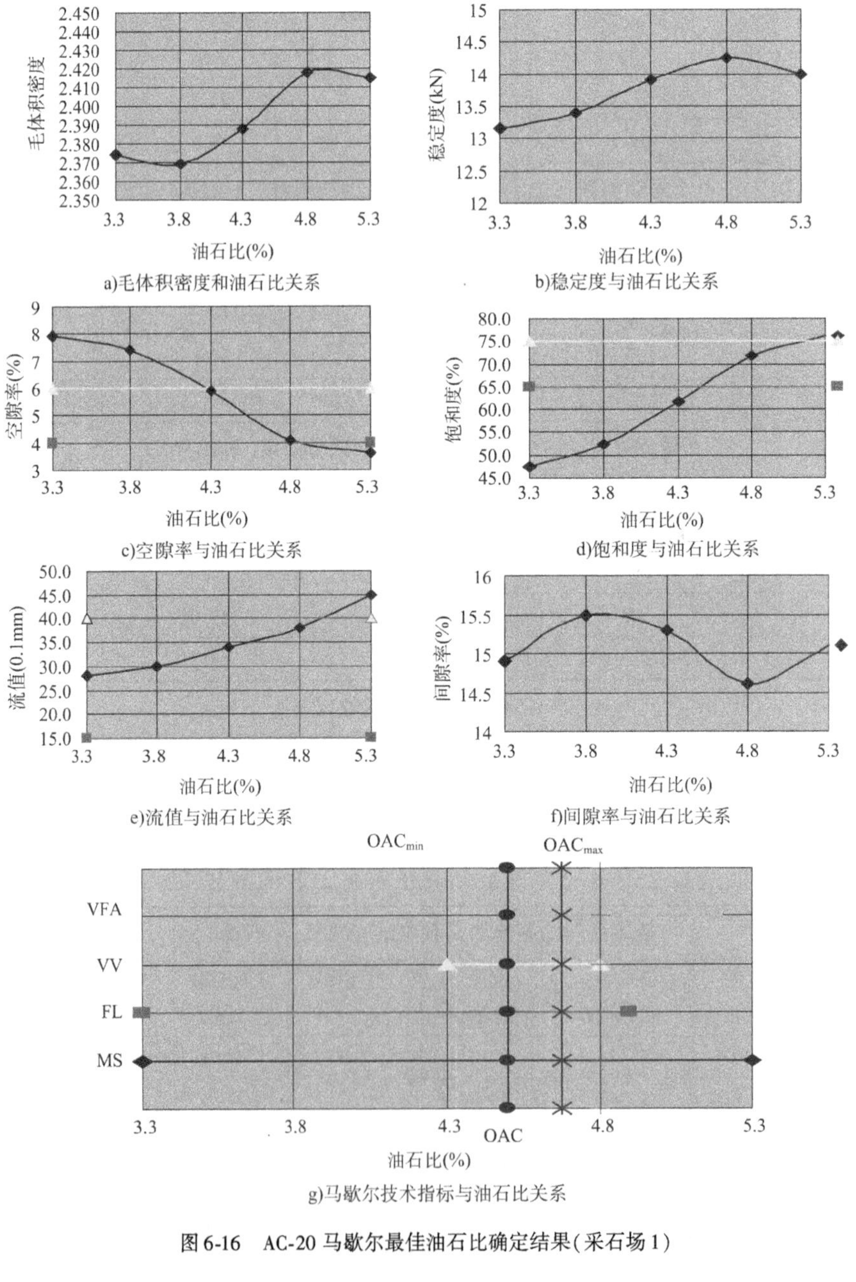

a)毛体积密度和油石比关系

b)稳定度与油石比关系

c)空隙率与油石比关系

d)饱和度与油石比关系

e)流值与油石比关系

f)间隙率与油石比关系

g)马歇尔技术指标与油石比关系

图6-16 AC-20马歇尔最佳油石比确定结果(采石场1)

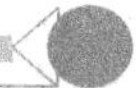

由图6-16试验结果可知，采石场1的最大毛体积相对密度、最大稳定度、目标空隙率(4.5%)、饱和度中值(70%)的油石比分别为4.8%、4.8%、4.6%、4.7%。其中OAC1 =(4.8% +4.8% +4.6% +4.7%) =4.8%，用作图法求得各项指标均符合现行规范要求的油石比共同范围值取为4.6% ~4.8%，从而OAC2 = (4.6% +4.8%)/2 =4.7%，取OAC =(4.8% +4.7%)/2 =4.8%，最佳油石比确定为4.8%。同理，采石场2的最佳油石比为5.0%。说明满足文献[8]规定的高速公路沥青路面除表面层以外的其他层次(中面层)中，小于9.5mm针片状含量不大于20%在现行规范级配范围内选定级配的马歇尔设计油石比明显偏大。

6.3.2 马歇尔优化设计与力学性能分析

由本文第2章AC-20沥青混合料影响因素研究可知，9.5mm筛孔通过率对AC-20沥青混合料空隙率贡献率较大，而4.75mm通过率对空隙率贡献较小。据此将10 ~20mm、5 ~10mm、3 ~5mm和0 ~3mm四档集料按照各方孔筛进行单独筛分，重点分析单因素0.075mm、2.36mm、9.5mm筛孔通过率变化对马歇尔指标的影响，采石场1级配见表6-47，油石比为4.3%，马歇尔试验结果见表6-48和图6-17 ~图6-19。

AC-20矿料关键性筛孔通过率级配组成 表6-47

关键筛孔通过率(%)	通过下列筛孔(mm)的质量百分率(%)											
	26.5	19	16	13.2	9.5	4.75	2.36	1.18	0.6	0.3	0.15	0.075
0.075 ~4.7	100.0	93.5	82.8	73.8	60.6	33.0	23.6	17.5	12.2	8.3	6.6	4.7
0.075 ~5.3	100.0	93.5	82.8	73.8	60.6	33.0	23.6	17.5	12.2	8.3	6.6	5.3
0.075 ~6.1	100.0	93.5	82.8	73.8	60.6	33.0	23.6	17.5	12.2	8.3	6.6	6.1
2.36 ~19.2	100.0	93.5	82.8	73.8	60.5	32.3	19.2	18.2	12.6	8.6	6.7	5.4
2.36 ~24.3	100.0	93.5	82.8	73.8	60.5	32.3	24.3	18.2	12.6	8.6	6.7	5.4
2.36 ~28.6	100.0	93.5	82.8	73.8	60.5	32.3	28.6	18.2	12.6	8.6	6.7	5.4
9.5 ~48.8	100.0	92.2	79.5	68.7	48.8	29.2	23.2	17.5	12.1	8.3	6.5	5.3
9.5 ~54.3	100.0	92.2	79.5	68.7	54.3	29.2	23.2	17.5	12.1	8.3	6.5	5.3
9.5 ~61.3	100.0	92.2	79.5	68.7	61.3	29.2	23.2	17.5	12.1	8.3	6.5	5.3

马歇尔性能与力学性能指标汇总 表6-48

性能指标	0.075mm筛孔			2.36mm筛孔			9.5mm筛孔		
通过率(%)	4.7	5.3	6.1	19.2	24.3	28.6	48.8	54.3	61.3
毛体积相对密度	2.405	2.412	2.413	2.407	2.412	2.415	2.425	2.417	2.413
沥青饱和度(%)	60.4	61.9	62.1	60.8	62.4	63.2	64.9	63	62.8
空隙率(%)	5.4	5.1	5.1	5.5	5.3	5.1	4.6	5	5
矿料间隙率(%)	13.7	13.4	13.4	14.1	13.9	13.9	13.2	13.4	13.3
60℃劈裂强度(MPa)	0.17	0.18	0.17	0.13	0.14	0.14	0.15	0.13	0.14
15℃劈裂强度(MPa)	1.68	1.89	1.68	1.69	1.83	1.8	1.8	1.71	1.93

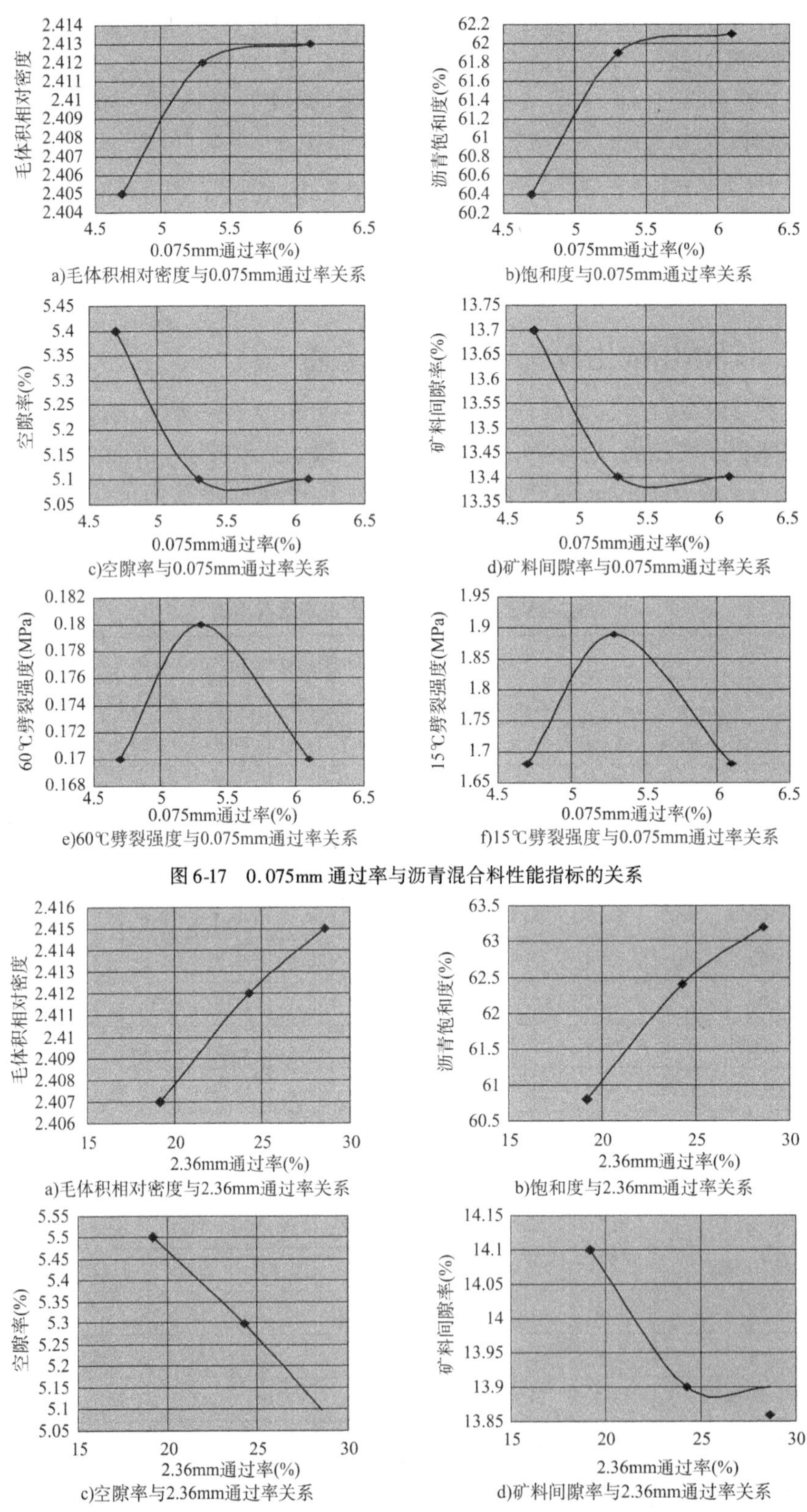

a)毛体积相对密度与0.075mm通过率关系

b)饱和度与0.075mm通过率关系

c)空隙率与0.075mm通过率关系

d)矿料间隙率与0.075mm通过率关系

e)60℃劈裂强度与0.075mm通过率关系

f)15℃劈裂强度与0.075mm通过率关系

图 6-17　0.075mm 通过率与沥青混合料性能指标的关系

a)毛体积相对密度与2.36mm通过率关系

b)饱和度与2.36mm通过率关系

c)空隙率与2.36mm通过率关系

d)矿料间隙率与2.36mm通过率关系

图　6-18

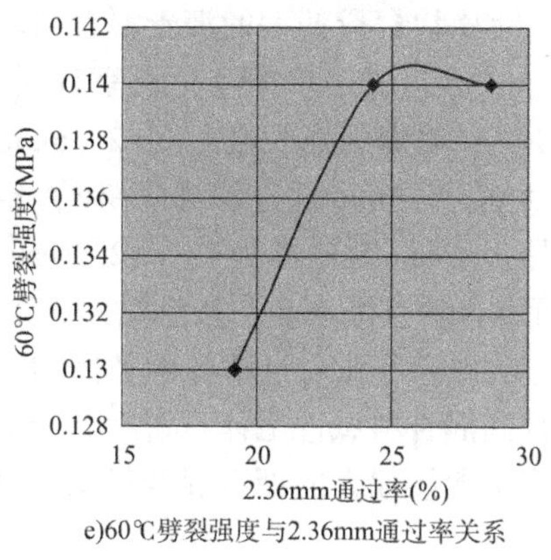

e)60℃劈裂强度与2.36mm通过率关系

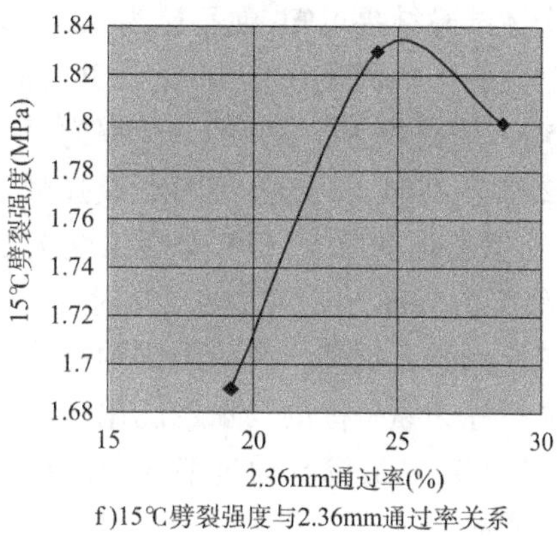

f)15℃劈裂强度与2.36mm通过率关系

图 6-18　2.36mm 通过率与沥青混合料性能指标的关系

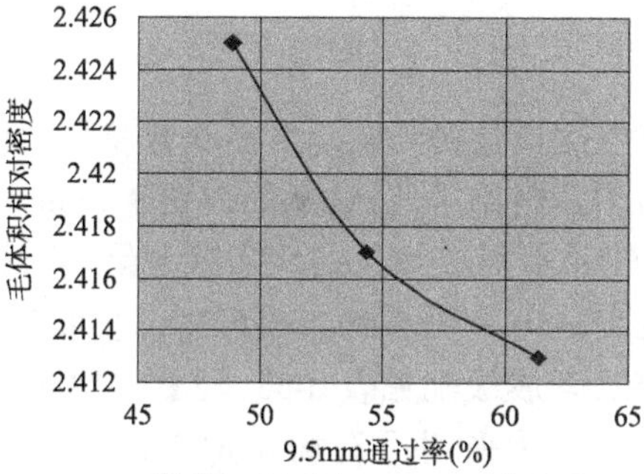

a)毛体积相对密度与9.5mm通过率关系

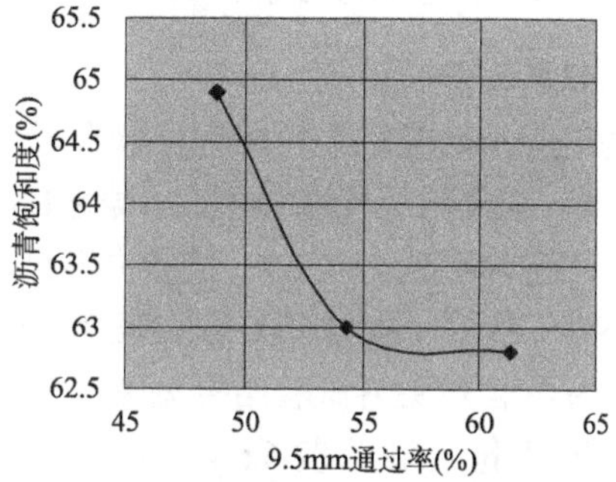

b)饱和度与9.5mm通过率关系

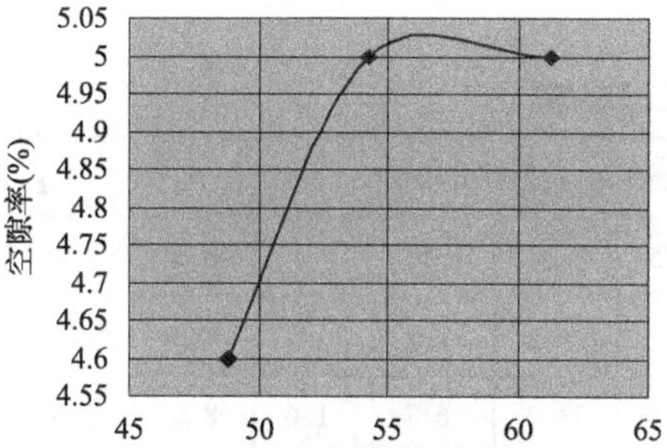

c)空隙率与9.5mm通过率关系

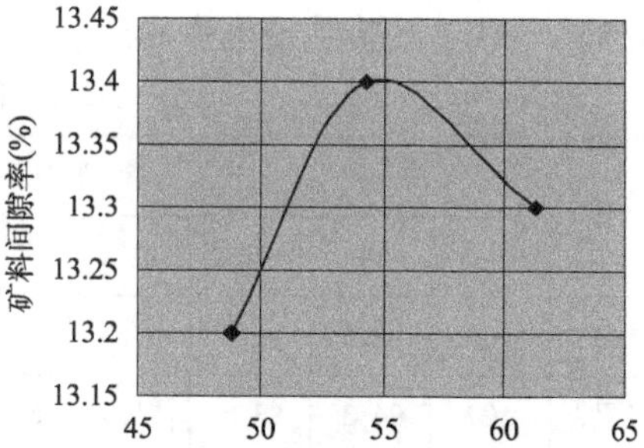

d)矿料间隙率与9.5mm通过率关系

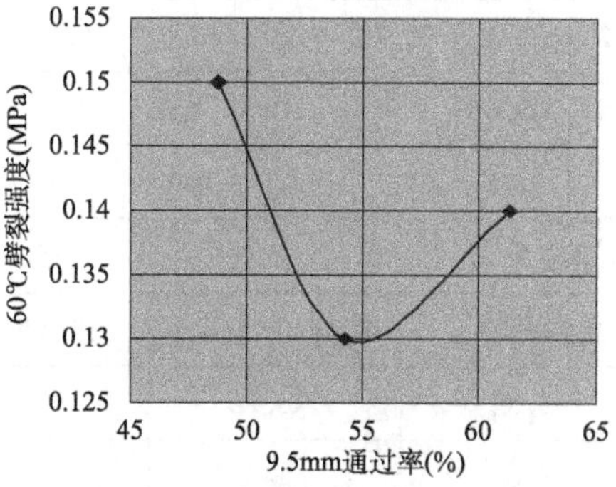

e)60℃劈裂强度与9.5mm通过率关系

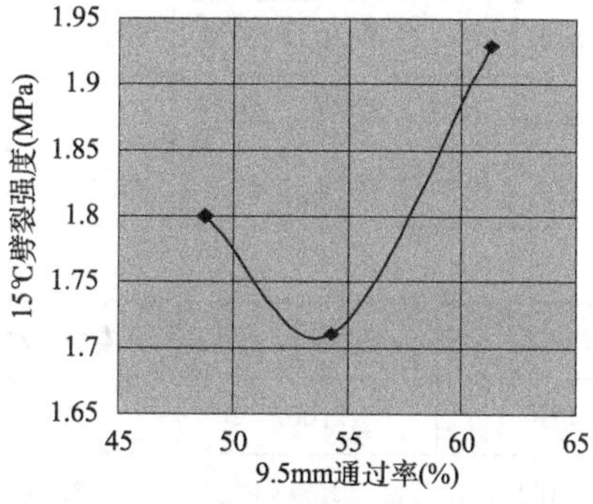

f)15℃劈裂强度与9.5mm通过率关系

图 6-19　9.5mm 通过率与沥青混合料性能指标的关系

由上述试验结果可知，油石比为4.3%条件下，针片状含量偏大的沥青混合料马歇尔性能和力学性能指标均随0.075mm、2.36mm和9.5mm筛孔通过率的变化而呈现明显变化。当0.075mm通过率为5.3%的空隙率为最小，60℃和15℃劈裂强度最大；当2.36mm筛孔通过率为25%左右时，60℃和15℃劈裂强度达到最大；当9.5mm通过率为49%时，空隙率为最小，60℃劈裂强度最大，15℃劈裂强度次之。可见，9.5mm通过率为49%、2.36mm通过率为25%和0.075mm通过率为5.3%时，AC-20沥青混合料空隙率会明显降低，同时混合料的力学性能指标明显提高。表明固定油石比条件下，以关键筛孔通过率为横坐标和以沥青混合料性能指标为纵坐标的马歇尔优化设计可明显提高混合料试件毛体积密度和降低试件空隙率，尤其是9.5mm筛孔通过率的变化对集料针片状含量偏大的沥青混合料试件空隙率的影响非常明显。

6.3.3 马歇尔试验与力学性能分析

1）试验研究设计

为进一步研究粗集料的针片状含量与针片状使用质量对马歇尔性能和劈裂强度技术指标的影响，细集料级配基本不变，改变1号和2号粗集料用量比例，从而改变9.5mm筛孔通过率。固定油石比为4.3%，试验方案设计如下：①采石场2加工的针片状含量集料级配见表6-49，马歇尔性能与60℃劈裂强度试验结果见表6-50和图6-20～图6-23。②采石场3加工的针片状含量集料试验结果见表6-51和表6-52，合成级配见表6-53，马歇尔性能与15℃劈裂强度试验结果见表6-54和图6-24～图6-29。③采用采石场4加工的针片状含量（9.5～19mm针片状含量9.8%，4.75～9.5mm针片状含量为14.4%）偏小的粗集料，级配见表6-55，马歇尔试验结果见表6-56。

AC-20矿料合成级配组成 表6-49

级 配	通过下列筛孔（mm）的质量百分率（%）											
	26.5	19	16	13.2	9.5	4.75	2.36	1.18	0.6	0.3	0.15	0.075
目标级配1	100	93.5	81.5	67.9	49.1	30.2	24.2	17.2	11.9	8.8	7.4	5.8
目标级配2	100	94.3	83.8	71.9	53.8	29.5	23.4	16.7	11.6	8.6	7.3	5.7
目标级配3	100	95.0	85.7	75.2	58.4	32.3	22.1	15.7	10.8	7.9	6.7	5.3
生产级配1	100.0	98.0	90.9	80.5	58.8	32.2	22.4	15.1	10.0	7.6	6.6	5.3
生产级配2	100.0	97.7	89.7	77.8	53.3	29.5	23.6	17.5	11.7	8.4	7.1	5.6
生产级配3	100.0	97.4	88.2	74.7	49.0	30.2	24.5	18.1	12.1	8.6	7.3	5.7

马歇尔性能试验结果 表6-50

级 配	理论密度	毛体积相对密度	空隙率（%）	矿料间隙率（%）	饱和度（%）
目标级配1	2.607	2.515	3.5	13.1	73.2
目标级配2	2.545	2.487	4.6	14	67.3
目标级配3	2.602	2.443	6.1	15.5	60.6

续上表

级　配	理 论 密 度	毛体积相对密度	空隙率(%)	矿料间隙率(%)	饱和度(%)
生产级配1	2.544	2.45	6	15.3	61.1
生产级配2	2.604	2.471	5.1	14.6	65.1
生产级配3	2.604	2.508	3.7	13.4	72.4

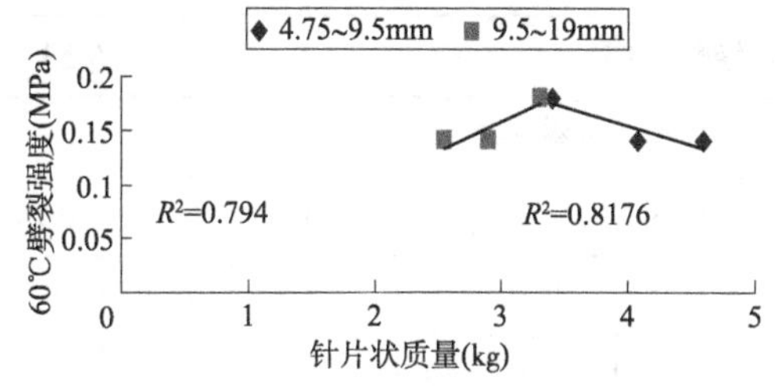

图6-20　针片状质量与60℃劈裂强度关系

y=-0.0039x+0.3625
R^2=0.6866

图6-21　9.5mm筛孔通过率与60℃劈裂强度关系

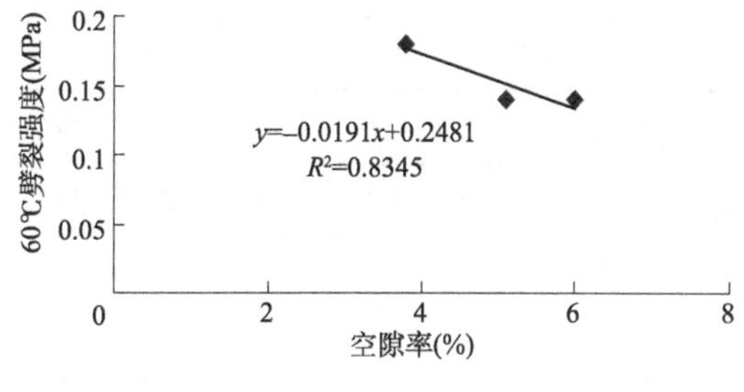

图6-22　空隙率与60℃劈裂强度关系

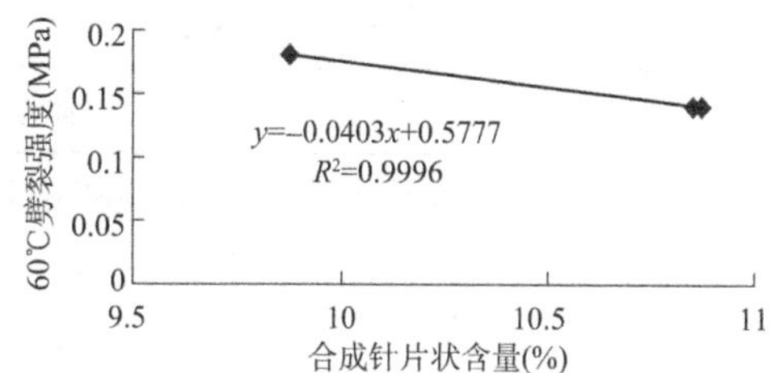

图6-23　合成针片状含量与60℃劈裂强度关系

2)试验结果分析

由上述试验结果可知,马歇尔设计最佳油石比为5.0%,而通过变化级配9.5mm筛孔通过率,在油石比为4.3%条件下的空隙率可以降低到3.5%左右。当9.5mm通过率由49%增至58%时,空隙率由3.5%增至6.1%,增幅为42.6%,60℃劈裂强度衰减22.2%,说明对针片状含量偏大的粗集料,9.5mm筛孔通过率的变化对沥青混合料性能指标影响很大;随着针片状使用质量的逐渐增大,60℃劈裂强度随之降低,表现为增加针片状含量偏小的9.5~19mm粗集料使用质量有助于提高60℃劈裂强度值。相反,增加4.75~9.5mm针片状含量偏大的粗集料使用质量,60℃劈裂强度值有所降低。同时,高温劈裂强度随9.5mm通过率和空隙率的增大而逐渐降低。试验结果表明,降低合成级配9.5mm筛孔通过率,即减少2号料(4.75~9.5mm)针片状含量为17.0%偏大的粗集料使用质量,相应增加1号料(9.5~19mm)针片状含量为6.9%偏小的粗集料使用质量可有效降低沥青混合料的空隙率和提高60℃劈裂强度。

1号粗集料(9.5~19mm)针片状试验结果　　表6-51

试 验 次 数	游标卡尺法			
	试样总质量(g)	针片状颗粒总质量(g)	针片状颗粒均值含量(%)	附注
1	1035	121	11.7	1:3
2	1052	124	11.8	

2号粗集料(4.75~9.5mm)针片状试验结果 表6-52

试验次数	游标卡尺法			
	试样总质量(g)	针片状颗粒总质量(g)	针片状颗粒均值含量(%)	附注
1	817	141	17.3	1:3
2	823	137	16.6	

AC-20矿料合成级配组成 表6-53

级配	通过下列筛孔(mm)的质量百分率(%)											
	26.5	19	16	13.2	9.5	4.75	2.36	1.18	0.6	0.3	0.15	0.075
4	100	99.0	92.0	83.7	71.1	32.8	23.3	17.0	10.7	8.1	6.3	5.4
3	100	98.6	89.2	77.8	62.3	32.8	23.1	17.0	10.7	8.1	6.3	5.3
2	100	98.1	84.6	68.5	48.0	31.5	23.6	17.5	11.0	8.3	6.4	5.4
1	100	98.3	86.9	73.2	55.2	32.5	23.7	17.5	11.0	8.3	6.4	5.4

马歇尔性能试验结果 表6-54

级配	理论密度	毛体积相对密度	空隙率(%)	矿料间隙率(%)	饱和度(%)
1	2.594	2.469	4.9	13.8	65
2	2.594	2.475	4.6	13.6	66.2
3	2.595	2.451	5.6	14.5	61.5
4	2.432	2.595	6.3	15.2	58.6

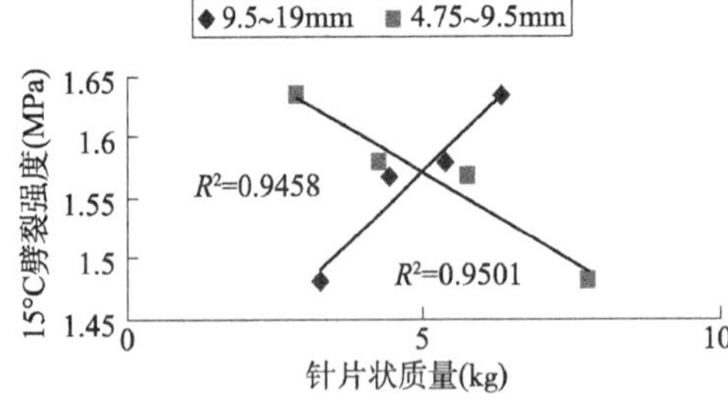

图6-24 针片状质量与15℃劈裂强度关系

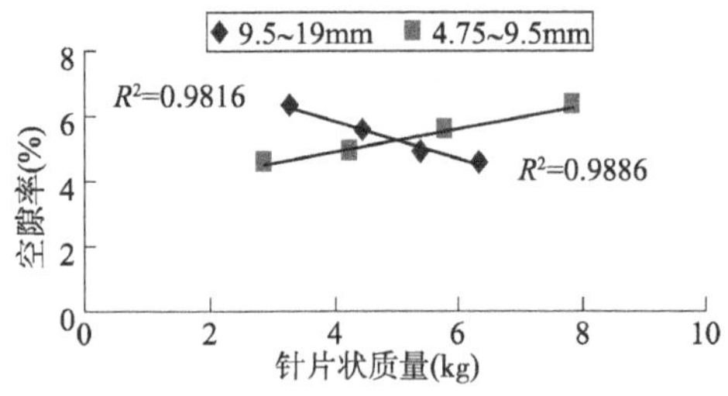

图6-25 针片状质量与空隙率关系

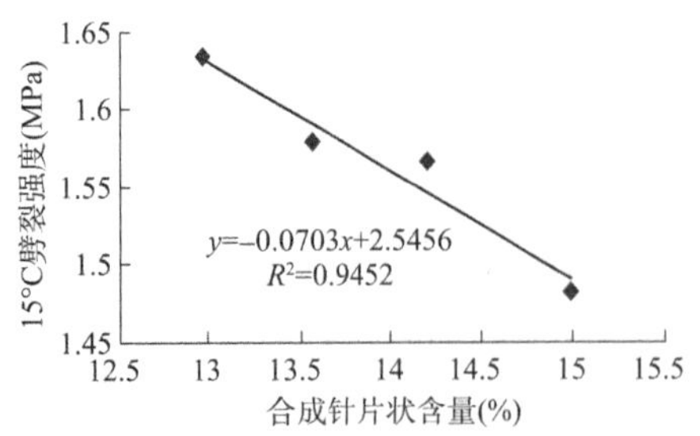

图6-26 合成针片状含量与15℃劈裂强度关系

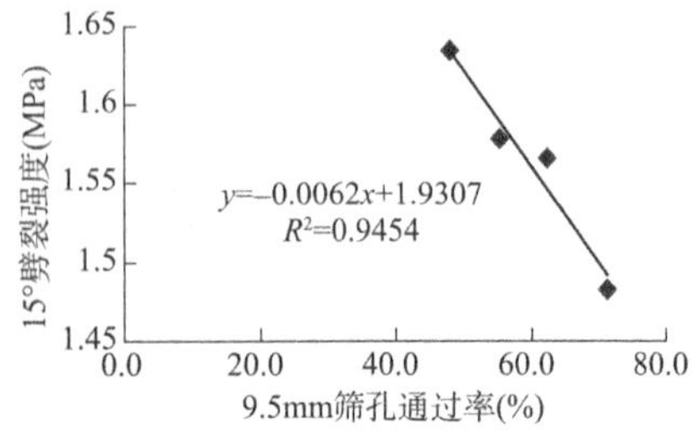

图6-27 9.5mm筛孔通过率与15℃劈裂强度关系

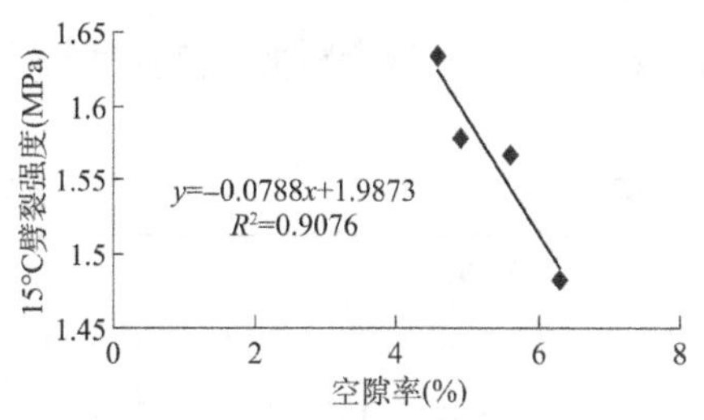

图6-28　空隙率与15℃劈裂强度关系

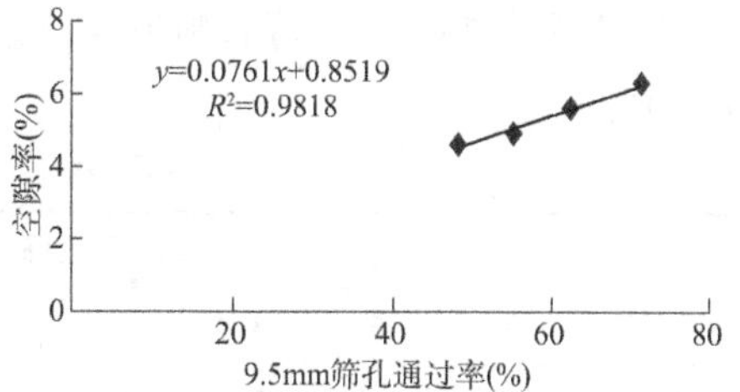

图6-29　9.5mm筛孔通过率与空隙率关系

AC-20 矿料合成级配组成　　表6-55

级配	通过下列筛孔(mm)的质量百分率(%)											
	26.5	19	16	13.2	9.5	4.75	2.36	1.18	0.6	0.3	0.15	0.075
1	100	93.5	79.3	66.3	52.4	31.2	23.1	16.9	10.6	7.2	6.2	5.2
2	100	94.2	81.6	70.1	56.8	31.7	22.8	16.8	10.8	7.6	6.5	5.6

马歇尔性能试验结果　　表6-56

级　配	理论密度	毛体积相对密度	空隙率(%)	矿料间隙率(%)	饱和度(%)
1	2.549	2.425	4.9	13.9	65
2	2.544	2.414	5.1	14.8	65.4

从试验结果可知：

(1)在细集料级配基本保持不变、油石比为4.3%的条件下，AC-20改性沥青混合料矿料级配中9.5mm筛孔通过率由48%增至71%时，空隙率增大27%，15℃劈裂强度衰减近10%，表明9.5mm筛孔通过率的变化对针片状含量偏大的沥青混合料空隙率和低温劈裂强度影响较为明显。

(2)随着针片状含量为17%的4.75～9.5mm粗集料使用质量的逐渐增加，15℃劈裂强度快速衰减，空隙率随之增大。相应地，增加偏小的针片状含量为11.7%的9.5～19mm粗集料质量，有利于降低空隙率，提高15℃劈裂强度值。

(3)表6-55和表6-56试验结果表明，针片状含量偏小的沥青混合料级配随9.5mm以上筛孔通过率的变化，空隙率变化的差异很小，说明限制粗集料针片状含量有利于提高马歇尔性能指标。据此建议，集料加工中应严格控制小于9.5mm的粗集料针片状含量应小于15%，大于9.5mm的粗集料针片状含量应小于10%。

综上所述，在同一油石比条件下的AC-20改性沥青混合料矿料级配中9.5mm筛孔通过率的变化对粗集料的针片状含量偏大和针片状使用质量的多小对马歇尔性能指标和高温、低温劈裂强度的影响非常敏感，表现为粗集料针片状含量偏大和针片状使用质量的增加，空隙率显著增大，力学指标显著降低。建议通过降低9.5mm通过率，限制偏大针片状含量的粗集料实际使用量，可有效低空隙率，提高混合料力学性能指标。同时，大于9.5mm集料的针片状含量宜控制在10%以内，小于9.5mm集料的针片状含量宜控制在15%以内。

6.3.4　施工性能分析

规模施工时间2009年7月12日，阴天，东北风3～4级，气温28～33℃。采用本章优化的施工工艺，分别对表6-40和表6-41中针片状含量偏大的粗集料组成的合成级配(表6-57)，油石比为4.3%进行了热拌沥青混合料铺筑，成型AC-20改性沥青混合料面层空隙率检测结果如图6-30所示。

AC-20 矿料合成级配组成　　表6-57

级配	通过下列筛孔(mm)的质量百分率(%)											
	26.5	19	16	13.2	9.5	4.75	2.36	1.18	0.6	0.3	0.15	0.075
1	99.5	91.6	85.2	75.6	56.7	32.5	20.6	15.0	10.7	7.8	6.6	5.5
2	99.5	90.6	83.4	72.7	52.1	32.6	22.6	16.4	11.5	8.2	6.8	5.7

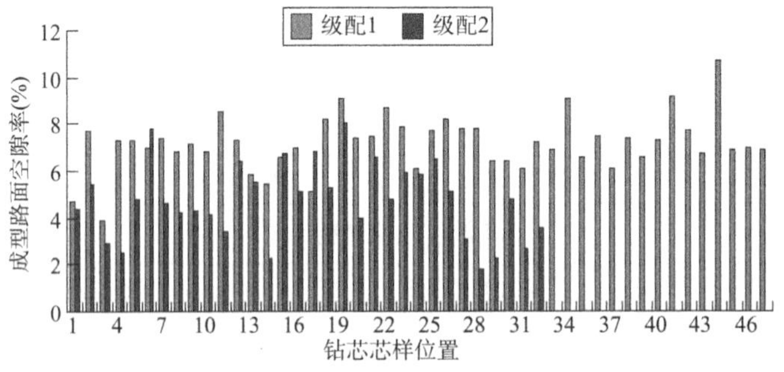

图6-30　成型AC-20改性沥青混合料面层空隙率检测结果

由上述实体工程铺筑检测结果可知，级配1组成的AC-20改性沥青混合料现场成型路面空隙率明显偏大，空隙率均值为7.2%，趋于临界不利空隙率，而级配2成型的路面空隙率基本控制在6%以下，均值为4.7%。可见，通过降低9.5mm筛孔通过率，限制针片状含量偏大的2号粗集料(4.75~9.5mm)使用质量，增加1号粗集料(9.5~19mm)偏小针片状含量的使用质量可显著降低成型路面空隙率。否则，在实际施工中难以有效压实。

6.4　本章小结

(1)通过对常用AC型沥青混合料的工程应用研究，表明通过调整马歇尔目标空隙率可降低用油石比，避免旋转压实设计油石比偏低问题，并分析了成型路面各结构层力学性能与室内试验获取力学性能指标的相关关系。表明优化沥青混合料配合比设计与良好的施工过程控制是保证实现现场路用性能的关键所在，各结构层基本反映了成型路面力学性能与室内沥青混合料配比设计的实现程度，证明采用马歇尔改进设计方法可以获得较高的力学性能技术指标，可实现高性能沥青路面的工程质量，以提高沥青混合料设计水平和施工变异性控制。

(2)不同级配类型在不同工况下的劈裂强度与动稳定度存在一定的关联性。动态和静态试验劈裂强度的增大，动稳定度亦随之增大，静态和动态成型的劈裂强度与动稳定度之间均呈现良好的线性相关性，不同钻芯芯样厚度的劈裂强度与动稳定度之间无明显的规律性可循。其中，动稳定度与60℃劈裂强度的线性相关性优于45℃和15℃劈裂强度，且随着温度的下降，动稳定度与劈裂抗拉强度之间的相关性逐渐变差。据此提出了60℃劈裂强度可作为评价沥青混合料高温性能使用。

(3)粗集料针片状含量的大小和针片状集料实际使用量的多少对沥青混合料马歇尔性

能和力学性能指标影响非常显著,但大于 9.5mm 集料的针片状含量控制在 10% 以内,小于 9.5mm集料的针片状含量宜控制在 15% 以内对马歇尔性能指标影响并不大,表明我国现行规范《公路沥青路面施工技术规范》(JTG F40—2004)[8]对起承重作用的中面层用集料的针片状含量要求过于偏大。其中,9.5mm 筛孔通过率对针片状含量偏大的 AC-20 沥青混合料空隙率和力学性能的影响更为明显,表现为粗集料针片状含量偏大和针片状使用质量的增加,空隙率显著增大,高温和低温状态下的力学指标显著降低,并在实体工程铺筑中得到了证实。据此给出了解决粗集料针片状含量偏大的 AC-20 沥青混合料马歇尔优化设计方法和粗集料针片状含量控制技术标准。

第7章　沥青路面施工技术参数变异性

沥青混合料施工中受到原材料、机械设备、施工方法与管理水平等因素制约，其施工技术参数（级配、油石比、厚度、压实度、空隙率）基本不可能与室内设计相吻合，客观上存在变异性。沥青混凝土路面的施工参数直接反映了施工质量的稳定性，与路面使用性能存在着一定的相关性。本书结合安徽省沿江高速公路和安景高速公路沥青路面实体工程，对各合同段施工过程中的相关技术参数，如级配、油石比、厚度、压实度和摊铺后未成型沥青路面的混合料矿料级配等进行变异性统计分析，对所呈现出的变异性规律进行探讨，以提高沥青路面施工过程质量控制，减少施工参数变异性。

7.1　热拌沥青混合料级配与油石比变异性分析

7.1.1　同一施工合同段级配与油石比变异性分析

矿料质量约占沥青混合料质量95%，对路面性能影响很大。混合料配比组成优化设计应能满足结构层位功能要求，使其级配达到工程要求的最佳级配，但影响级配的因素很多，各施工环节均存在级配变异性问题。本章对级配的变异性分析主要利用燃烧法，通过在一定条件下混合料燃烧前后的质量差得出沥青含量以及对燃烧后的矿料进行筛分得出抽提混合料级配[48]。工项目中、下面层的级配类型均为AC-20和AC-25，除YJ1-LM03合同段的上面层级配类型为SMA-13，其他6个合同段上面层均为AC-13级配。各施工合同段均采用4000型拌和楼。本章分别对YJ1-LM01合同段、YJ1-LM02合同段、YJ1-LM03合同段、YJ2-LM02合同段的上、中、下沥青面层混合料进行抽提级配和油石比变异性分析。数据采集为同济大学技术服务组监督各合同段监理组抽提级配和油石比的试验结果，取样点为拌和楼下设置的活动取样器。变异性分析分别见表7-1～表7-4和图7-1～图7-7。

YJ1-LM01合同段不同结构层级配变异性统计　　表7-1

各筛孔尺寸(mm)通过百分率(%)												
31.5	26.5	19	16	13.2	9.5	4.75	2.36	1.18	0.6	0.3	0.15	0.075
0	0.0086	0.0186	0.0306	0.0430	0.0498	0.0520	0.0531	0.0633	0.0687	0.0798	0.0845	0.0530
0	0	0.0060	0.0204	0.0251	0.0267	0.0167	0.0445	0.0517	0.0636	0.0734	0.0838	0.0484
0	0	0	0	0.0118	0.0166	0.0181	0.0260	0.0346	0.0378	0.0500	0.0448	0.0254

YJ1-LM02 合同段不同结构层级配变异性统计　　　　表 7-2

各筛孔尺寸(mm)通过百分率(%)												
31.5	26.5	19	16	13.2	9.5	4.75	2.36	1.18	0.6	0.3	0.15	0.075
0	0.0210	0.0221	0.0479	0.0552	0.0577	0.0913	0.1419	0.1948	0.1689	0.1400	0.1646	0.1159
0	0	0.0090	0.0224	0.0289	0.0376	0.0648	0.0820	0.1544	0.1500	0.1577	0.1568	0.0930
0	0	0	0	0.0183	0.0349	0.0370	0.1024	0.1096	0.0839	0.0720	0.0851	0.0984

YJ1-LM03 合同段不同结构层级配变异性统计　　　　表 7-3

各筛孔尺寸(mm)通过百分率(%)												
31.5	26.5	19	16	13.2	9.5	4.75	2.36	1.18	0.6	0.3	0.15	0.075
0	0	0	0.002	0.035	0.053	0.068	0.063	0.079	0.070	0.048	0.032	0.014
0	0	0.003989	0.01576	0.0403	0.0480	0.0556	0.0579	0.0802	0.1005	0.1223	0.1091	0.0481

YJ2-LM02 合同段不同结构层级配变异性统计　　　　表 7-4

各筛孔尺寸(mm)通过百分率(%)												
31.5	26.5	19	16	13.2	9.5	4.75	2.36	1.18	0.6	0.3	0.15	0.075
0	0	0.0109	0.0150	0.0198	0.0200	0.0265	0.0566	0.0885	0.1262	0.1663	0.1462	0.0448
0	0	0.0147	0.0139	0.0183	0.0317	0.0314	0.0521	0.1375	0.1171	0.1075	0.0983	0.0503
0	0	0	0	0.0079	0.0145	0.0330	0.0396	0.0586	0.0700	0.0860	0.0813	0.0821

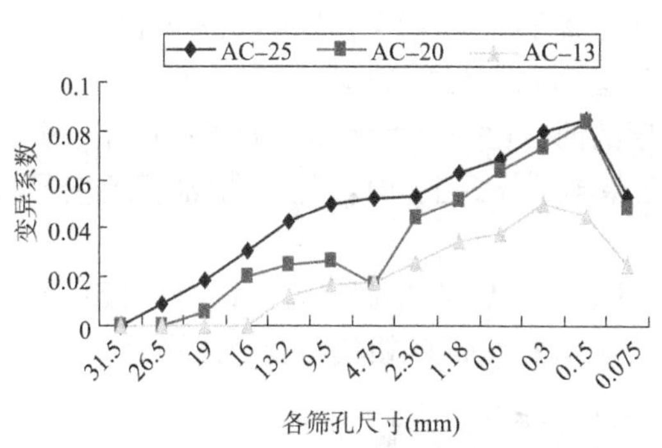

图 7-1　YJ1-LM01 合同段不同结构层级配变异性

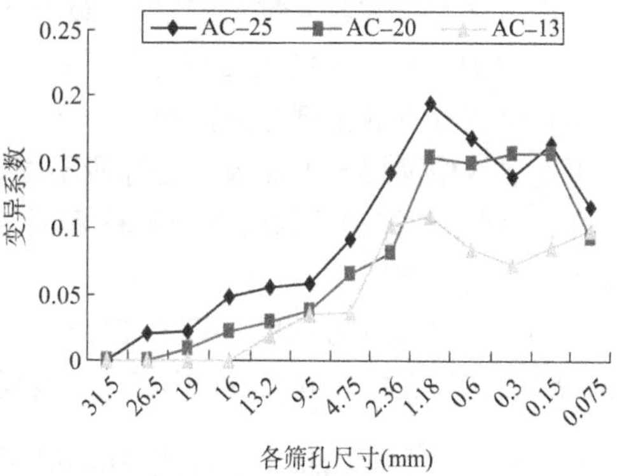

图 7-2　YJ1-LM02 合同段不同结构层级配变异性

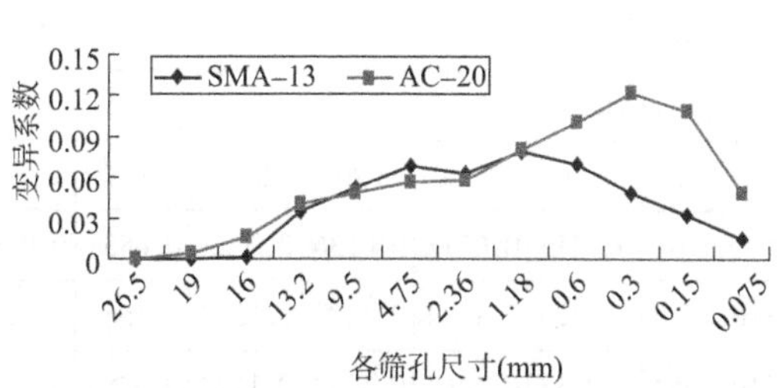

图 7-3　YJ1-LM03 合同段各结构层级配变异性

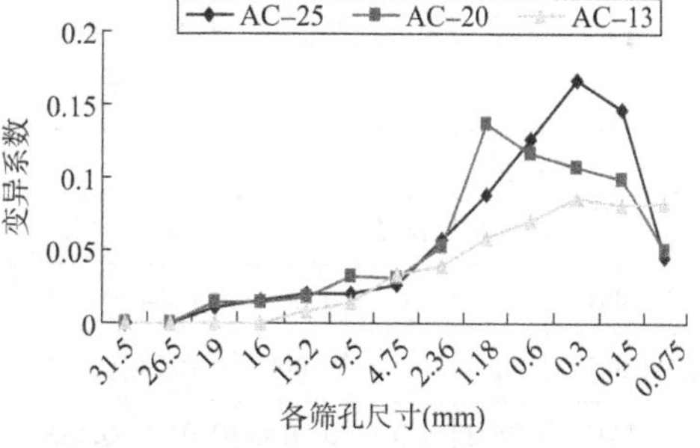

图 7-4　YJ2-LM02 合同段各结构层级配变异性

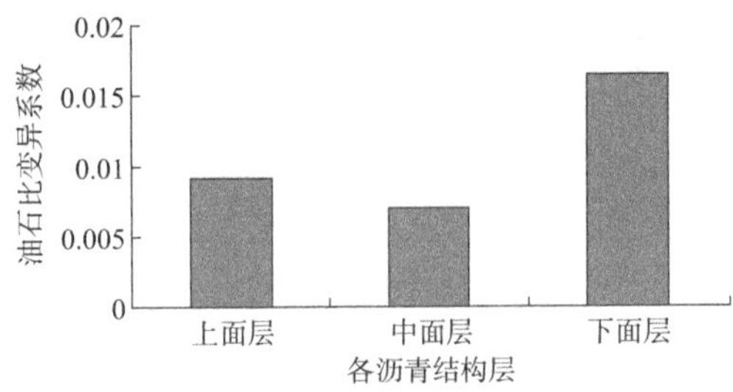

图 7-5　YJ1-LM01 合同段油石比变异性

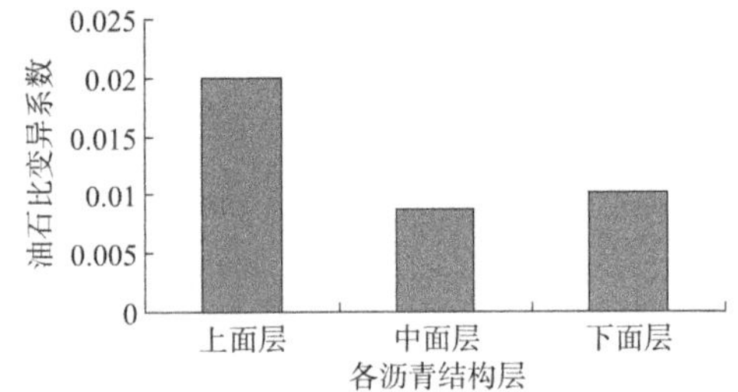

图 7-6　YJ1-LM02 合同段油石比变异性

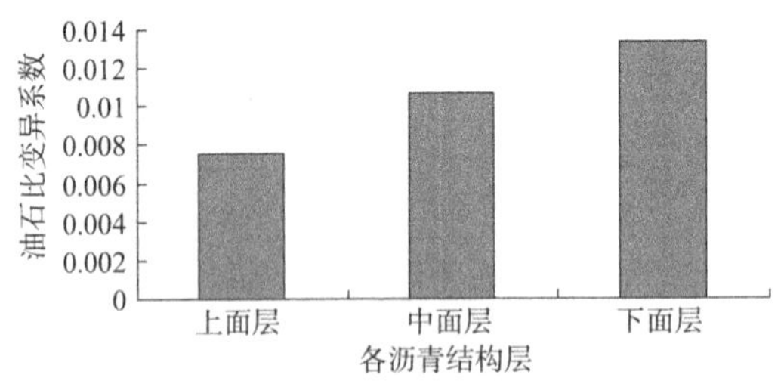

图 7-7　YJ2-LM02 合同段油石比变异性

由上述同一合同段各沥青结构层试验结果和图 7-1 ~ 图 7-7 可得出以下基本结论：

(1)同一施工合同段的连续密级配变异性基本呈现 AC-25 变异系数 > AC-20 变异系数 > AC-13 变异系数的特征，且 2.36mm 以下细集料级配变异性明显大于粗集料级配变异性。说明集料公称最大粒径的增大，级配变异系数随之增加。

(2)YJ1-LM01 合同段油石比变异系数排序为下面层 > 上面层 > 中面层，YJ1-LM02 合同段油石比变异系数排序为上面层 > 下面层 > 中面层，YJ2-LM02 合同段油石比变异系数排序为下面层 > 中面层 > 上面层。各标段不同结构层的油石比变异性无明显的规律可循。分析认为，不同沥青拌和楼的沥青计量称重系统存在差异是导致上、中、下沥青层油石比变异性无规律性的主要原因。

(3)YJ1-LM03 合同段上面层 SMA-13 级配粗集料变异性数略偏大于该合同段中面层 AC-20 相应筛孔粗集料级配变异系数，表现在 2.36 ~ 13.2mm 的粗集料变异性较大。

7.1.2　不同施工合同段级配和油石比变异性分析

由表 7-1 ~ 表 7-4 各施工合同段级配和油石比试验结果计算变异系数，汇总统计得到不同施工合同段级配和油石比变异系数，见表 7-5 ~ 表 7-7 和图 7-8 ~ 图 7-13。

不同施工合同段中面层(AC-20)变异系数统计　　表 7-5

施工合同段	油石比(%)	各筛孔尺寸(mm)通过百分率(%)											
		26.5	19	16	13.2	9.5	4.75	2.36	1.18	0.6	0.3	0.15	0.075
YJ1-LM01	0.007	0	0.0060	0.0204	0.0251	0.0267	0.0167	0.0445	0.0517	0.0636	0.0734	0.0838	0.0484
YJ1-LM02	0.0088	0	0.0090	0.0224	0.0289	0.0376	0.0648	0.0820	0.1544	0.1500	0.1577	0.1568	0.0930
YJ2-LM02	0.0108	0	0.0149	0.0139	0.0186	0.0314	0.0354	0.0538	0.1461	0.1243	0.1142	0.0984	0.0503
YJ1-LM03		0	0.0040	0.0158	0.0403	0.0480	0.0556	0.0580	0.0802	0.1005	0.1223	0.1091	0.0481

不同施工合同段上面层(AC-13、SMA-13)变异系数统计 表 7-6

施工合同段	油石比(%)	各筛孔尺寸(mm)通过百分率(%)										
		19	16	13.2	9.5	4.75	2.36	1.18	0.6	0.3	0.15	0.075
YJ1-LM03	0.0352	0	0.0019	0.0353	0.0525	0.0683	0.0635	0.0788	0.0702	0.0477	0.0318	0.0144
YJ1-LM01	0.0091	0	0	0.0118	0.0166	0.0181	0.0260	0.0346	0.0378	0.0500	0.0448	0.0254
YJ1-LM02	0.0199	0	0	0.0183	0.0349	0.0370	0.1024	0.1096	0.0839	0.0720	0.0851	0.0984
YJ2-LM02	0.0360	0	0	0.0079	0.0145	0.0330	0.0396	0.0586	0.0700	0.0860	0.0813	0.0821
YJ1-LM03		0.0040	0.0157	0.0403	0.0480	0.0556	0.0580	0.0802	0.1005	0.1223	0.1091	0.0481

不同施工合同段下面层(AC-25)变异系数统计 表 7-7

施工合同段	油石比(%)	各筛孔尺寸(mm)通过百分率(%)												
		31.5	26.5	19	16	13.2	9.5	4.75	2.36	1.18	0.6	0.3	0.15	0.075
YJ1-LM01	0.0164	0	0.0086	0.0186	0.0306	0.0430	0.0498	0.0520	0.0531	0.0633	0.0687	0.0798	0.0845	0.0530
YJ1-LM02	0.0102	0	0.0210	0.0221	0.0479	0.0552	0.0577	0.0913	0.1419	0.1948	0.1689	0.1400	0.1646	0.1159
YJ2-LM02	0.0133	0	0	0.0109	0.0150	0.0198	0.0200	0.0265	0.0566	0.0885	0.1262	0.1663	0.1462	0.0448

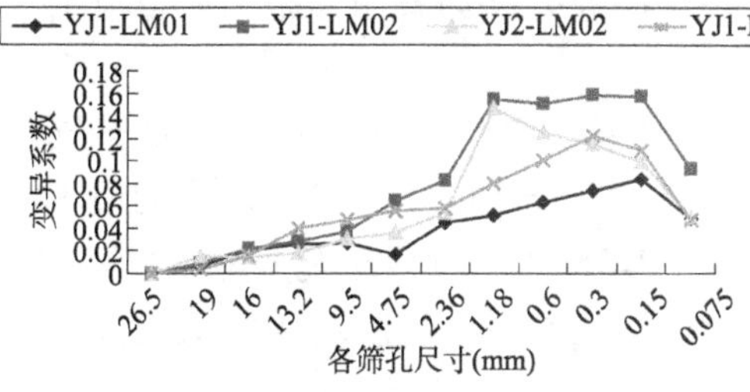

图 7-8 中面层 AC-20 级配变异性

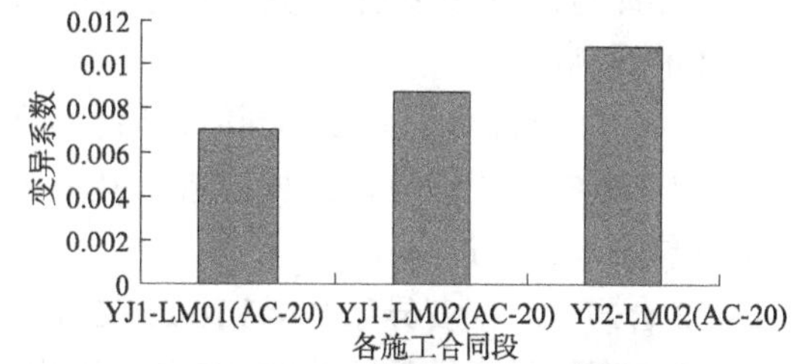

图 7-9 中面层 AC-20 油石比变异性

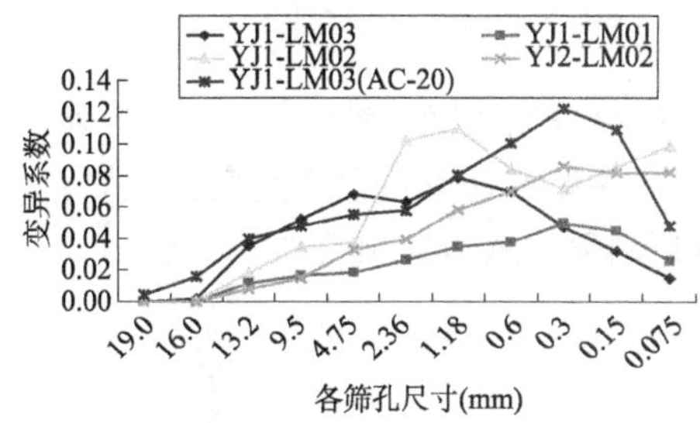

图 7-10 上面层 AC-13 级配变异性

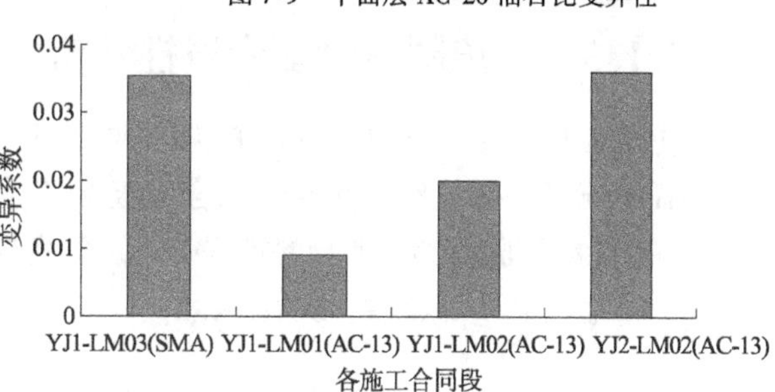

图 7-11 上面层 AC-13 油石比变异性

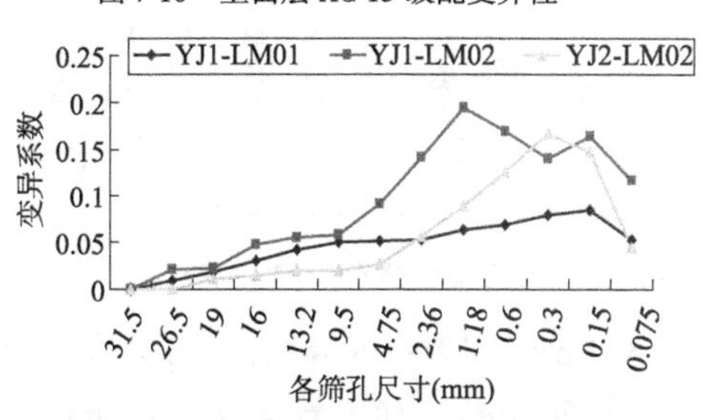

图 7-12 下面层 AC-25 级配变异性

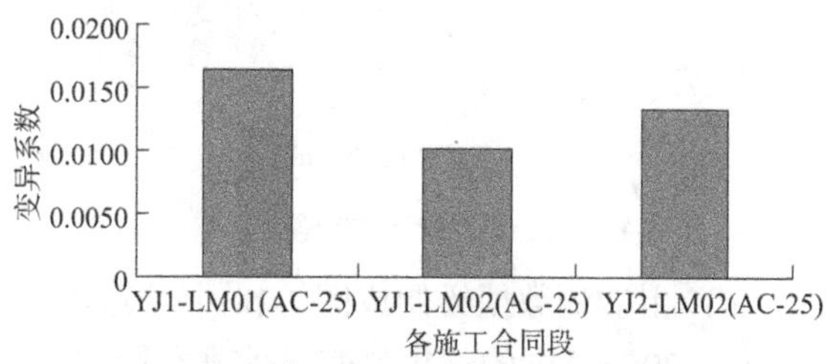

图 7-13 下面层 AC-25 油石比变异性

由表 7-5 ~ 表 7-7 和图 7-8 ~ 图 7-13 试验结果得出如下基本结论：

(1)不同合同段中面层(AC-20)级配变异系数存在差异性，YJ1-LM01 标和 YJ1-LM03 标级配变异系数明显偏小于 YJ1-LM02 合同段和 YJ2-LM02 合同段；对 3 个施工标段 AC-25 级配变异系数而言，YJ1-LM01 合同段最小，YJ2-LM02 合同段次之，YJ1-LM02 合同段最差。说明不同施工单位的原材料技术质量控制水平存在明显的差别和拌和楼性能存在差异。

(2)不同合同段上面层(AC-13、SMA-13)级配变异性同样存在差异，YJ1-LM01 合同段和 YJ2-LM02合同段的级配变异性明显小于 YJ1-LM02 合同段和 YJ1-LM03 合同段(SMA-13、AC-20)级配变异系数，且 SMA-13 级配粗集料变异系数明显大于同等公称最大粒径的 AC-13 级配粗集料变异系数，和该合同段 AC-20 级配变异系数接近。分析认为，SMA 属于间断级配，粗集料用量过于单一，易产生变异性。从施工质量控制角度看，不宜采用断级配沥青混合料。

(3)不同合同段下面层变异系数差异主要体现在细集料级配变异性上，各合同段不同沥青结构层的油石比变异性无明显的规律性。

(4)不同合同段不同结构层的细集料变异系数均明显大于粗集料(粒径 $d \geq 2.36$mm)变异系数，具有普遍性。最大变异系数(YJ1-LM02)为最小变异系数(YJ1-LM01)的近 3 倍。而前几章研究结论表明，细集料级配是影响沥青混合料力学性能和马歇尔性能指标的关键因素。据此建议，控制细集料变异性是当前乃至以后中国高速公路沥青路面施工质量应给予关注的问题。

(5)YJ1-LM01 合同段不同结构层各筛孔通过率变异系数均小于 8%，YJ2-LM02 合同段和YJ1-LM03 合同段不同结构层各筛孔通过率变异系数均小于 13%，YJ1-LM02 合同段不同结构层各筛孔通过率变异系数基本小于 15%。可见，YJ1-LM01 合同段级配变异系数 < YJ2-LM02 合同段级配变异系数 < YJ1-LM02 合同段级配变异系数。据此建议，为降低级配变异性，连续型级配变异系数可控制在 8% 以内。

7.1.3 各热料仓级配变异性分析

规模施工中连续 15 次对 YJ2-LM02 合同段上面层(AC-13)的各热料仓放单粒径白料进行水洗筛分，分析各单仓级配变异性和合成级配变异性，探讨各热料仓单粒径级配变异性规律。各热料仓级配试验与沥青混合料抽提合成级配变异性分析结果如图 7-14 和图 7-15 所示。

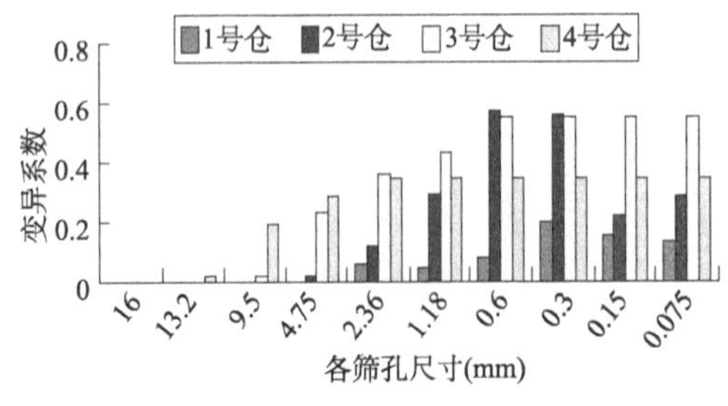

图 7-14 各仓热料筛分和变异性关系

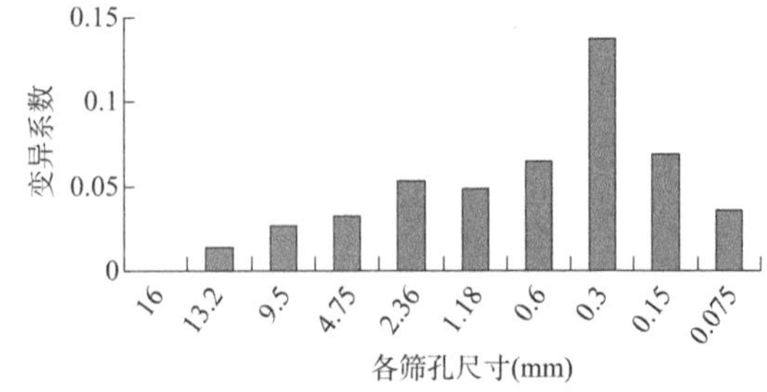

图 7-15 合成级配各筛孔尺寸与变异性关系

(1)由实测数据绘制成图 7-14 中可知，1 号仓(0 ~ 3.5mm)细集料变异性最小，其次 4 号仓(11 ~ 20mm)中的细集料变异性排在第二位。2 号仓(3.5 ~ 6mm)和 3 号仓(6 ~ 11mm)中的细集料变异性明显大于 1 号仓和 4 号仓中的细集料。各热仓筛分均呈现粗集料(粒径 $d >$

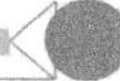

2.36mm)变异系数小于细集料(粒径 $d \leq 2.36$mm)变异系数。说明具有二次振动筛分功能的间隙式拌和楼仍然存在材料级配变异性问题。分析认为,冷料标定后的冷料仓出料口的振动式或输送式转速和频率控制随意性较大,导致不同转速或频率下集料自身级配变异;原材料变异性是导致各热仓集料变异性的重要原因;拌和楼振动筛设置多为倾斜式,由上到下筛孔依次由大到小布置,在振动力作用下,振动筛上的粗料与细料最先筛分下落相应仓位中,而2 号与3 号仓中细料在6s 左右的筛分时间内难以有效筛分,不能通过筛孔的集料就会滚落至相应料仓内,部分细料会积聚在仓位壁上,达到某一高度时会突然下滑,导致细集料变异性增大;各热料仓料位高低对集料计量称重的准确性影响很大,在料仓待料(料位最低)、溢料(料位最高)与正常料位时,集料称受到集料冲击会明显增大,造成热仓动态配料误差过大,导致级配发生变异性增大;筛网的局部破损也会导致材料变异。

(2)由混合料抽提矿料级配绘制成的图7-15 可知,合成级配中0.15 ~2.36mm 的细集料变异系数大于粗集料级配变异系数,证实了上述分析的不同合同段和同一合同段各结构层级配变异系数均表现细集料大于粗集料的正确性,说明热拌集料和热拌沥青混合料的级配变异具有一致性。分析认为,合成级配细集料(0.15 ~2.36mm)级配变异性主要来源于各单仓中细集料变异性;0.075mm 通过率主要取决于矿粉和机制砂,1 号仓机制砂变异性较小,而矿粉不参与热料仓筛分,直接由矿粉仓进入剂量称重系统,从而0.075mm 筛孔通过率变异性较小。

振动筛的筛网有无破损(筛网完好率)、筛分效率(筛分面积、尺寸、振动频率、安装角度)与冷料仓转速的稳定性是决定热仓内集料级配变异性的重要因素,提高计量系统与配料误差修正,以及调整振动筛网相关参数有利于减小级配分布不均匀现象。事实上,振动筛的每一级材料是难以准确控制的,如振动筛孔选用5mm,对小于4.75mm 的材料控制筛孔2.36mm、1.18mm、0.6mm、0.3mm 等材料是无法控制的。可见,原材料变异性是导致级配变异性的根源。

7.2　摊铺沥青混合料级配变异性分析

摊铺过程是最容易产生级配变异的一个环节,如摊铺机熨平板两端是最易产生变异部位。摊铺过程中级配变异性增加了原材料级配变异、热仓集料级配变异、热拌沥青混合料装、运过程中级配变异的又一环节。研究表明[94,95],由于级配离析的影响,沥青面层使用寿命大大缩短,路面使用寿命可能会减少50%以上。摊铺机中间混合料偏细导致路面热稳定性严重下降,该范围轮迹车辙较明显;由于摊铺级配变异,路面残余空隙率变异性急剧增大,粗级配部位空隙率较大,渗水现象严重,路面寿命逐渐衰减。可以说,路面早期损坏很大程度上是起源于沥青混合料的不均匀性。

为探讨摊铺沥青混合料矿料级配变异特征与不同取样方法对评价矿料级配变异性的影响,本章仅对施工难以控制级配变异的AC-25 沥青混合料进行摊铺级配变异性分析,并结合抽提试验和各单仓热料水洗筛分合成试验,分别在安徽省沿江高速公路和安景高速公路沥青路面规模施工中对5 个合同段的摊铺机摊铺使用性能进行应用研究,提出摊铺混合料级配变异性分布规律和级配变异性评价方法,以提升沥青路面的均匀性和路面使用寿命。

7.2.1 研究方案与取样试验方法

高速公路工程项目沥青下面层 AC-25 普通沥青混合料单幅铺筑宽度为 11.89m,采用两台梯队摊铺机摊铺,熨平板拼装宽度分别为 6.5m 和 6.0m。①YJ1-LM01 标采用 2 台 ABG-423 梯队摊铺;②YJ3-LM01 标采用 2 台 DYNAPAC-F141C 梯队摊铺;③YJ3-LM02 标采用一台拼装宽度为 6.5m 的 ABG-423 摊铺机和一台拼装宽度为 6.0m 的 DYNAPAC-F141C 摊铺机并行梯队摊铺;④AJ-LM01 采用两台 Ingersoll-7860 梯队摊铺;⑤AJ-LM02 标段采用两台 Ingersoll-8820 摊铺沥青混合料。

为保证沥青混合料取样的随机性和代表性,采用抽提和热仓取样水洗筛分作为相互校验的试验方法,以不同取样地点和不同抽提试验仪作为检验对级配变异性的影响:①拌和楼取样采用活动取样器取样混合至规定数量进行抽提试验。②热仓取样采取规模施工中对拌和楼进行单仓放热料,装载机接料后卸至平地后,取对应仓规定数量集料进行水洗筛分试验,最后按设计配比合成级配。③摊铺沥青混合料取样均为在摊铺后尚未碾压前,用铁锹全断面处取出规定数量后进行抽提试验。其中,YJ1-LM01 合同段取样位置按现行规程方法[48]位于摊铺后未碾压前于摊铺宽度的两侧 1/3 ~ 1/2 处。其余 4 个标段摊铺混合料取样位置均为每台摊铺机熨平板主板中间、距主板两侧外 1.5m 处对称取样,即在每台摊铺机熨平板后全宽度内取样,拌和楼取样记录了运料车编号,以达到摊铺沥青混合料取样为拌和楼取样的同批沥青混合料。④抽提试验分别采用燃烧法、全自动回流式抽提仪和离心式抽提仪。

7.2.2 级配变异性分析

限于篇幅,本章仅列出 YJ3-LM01 合同段 AC-25 沥青混合料级配变异性实测数据,对其他合同段(如 YJ3-LM02、AJ-LM01、AJ-LM02、YJ1-LM01)实测数据不再一一列示。试验结果分别为表 7-8 和图 7-16 ~ 图 7-23。

YJ3-LM01 合同段 AC-25 不同取样级配变异性统计 表 7-8

试验方法	各筛孔尺寸(mm)通过百分率(%)												
	31.5	26.5	19	16	13.2	9.5	4.75	2.36	1.18	0.6	0.3	0.15	0.075
合成级配 1	100	97.9	80.0	71.2	64.9	48.4	34.0	25.4	14.4	10.0	7.4	5.4	4.2
合成级配 2	99.9	97.2	80.7	73.7	67.2	49.3	34.6	26.1	14.5	10.0	7.6	5.5	4.1
合成级配 3	100	98.1	79.2	69.7	63.1	51.0	33.9	24.8	18.8	13.9	9.5	6.0	4.4
合成级配 4	100	97.8	79.8	70.7	64.9	51.5	34.3	24.5	16.2	11.2	8.2	5.8	4.4
平均值	100.0	97.8	80.0	71.3	65.0	50.1	34.2	25.2	16.0	11.3	8.2	5.7	4.3
变异系数	0.000	0.004	0.008	0.024	0.026	0.029	0.001	0.028	0.128	0.163	0.118	0.045	0.029
摊铺右侧取样	100	94.7	82.2	76.5	67.8	51.5	36.2	25.4	19.2	15	11.3	9.4	6.3
摊铺中间取样	100	98.5	81.6	78	68.8	54.8	38.9	27.1	20.3	15.7	11.8	9.6	7.3

续上表

试验方法	各筛孔尺寸(mm)通过百分率(%)												
	31.5	26.5	19	16	13.2	9.5	4.75	2.36	1.18	0.6	0.3	0.15	0.075
平均值	100	96.1	79.3	74.7	65.7	51.2	36.4	25.4	19.0	14.8	11.2	9.3	6.8
摊铺左侧取样	100	95.2	74	69.6	60.5	47.4	34.1	23.7	17.5	13.7	10.5	8.8	6.8
变异系数	0	0.021	0.058	0.06	0.069	0.072	0.066	0.067	0.074	0.067	0.058	0.045	0.073
1号仪器	100	97.2	81.5	72.7	65.2	51.3	35.5	26.1	18.3	13.8	10.7	8.1	6.4
2号仪器	100	97	76.7	66.9	61.5	47.6	32	25	17.5	13.4	10.5	8	6.5
3号仪器	100	99.2	79.6	73.5	64.1	49	33	23.8	17.5	13.7	10.3	8.3	6.1
平均值	100	97.8	79.3	71.0	63.6	49.3	33.5	25.0	17.8	13.6	10.5	8.1	6.3
变异系数	0	0.012	0.030	0.051	0.03	0.038	0.054	0.046	0.026	0.015	0.019	0.019	0.033
总平均值	100.0	97.3	79.5	72.2	64.8	50.2	34.6	25.2	17.4	13.1	9.8	7.5	5.6
总变异系数	0.000	0.014	0.031	0.046	0.041	0.045	0.055	0.042	0.111	0.151	0.159	0.222	0.218

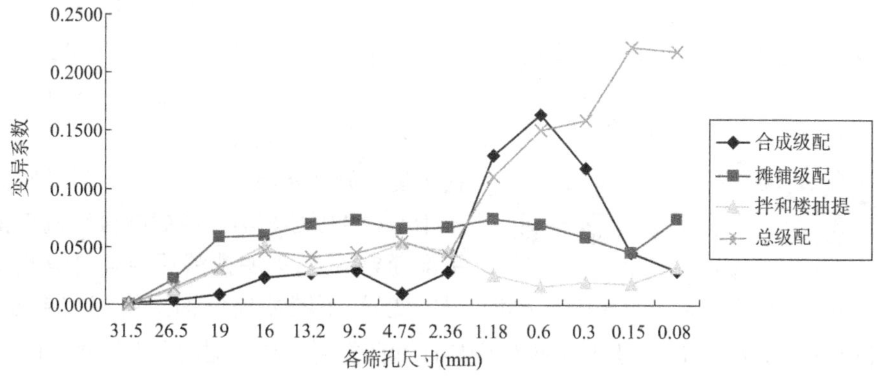

图 7-16 YJ301 合同段不同取样方法的级配变异性对比

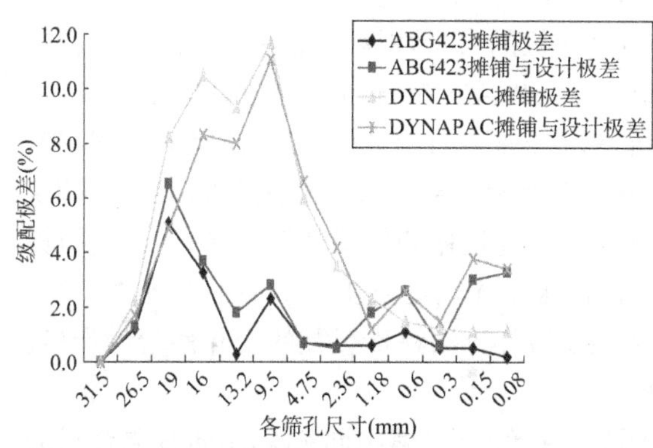

图 7-17 YJ301 合同段和 YJ302 合同段不同摊铺机级配对比

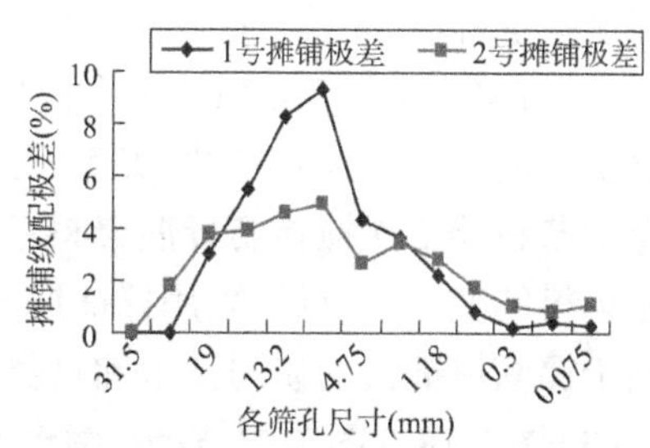

图 7-18 AJ01 合同段同型号摊铺机摊铺级配极差对比

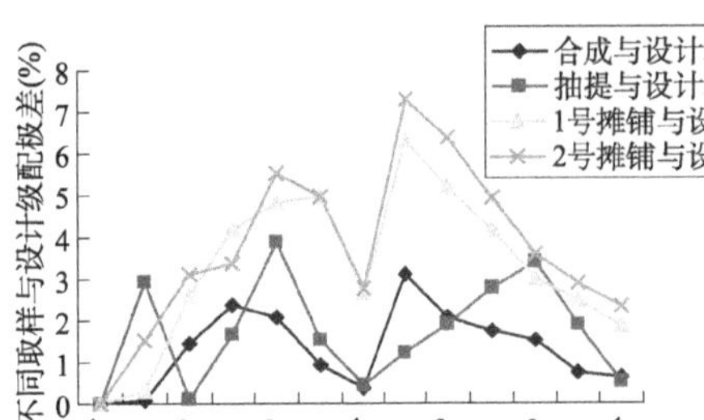

图7-19　AJ01合同段不同取样方法与设计级配偏差的比较

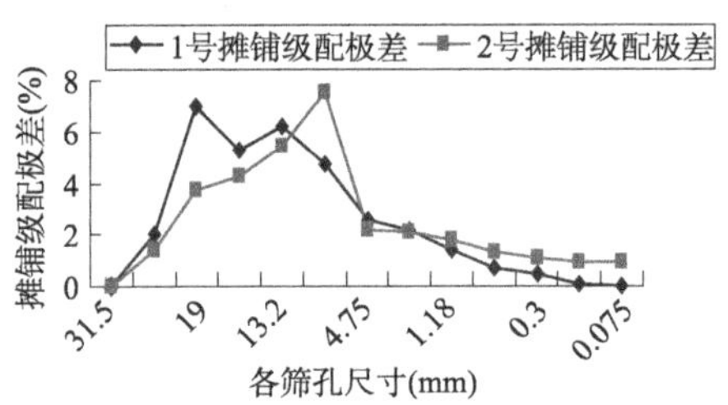

图7-20　AJ02合同段同型号摊铺机摊铺级配极差对比

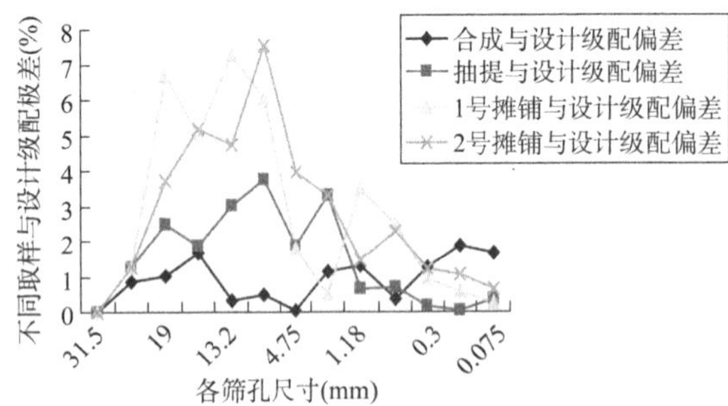

图7-21　AJ02合同段不同取样方法与设计级配偏差的比较

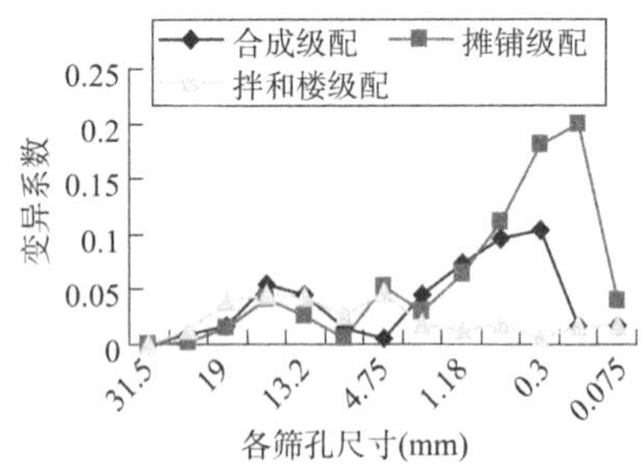

图7-22　YJ1-LM01合同段不同取样方法变异系数的比较

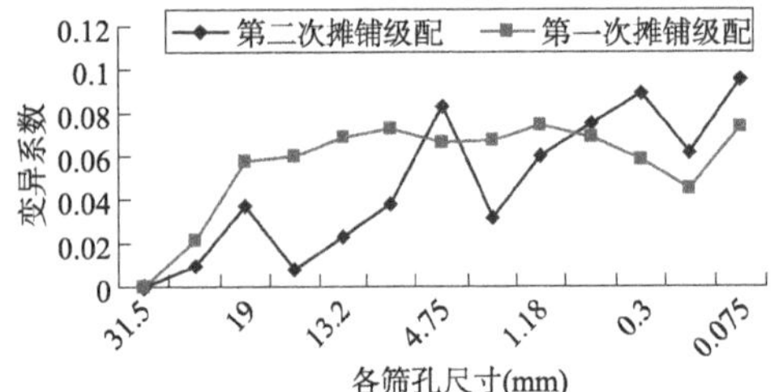

图7-23　YJ3-LM01合同段连续2天摊铺级配变异对比

由上述试验结果可得出如下基本结论：

(1)表7-8和图7-16显示，YJ3-LM01合同段热料仓各单仓合成级配变异系数和拌和楼取样抽提级配变异系数具有一致性，但两者变异系数均小于DYNAPAC-F141C伸缩型摊铺机摊铺混合料级配变异系数，说明摊铺后混合料级配发生了明显的变异；不同抽提仪抽提级配结果偏差不大。采用热料仓筛分可作为相互校验抽提级配变异性和调整混合料级配的有效技术手段。

(2)图7-17显示，ABG423摊铺混合料左侧、中间、右侧的抽提级配极差均显著小于DYNAPAC摊铺混合料左、中、右侧摊铺极差。DYNAPAC摊铺极差最大(11.7%)与ABG423摊铺极差最大(5.1%)相差2倍之多，说明不同摊铺机的自身性能和使用技术存在一定差距；DYNAPAC摊铺级配与设计级配的极差明显大于ABG423摊铺级配与设计级配的极差，摊铺极差悬殊2~8倍，前者粗集料级配最大偏差(4.2%~11.1%)已超出规范允许范围。说明YJ3-LM01和YJ3-LM02两合同段同样的AC-25沥青混合料级配经过不同摊铺机铺筑后发生了明显的级配差异性，关键因素取决于摊铺机自身性能和使用性能的提高；经过摊铺机螺旋布料器二次搅拌沥青混合料后的级配与设计级配相比已发生了明显的变异性，尤其是粗集料的变异。可见，采用摊铺混合料前尚未碾压取样方法评价级配的变异性较为严格，有利于提高摊铺机的使用技术和自身性能改进。

(3)图7-18~图7-21显示，两台Ingersoll同型号摊铺机摊铺相同AC-25沥青混合料的级配变异性存在一定差别，其中，AJ-LM02合同段的两台摊铺机摊铺混合料级配极差较稳

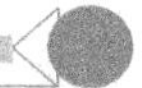

定;两台并行梯队摊铺机摊铺级配与设计级配的极差明显大于热料仓合成级配、抽提级配与设计级配的极差,且合成级配和抽提级配与设计级配较为吻合。印证了取摊铺后混合料级配较沥青拌和楼的活动取样器取样、运料车取样级配评价热拌沥青混合料级配允许波动范围的控制值更为严格,说明现行规范[8]评价热拌沥青混合料质量存在一定的缺陷和差异。

(4)图7-22显示,YJ1-LM01合同段3种取样方法得到的粗集料级配变异系数较为吻合,但细集料级配变异系数有一定的差距,说明采用规程规定的摊铺后熨平板宽度内的1/3~1/2范围内取样方法存在一定的缺陷,原因是取样点位于熨平板中间的混合料偏细,表现为变异系数较大。

(5)图7-23显示,YJ3-LM01合同段连续两次取DYNAPAC-F141C摊铺后混合料级配变异系数并不稳定,说明摊铺级配稳定性不仅与摊铺机自身性能有关,而且与摊铺机的使用技术密切相关,保证施工过程摊铺的连续性和提高摊铺机操作人员技术水平是降低摊铺级配变异性的有效途径。分析认为,螺旋布料器的作用是通过旋转轴上的旋转叶片,将刮板送来的混合料左右横向输送到摊铺机的全部宽度,从而螺旋布料器担负着横向输送沥青混合料的任务,操作人员的技术水平能够保证连续摊铺和螺旋布料器匀速搅拌将直接影响摊铺混合料的均匀性。

综上所述:①不同摊铺混合料级配变异系数均大于抽提级配变异系数与各热仓合成级配变异系数,摊铺后混合料熨平板全宽度范围内的对称三分点取样抽提级配出现了中间偏细而两侧偏粗的特点。②摊铺级配与设计级配的极差明显大于热仓合成级配或抽提级配与设计级配的极差,而合成级配和抽提级配变异系数较为吻合。③不同沥青混合料取样方法得到的级配变异性不同,采用摊铺后混合料三分点取样抽提级配作为评价施工允许波动范围更为严格,有利于提高沥青路面施工质量。施工中采用热仓合成级配和抽提级配同步联合控制技术,有助于评价设计级配的稳定性。④不同摊铺机的自身性能和使用性能差异性较大,不因沥青混合料级配有所差异而影响摊铺机水平的发挥,伸缩型摊铺机不宜在高速公路沥青路面上使用。

7.3　成型路面空隙率变异性分析

沥青路面压实度是沥青混合料路用性能的核心体现,其压实过程是减少沥青混合料空隙率的过程,此过程为粗集料之间的压密、细集料与沥青形成沥青砂胶的填充和黏弹有机结合料的蠕变定位[96,97]。路面的可压实程度最终与室内马歇尔标准密度、理论最大密度相比较而确定是否满足现行规范[8]要求,其本质取决于设计空隙率与压实功能大小。研究表明[98-105],路面空隙率过小或过大均易产生车辙和较大压密变形,以及引发水损害等问题。因此,本章结合沿江高速公路YJ1-LM01、YJ1-LM02、YJ1-LM03、YJ2-LM01和YJ3-LM01合同段的上面层(AC-13改性,其中YJ1-LM03上面层为SMA-13改性)、中面层(AC-20改性)、下面层(AC-25基质)实体工程进行应用研究,探讨分析AC-C型各沥青结构层的路面初始残余空隙率变异性特征和分布规律,掌握沥青路面施工质量,为提供马歇尔设计沥青混合料空隙率标准及压实度控制标准等提供参考依据。

各施工合同段的铺筑均基本横跨了一年四季(一、二月份除外)。本次空隙率试验数据采集为各监理单位分阶段检测的结果,业主中心试验室按4%抽检。下面层空隙率由真空法实测获得理论最大相对密度,上面层和中面层由实测法和间接计算法(由集料有效相对密度获得)联合控制(谁大就取谁)获得理论最大相对密度;钻芯芯样采用表干法获得[48]。施工过程中，中面层（AC-20）和下面层（AC-25）压实度检测频率按《公路沥青路面施工技术规范》（JTG F40—2004）每 2000m^{2}检查一组（4 个），上面层（AC-13、SMA-13）采用每 500m 检测一组（4 个），分别逐个试件评定[8]。各合同段结果如图 7-24 ~ 图 7-45 所示。

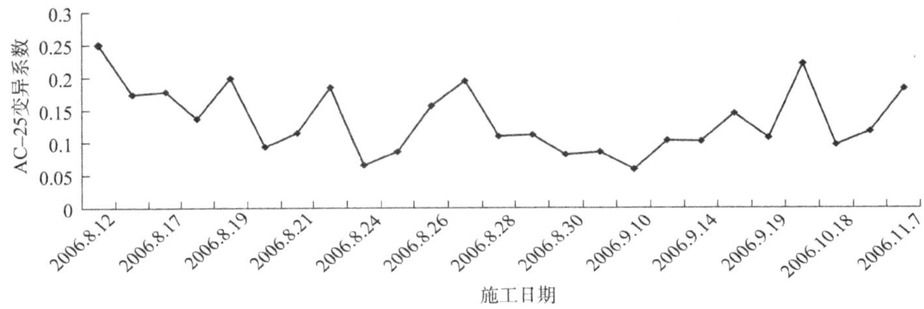

图 7-24　YJ1-LM01 合同段下面层空隙率变异系数随施工日期变化分布

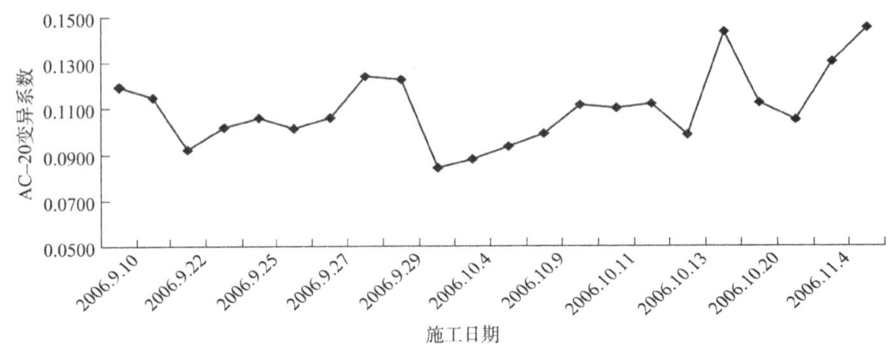

图 7-25　YJ1-LM01 合同段中面层空隙率变异系数随施工日期变化分布

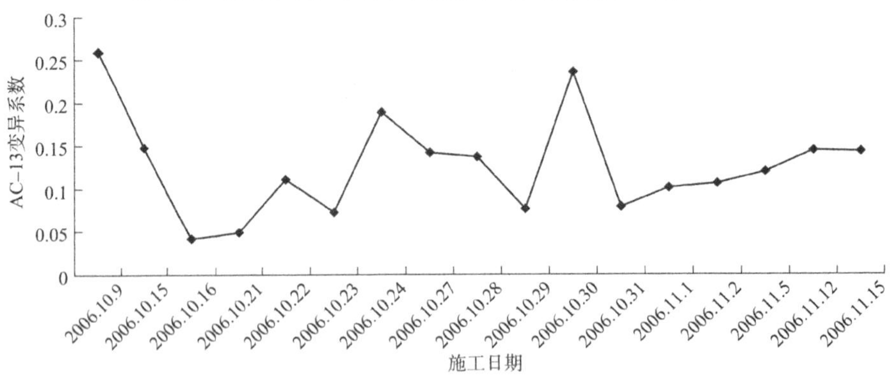

图 7-26　YJ1-LM01 合同段上面层空隙率变异系数随施工日期变化分布

7.3.1　同一施工合同段路面空隙率变异性分析

由 YJ1-LM01 合同段各沥青结构层空隙率变异性结果可知：

（1）施工期范围内的上、中、下沥青面层空隙率变异系数呈现施工初期 6 ~ 12 天内空隙率变异系数变化较大，随后在较大时间段内空隙率变异系数趋于稳定，施工末期空隙率变异系数又呈现逐渐增大趋势。建议施工初、后期应加强原材料、施工工艺控制，并在较高日气温下组织施工，力争降低空隙率变异性。

(2)路面空隙率均值随沥青结构层厚度不同而有所不同,上面层(AC-13)空隙率均值最大,中面层(AC-20)次之,下面层(AC-25)最小,说明沥青结构层厚度变化对路面空隙率存在较大影响。分析认为,结构层厚度偏薄容易造成混合料内部温度散失较快,在同样的压实工艺下,薄层沥青混凝土难以有效压实,相反,厚层沥青有利于压实;中面层的空隙率变异系数最小,在0.1131~0.1469范围内,而上面层和下面层的空隙率变异性均较大,分别在0.1557~0.2149和0.1479~0.2539范围内。分析认为,上面层空隙率变异系数主要与结构层厚度和施工日气温有关,结合7.1节可知,该标段下面层级配和油石比变异性明显大于上、中面层,说明下面层级配和油石比变异是导致空隙率变异增大的主要原因。

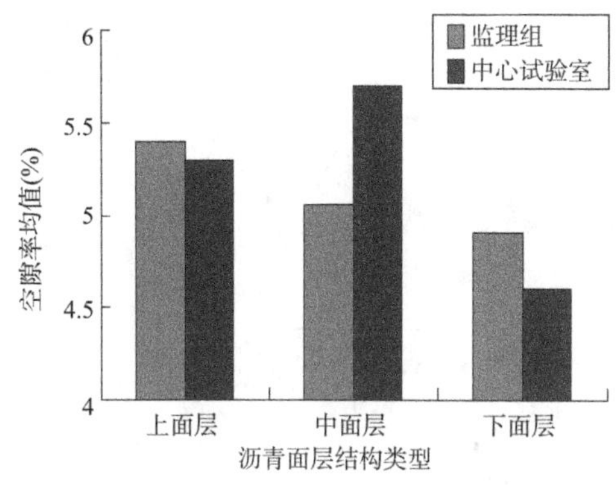

图7-27 沥青结构层与空隙率均值关系

图7-28 沥青结构层与空隙率变异系数关系

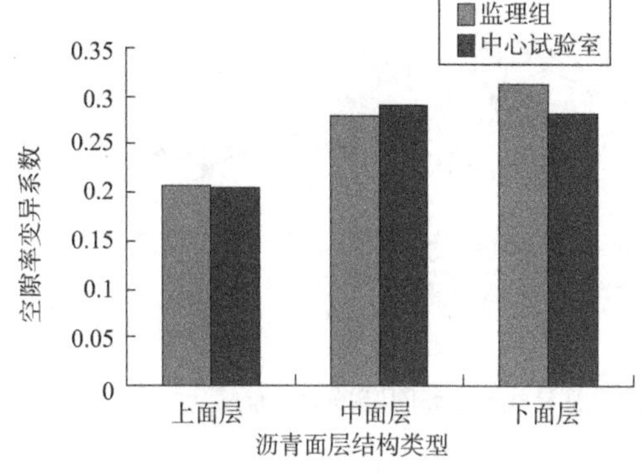

图7-29 沥青结构层与空隙率变异系数关系

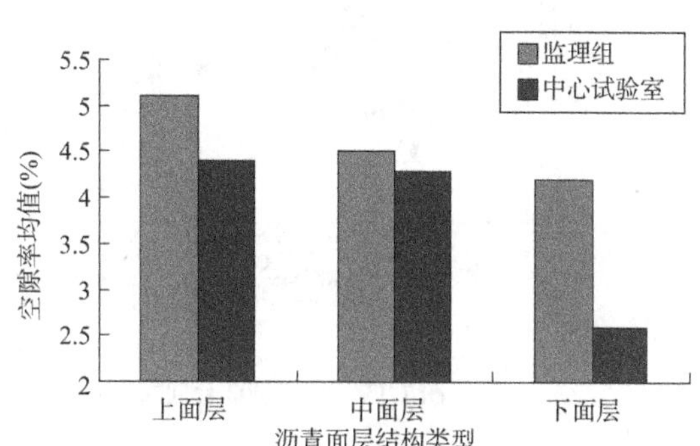

图7-30 沥青结构层与空隙率均值关系

由YJ1-LM02标空隙率变异性结果可知:

各沥青结构层空隙率均值随结构层厚度不同而不同,上面层空隙率均值最大,中面层次之,下面层最小,与YJ1-LM01标空隙率均值变化规律相同;该标段下面层空隙率变异系数>中面层空隙率变异系数>上面层空隙率变异系数。结合本章第1节级配变异性分析可知,该标段中、下面层细集料级配变异明显大于上面层是导致空隙率变异增大的主要原因。

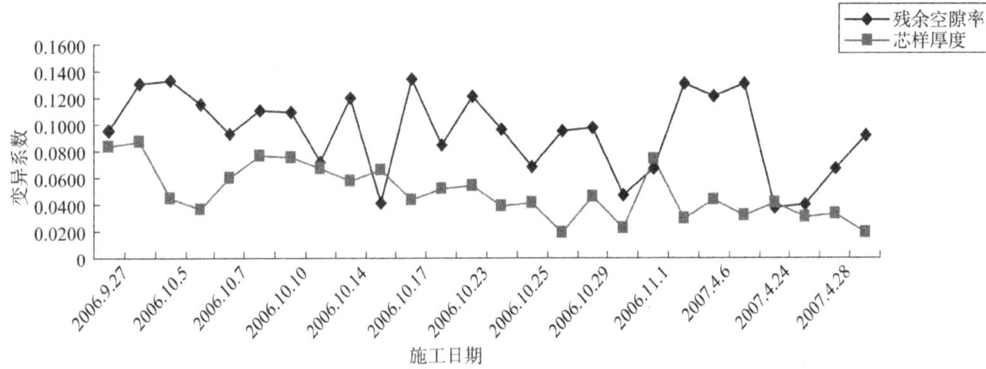

图 7-31　YJ1-LM03 合同段下面层厚度与空隙率变异系数随施工日期变化分布

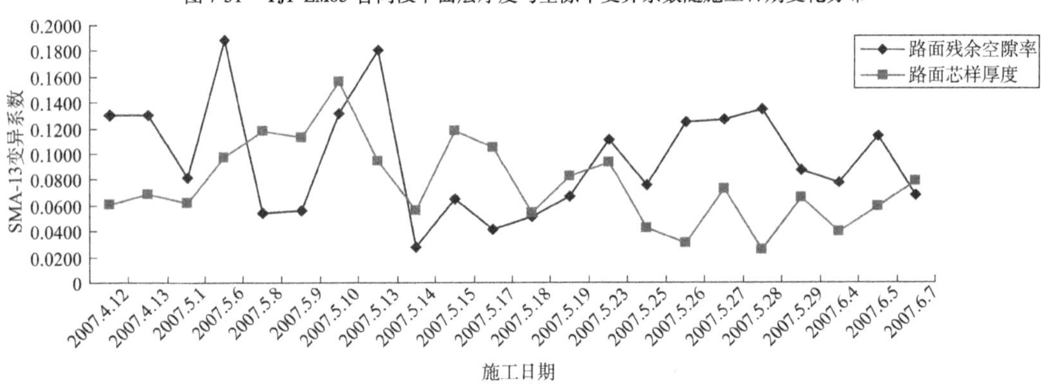

图 7-32　YJ1-LM03 合同段上面层厚度与空隙率变异系数随施工日期变化分布

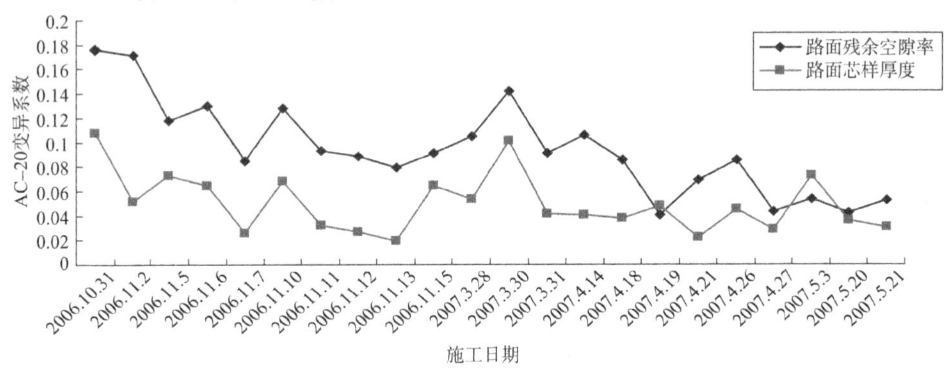

图 7-33　YJ1-LM03 合同段中面层厚度与空隙率变异系数随施工日期变化分布

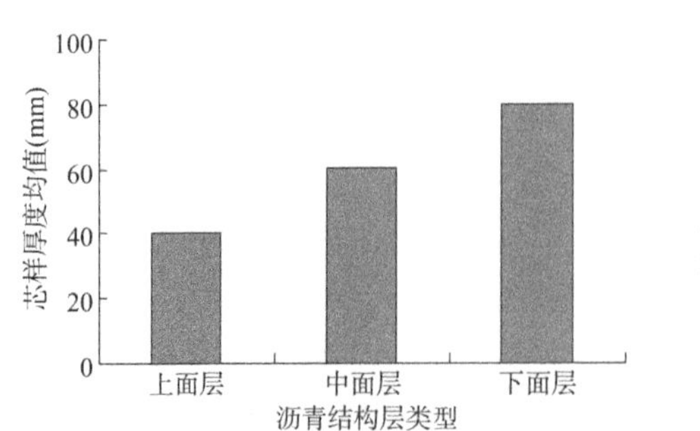

图 7-34　沥青结构层与厚度均值关系

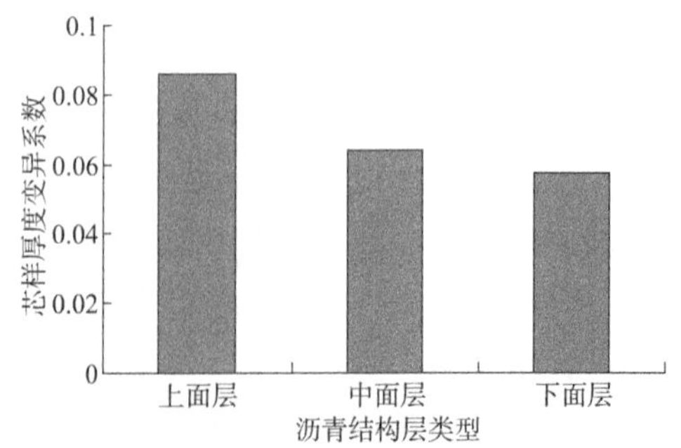

图 7-35　沥青结构层与厚度变异系数关系

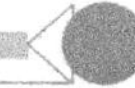

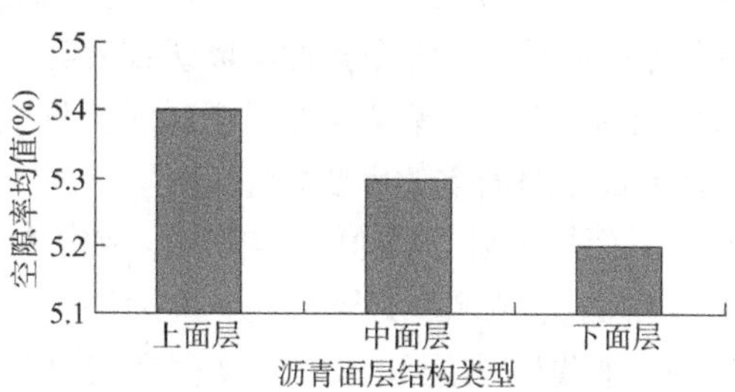

图 7-36 沥青结构层与芯样空隙率均值关系

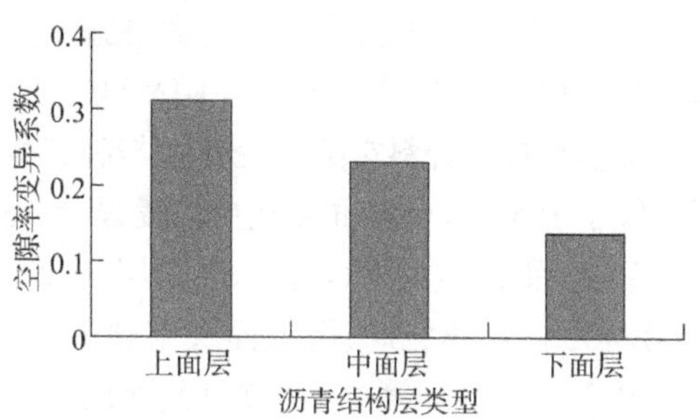

图 7-37 沥青结构层与空隙率变异系数关系

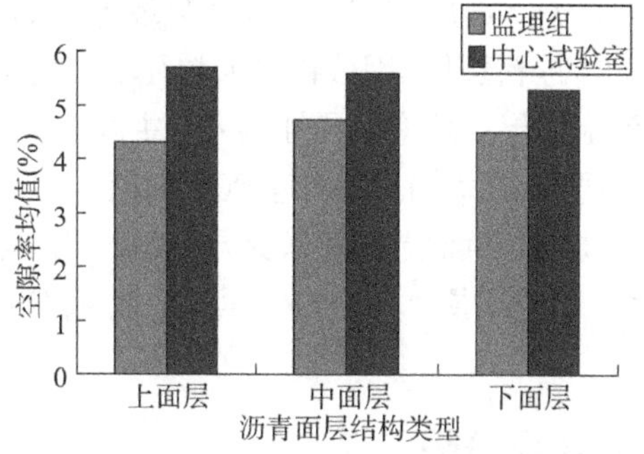

图 7-38 沥青结构层与空隙率均值关系

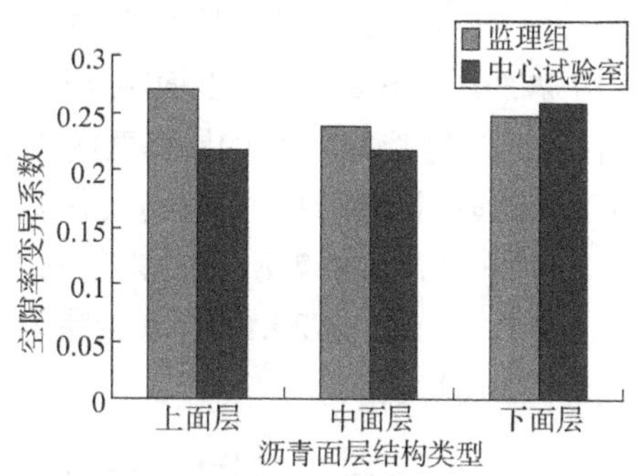

图 7-39 沥青结构层与空隙率变异系数关系

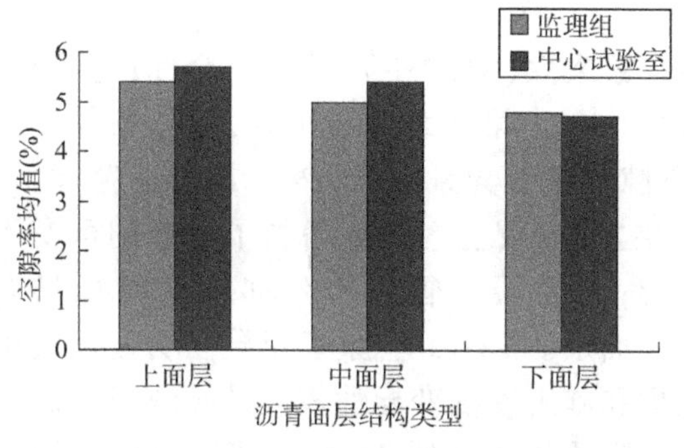

图 7-40 沥青结构层与空隙率均值关系

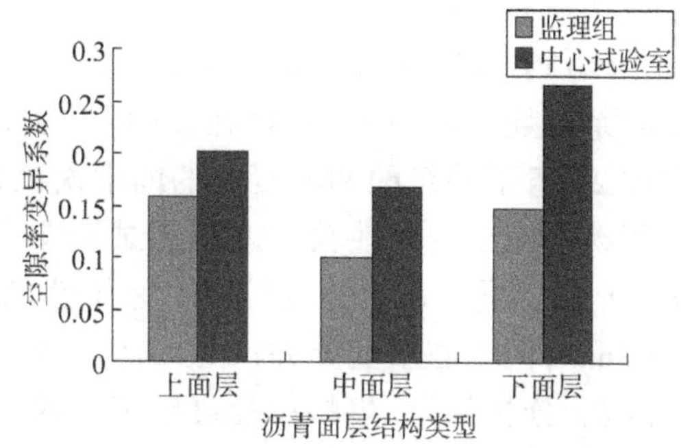

图 7-41 沥青结构层与空隙率变异系数关系

由 YJ1-LM03 标段各沥青结构层空隙率和厚度变异性结果可知：

(1)该合同段各沥青结构层在整个施工期内,厚度变异系数小于空隙率变异系数。其中,上面层(SMA-13)芯样厚度变异系数变化幅度最大,基本与对应空隙率变异系数同步变化,最大为 15.6%。分析认为,上面层厚度变异主要是出于经济考虑,频繁调整松铺系数所致。

(2)该合同段各结构层空隙率变异系数不但受到施工初期原材料和工艺的影响,更受到施工日气温的影响。下面层施工主要集中在 10 月份,空隙率变异系数的变化较为稳定,但在跨年度(2007 年 4 月)施工的空隙率变异系数存在突变现象;中面层空隙率受施工初期与施工气温(主要集中在 2006 年 11 月)影响很大,在跨年度(2007 年 3 月)处发生变化,之后随气温的升高，空隙率变异系数逐渐减小；上面层施工主要集中于2007年4月中旬至2007年6月上旬，江南日气温均在25℃以上，构成空隙率变异性偏大的主要原因是厚度变异性与断级配变异性偏大。说明沥青混合料空隙率变异性与施工气温的高低密切相关，建议沥青混合料施工日气温不宜低于15℃，优化路面结构层厚度设计，有利于降低成型路面空隙率变异性。

(3)上面层空隙率均值>中面层空隙率均值>下面层空隙率均值，这与YJ1-LM01标和YJ1-LM02标规律相同，但上面层空隙率变异系数>中面层空隙率变异系数>下面层空隙率变异系数。由本章第1节可知，上面层(SMA-13)粗、细集料级配和芯样厚度存在明显的变异性是导致该结构层空隙率变异性增大的主因。

由YJ2-LM01标段试验结果可知，上、中、下面层空隙率均值差距不大，而各沥青结构层空隙率变异系数排序为上面层>下面层>中面层。其中，上面层空隙率变异系数最大为27%，其他层次均为23%～26%。说明上面层空隙率均值与变异性并不因公称最大粒径小而使得空隙率变异性降低。笔者认为，结构层厚度偏薄是导致上面层空隙率变异性偏大的主因。

由YJ3-LM01试验结果可知，路面各沥青结构层空隙率均值基本呈现上面层>中面层>下面层，空隙率分布在4.7%～5.7%范围内；上面层和下面层空隙率变异系数相当，均大于中面层。其中，上面层为20.2%，下面层为26.6%，中面层为16.8%。可见，该标段上面层空隙率变异性仍然较大。

7.3.2 不同施工合同段路面空隙率变异分析

由各合同段不同结构层空隙率变异系数试验结果汇总统计得到不同合同段空隙率变异系数(图7-42～图7-45)可知：

(1)YJ1-LM03合同段上面层空隙率变异系数最大(31.2%)，其他4个标段空隙率变异系数处于同一水平，均在20%～22%范围内。由第2章分析可知，静态条件下的室内25组不同级配和油石比的同批次试件空隙率的变异系数在2%～12.5%范围内。表明动态施工变异性较室内静态试验增大一倍左右，较室内试验增加了更多的可变因素，如施工厚度和施工温度等变异性的影响；上面层尽管采用公称最大粒径只有13.2mm，但空隙率变异并没有因此而减小。上面层SMA-13空隙率变异性明显偏大于AC型。分析认为，集料粒径过于单一的断级配和施工厚度变异性较大是导致成型表面层空隙率较大的本质所在，处于同一公称最大粒径的连续型AC-13级配(上面层沥青混合料)变异系数明显大于SMA-13级配变异系数，说明SMA-13由级配本身确定，揭示了间断级配有其自身的缺陷。

(2)中面层空隙率变异系数随不同施工合同段控制水平存在较大差异，YJ1-LM02合同段最大为29.1%，YJ1-LM01合同段最小为14.7%，YJ1-LM03合同段、YJ2-LM01合同段、YJ3-LM01合同段分别为23.1%、21.8%、16.8%。由第3章可知，室内25组试件组间空隙率变异系数在2.7%～17.1%范围内，说明施工质量管理水平有待进一步提高，提高现代沥青施工质量还有很大空间。

(3)综合分析沥青各结构层压实度(空隙率)变异性水平可知，各合同段空隙率施工变异水平由高到低排序为YJ1-LM01合同段>YJ3-LM01合同段>YJ2-LM01合同段>YJ1-LM02合同段>YJ1-LM03合同段。

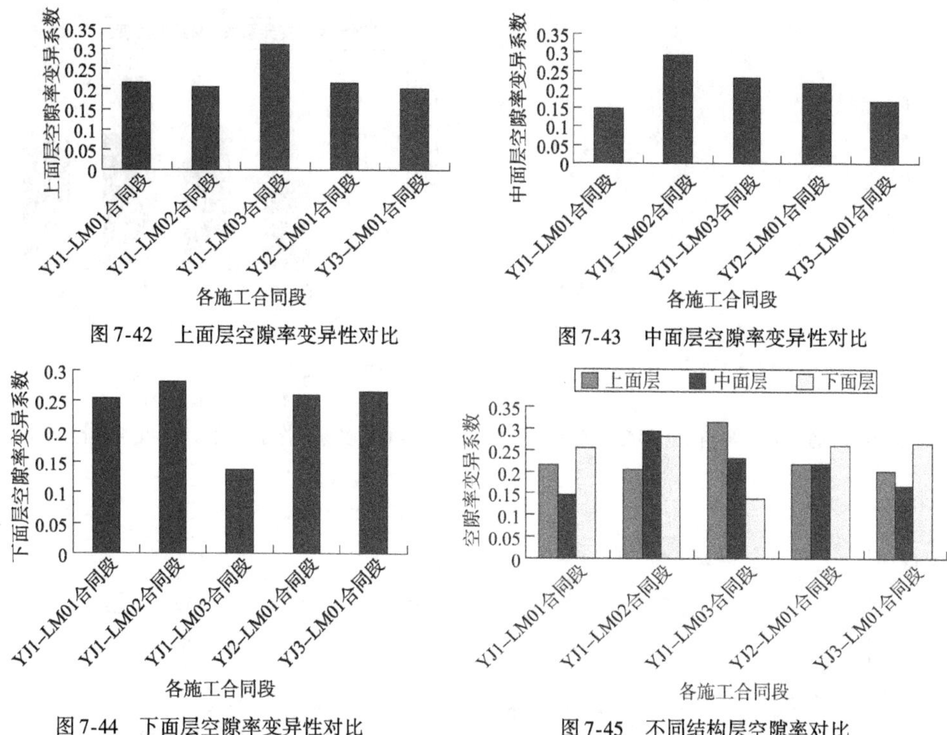

图7-42　上面层空隙率变异性对比

图7-43　中面层空隙率变异性对比

图7-44　下面层空隙率变异性对比

图7-45　不同结构层空隙率对比

7.4　路面综合路用性能指标变异性分析

在施工中对沿江5个合同段的平整度、纹理构造深度、弯沉等进行检测，并对各结构层厚度、压实度、摆值渗水系数进行了同步检测，以分析高速公路沥青路面综合路用性能指标变异性控制水平与分布规律，主要试验设备与检测指标如下：①沥青路面弯沉采用落锤式弯沉仪 Dynatest 8000 FWD；② Pulse Radar 路面雷达连续检测全线各车道沥青混凝土路面总厚度，并将检测数据与取芯厚度进行对照；③激光断面仪全线连续检测各车道沥青混凝土路面平整度，每车道每100m计算一个IRI；④激光断面仪全线连续检测各车道构造深度；⑤摆式仪检测摩擦系数；⑥渗水试验仪检测面层渗水系数。以上技术指标数据处理均按文献[106]规定进行，试验结果如图7-46～图7-54所示。

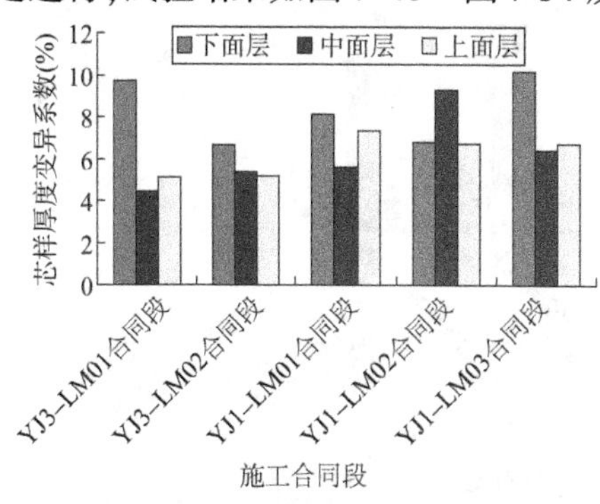

图7-46　各结构层厚度变异性对比

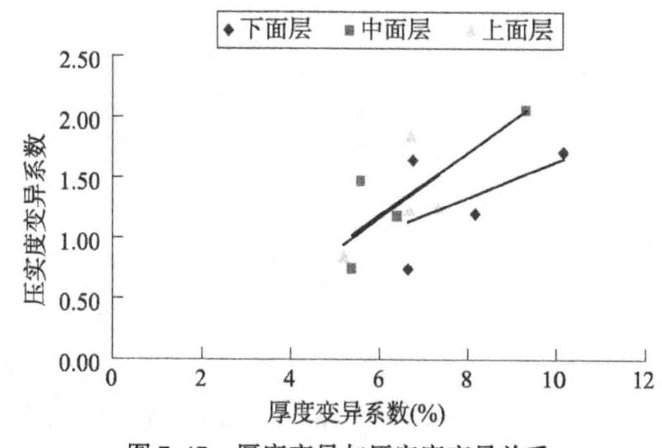

图7-47　厚度变异与压实度变异关系

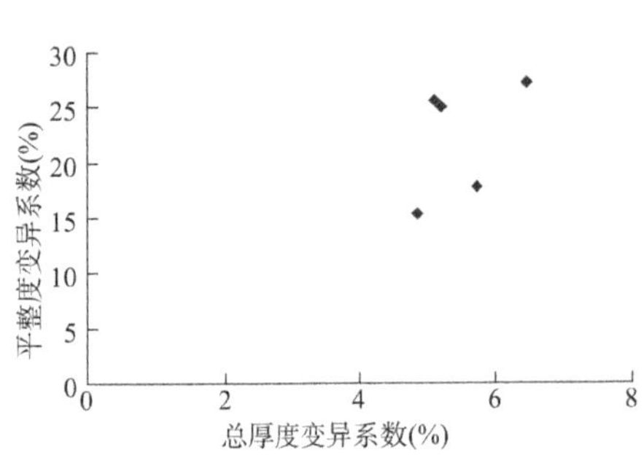

图 7-48　总厚度变异与平整度变异关系

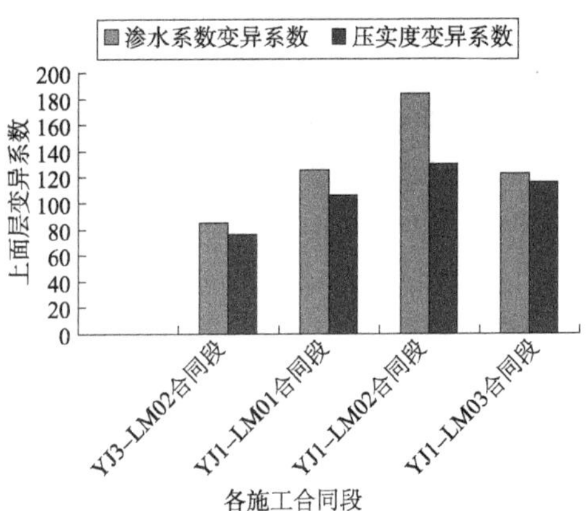

图 7-49　各标段渗水系数与压实度变异性对比

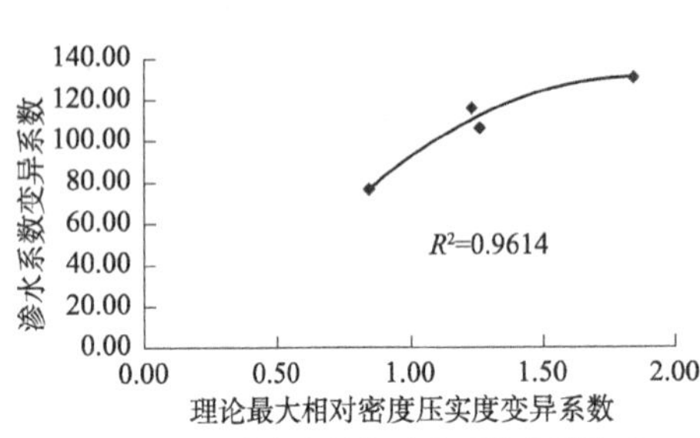

图 7-50　压实度变异与渗水系数变异关系

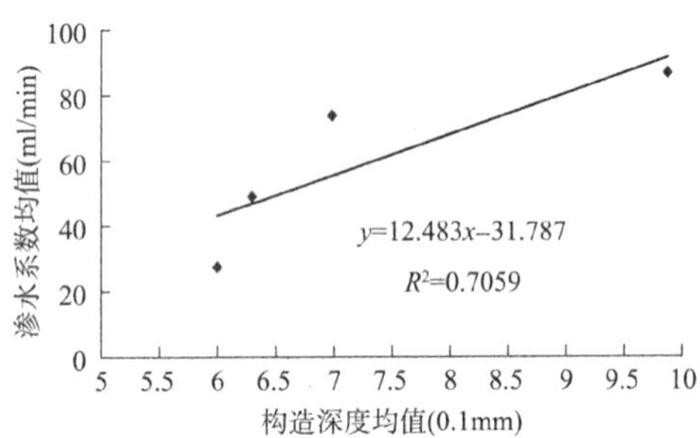

图 7-51　渗水系数均值(y)与构造深度(x)关系

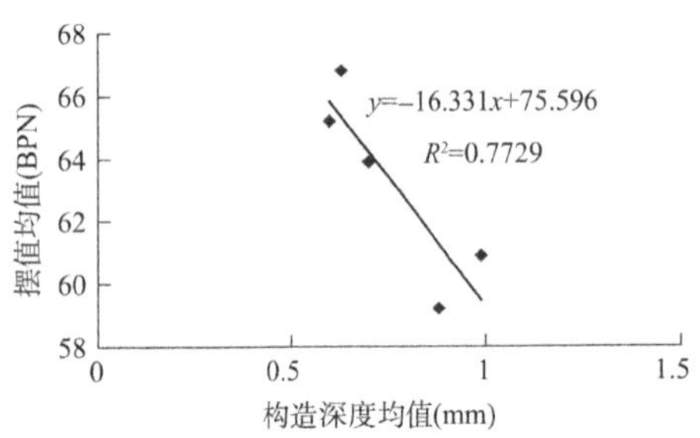

图 7-52　含 SMA 构造深度(y)与摆值(x)关系

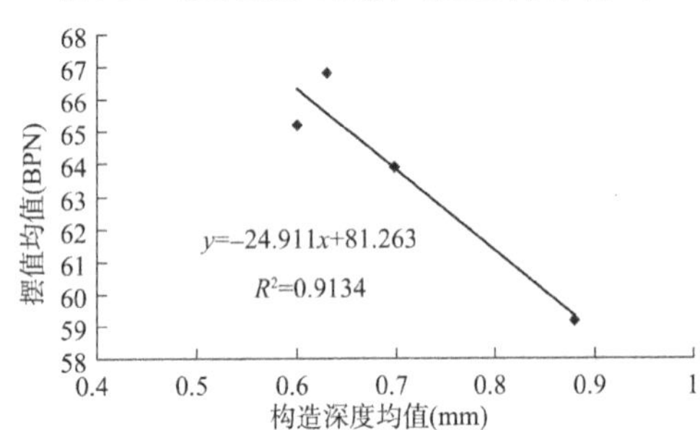

图 7-53　AC 型构造深度(y)与摆值(x)关系

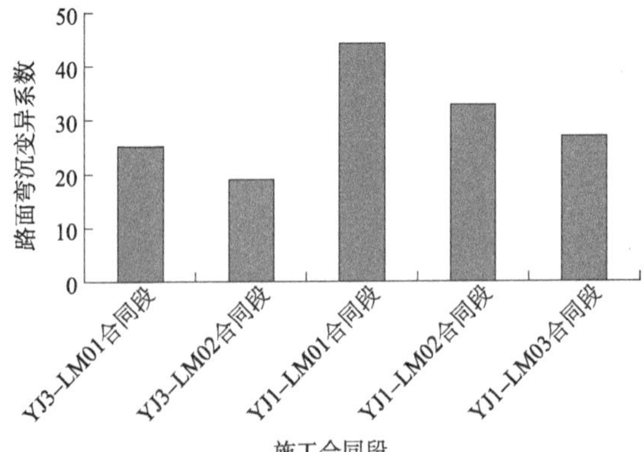

图 7-54　各标段弯沉变异系数对比

由图 7-46 ~ 图 7-54 试验结果可知：

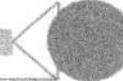

(1)图7-46～图7-48显示,不同合同段不同沥青结构层芯样厚度变异系数大小排序为下面层变异性>中面层变异性>上面层变异性;随着沥青结构层厚度变异性的增大,平整度变异性有逐渐增大的趋势;厚度变异引发压实度变异,随着不同结构层厚度变异性的增大,压实度变异性随之增大。说明提高下承层平整度是降低厚度变异性的有效措施,严格沥青层厚度控制,提高路面结构层受力的均匀性,有助于降低成型沥青路面空隙率变异性。分析认为,水泥稳定碎石基层平整度的差异是导致各结构层厚度变异性的主因。其次,由于部分施工标段追求经济效益,也是造成表面层平整度发生较大变异性的原因。级配和压实工艺并不是造成厚度和平整度变异的主要原因。

(2)图7-49～图7-51显示,不同施工合同段的上面层渗水系数差异性较大,最低变异系数76%,最大为130%。随着4个合同段表面层压实度变异性增大而表现出渗水系数变异性随之增大,二者呈现出良好的二次曲线关系,相关系数为0.9805,说明压实度变异性会引发路面渗水的危险。同时,随着4个施工合同段的上面层构造深度均值的增大,渗水系数也相应增大。

(3)图7-52和图7-53显示,4个施工合同段的上面层(AC-13)沥青路面摆值均值随构造深度均值逐渐增大而呈现良好的单调下降线性相关关系(相关系数为0.9557),包括SMA-13在内的5施工个合同段路面摆值也随构造深度增大而逐渐减小。这与人们常规认识相悖。研究表明[107,108],构造深度可表征和评价沥青路面离析。按此线性关系推理,以设计规范摆值不小于45BPN计算,构造深度为1.456mm,此时AC-13级配存在明显离析现象。说明AC型密级配沥青混凝土路面规定[44]不小于45BPN和表征两者抗滑性能指标的形成机理尚需研究。

(4)图7-54显示,落锤式弯沉仪检测同期(2006年11月)的YJ3-LM01合同段和YJ3-LM02合同段路面弯沉变异系数小于其他3个合同段弯沉变异系数,其中以YJ1-LM01合同段弯沉变异系数最大。从本章分析可知,该合同段级配、油石比、路面空隙率变异性均较其他合同段变异性小,但弯沉出现变异性增大,主要与半刚性水泥稳定碎石基层强度过大有关。有关研究[109,110]表明,沥青路面在外荷载作用下,各结构层内部发生微量变形,当水泥稳定碎石强度偏大时,其柔度变形一般会减小,这样会导致沥青层内应力集中而发生不均匀变形。据此,从基层施工开始控制级配和水泥用量是必要的。

7.5　本章小结

(1)AC型连续密级配变异性基本呈现AC-25变异系数>AC-20变异系数>AC-13变异系数的特征,集料公称最大粒径增大,级配变异系数随之增加。其中,2.36mm以下细集料级配变异性明显大于粗集料(粒径$d>2.36$mm)级配变异性;不同合同段不同沥青结构层的级配变异系数存在一定差异性,主要取决于施工控制水平;不同结构层的油石比变异性无明显的规律可循。分析认为,不同沥青拌和楼的沥青计量称重系统存在差异是导致上、中、下沥青层油石比变异性无规律性的主要原因;通过工程应用研究,为降低级配变异性,连续型级配变异系数可控制在8%以内。

(2)不同摊铺机摊铺混合料级配变异系数均大于抽提级配变异系数与各热仓合成级配变

异系数;不同摊铺机的自身性能和使用性能差异性较大,而且不因沥青混合料级配存在差异而显著影响摊铺混合料效果的发挥,较差的摊铺机摊铺后粗集料级偏差会达到5% ~11.7%,细集料级配偏差1% ~3.4%。与设计级配偏差粗集料会达到4.2% ~11.1%,细集料偏差会达到3.4% ~4.2%,而性能良好的摊铺机摊铺混合料级配与设计级配基本吻合,可以大幅度降低级配变异性。说明摊铺混合料级配变异性主要发生粗集料级配变异性大于细集料级配变异性,提高摊铺机自身性能及其使用技术水平是提高路面综合路用性能的重要工程保证措施。

(3)合成级配和抽提级配变异系数较为吻合,摊铺级配与设计级配的极差明显大于热仓合成级配或抽提级配与设计级配的极差,现阶段施工中采用热仓合成级配和抽提级配同步联合控制技术,有助于及时调整合成级配与设计级配的一致性,评价设计级配的稳定性;不同沥青混合料取样方法得到的级配变异性不同,摊铺后混合料取样抽提级配作为评价施工允许波动范围更为严格,有利于提高沥青路面施工质量。

(4)AC-C型沥青混合料成型路面各结构层空隙率均值随实际施工厚度不同而有所不同,不同沥青结构层空隙率均值基本呈现上面层 > 中面层 > 下面层的特征,空隙率变异性并没有因为集料公称最大粒径较小而表现出空隙率变异性减少的趋势,主要取决于结构层温度、厚度变异、级配和油石比变异等,一般中面层空隙率变异系数最小,下面层和上面层空隙率变异系数相当。上面层(AC-13、SMA-13)和下面层(AC-25)空隙率变异系数在20% ~30%范围内,中面层(AC-20)空隙率变异系数在15% ~25%范围内,而第2章和第3章室内研究上面层和中面层沥青混合料的空隙率变异系数分别在2% ~15%范围内和3% ~17%范围内。可见,动态施工的中、上面层空隙率变异性较室内静态试验增大近一倍左右;沥青各结构层空隙率变异系数与施工气温的高低密切相关,施工初期空隙率变异系数较大,随施工气温的升高,空隙率变异系数逐渐降低,随后在较大时间段内空隙率变异系数趋于稳定,施工末期随气温的逐渐降低,空隙率变异系数又呈现逐渐增大趋势;空隙率均值较小仍会出现空隙率变异系数较大,呈现明显不对应关系。表明实际施工中较室内试验研究增加了更多的可变因素,如温度变异、结构层厚度变异等,提高现代沥青路面施工质量还有很大空间,高速公路上面层设计为4cm明显偏薄。建议上、中、下面层空隙率变异系数控制上限依次为25%、15%、25%;沥青混合料施工日气温不宜低于15℃,上面层厚度不宜低于5cm。

(5)不同合同段段不同沥青结构层芯样厚度变异系数大小排序:下面层 > 中面层 > 上面层;平整度变异系数随着施工厚度变异性的增大而增大,厚度变异引发压实度变异,随着不同结构层厚度变异性的增大,压实度变异性随之增大。提高下承层平整度、严格沥青层施工厚度控制是降低厚度和空隙率变异性的有效措施,利于提高路面结构层受力的均匀性。

(6)不同合同段段上面层渗水系数差异性较大,表面层压实度变异性与渗水系数变异性之间呈现出良好的二次曲线关系,相关系数为0.9805,说明压实度变异性会引发路面渗水的危险,降低压实度变异性对提高道路综合路用性能非常重要。

(7)路面弯沉变异性与级配、油石比、路面空隙率变异性关系不明显,主要与半刚性基层强度过大有关。过大的基层强度会导致沥青面层内应力集中而发生不均匀变形。据此,控制基层施工级配和水泥用量是必要的。

参 考 文 献

[1] 交通运输部新闻办公室. 改革开放30年公路交通发展成就[J]. 公路,2008,12:1-3.

[2] 沙庆林. 高速公路沥青混凝土路面的早期损坏[J]. 公路,2004,11:76-82.

[3] 孙立军,等. 沥青路面结构行为理论[M]. 上海:同济大学出版社,2003.

[4] 李福普,陈景,严二虎. 新型沥青路面结构在我国的应用研究[J]. 公路交通科技,2006,23(3):10-14.

[5] 吕伟民. 沥青稳定基层沥青混凝土路面抗剪切性能的理论分析[J]. 公路,2006,4:220-224.

[6] 谢俊伟. 沥青混凝土路面辙槽破坏分析及车辙试验改进[J]. 公路,2004,10:42-45.

[7] 陈锋锋,黄晓民. 重载下刚性基层沥青路面的力学响应分析[J]. 公路交通科技,2007,24(6):41-45.

[8] 交通运输部标准. 公路沥青路面施工技术规范:JTG F 40—2004[S]. 北京:人民交通出版社,2005.

[9] 交通运输部标准. 公路沥青路面施工技术规范:JTJ 032—1994[S]. 北京:人民交通出版社,1994.

[10] 孙志林,黄晓民,张锐,等. 沥青改性剂对沥青混合料疲劳性能影响分析[J]. 公路交通科技,2008,25(4):33-36.

[11] 陈忠达,袁万杰,高春海. 多级嵌挤密实级配设计方法研究[J]. 中国公路学报,2006,19(1):32-37.

[12] 王家主,吴少鹏. 骨架密实型沥青混合料设计[J]. 公路交通技术,2006,23(11):31-35.

[13] 丛卓红,郑南翔. 沥青混合料级配优化[J]. 长安大学学报(自然科学版),2007,27(3):15-19.

[14] 张肖宁. 设计沥青混合料[J]. 哈尔滨建筑大学学报,2002,1:109-112.

[15] 张肖宁,王绍怀. 沥青混合料组成设计的CAVF法[J]. 公路,2001,12:17-21.

[16] 沙庆林. 多碎石沥青混凝土SAC系列的设计与施工[M]. 北京:人民交通出版社,2005.

[17] 林绣贤. 论Superpave组成配比的特色[J]. 华东公路,2002,2:3-7.

[18] 张起森,陈强. 沥青路面在美国的应用与发展[J]. 中外公路,2001,21(1):1-5.

[19] 伏晓宁. 沥青路面摊铺离析评价方法研究[J]. 公路交通科技,2008,25(4):37-41.

[20] GARDINER M S,BROWN E R. Swgregation in Hot-mix Asphalt Pavement(NCHRP Report 441)[R]. Washington D C:Transportation Research Board,National Reaerch Council,2000.

[21] CELIK OZYILDIRIM. Evaluation of Continously Reinforced Hydralulic Cement Concret Pavement at virginia's Smart Road[R]. virginia Tranportation Research Council,2004:8-9.

[22] 彭勇,孙立军. 沥青混合料路面离析原因分析[J]. 公路交通科技,2007,24(5):67-70.

[23] 黄立葵,江帆,杜攀峰,等. 路基路面结构参数的变异性分析[J]. 公路交通科技,2007,24(12):29-33.

[24] 包秀宁,张肖宁. 论沥青路面不均匀性研究[J]. 公路,2004,9:148-151.

[25] 袁光全. 沥青路面施工质量控制技术研究[D]. 重庆:重庆交通大学,2008.

[26] 江帆. 沥青路面施工质量动态控制方法和软件系统[D]. 长沙:湖南大学,2007.

[27] 刘洪海. 高性能沥青混合料材料特性与施工技术研究[D]. 武汉:武汉理工大学,2008.

[28] 扈惠敏. 沥青路面施工质量变异性研究[D]. 西安:长安大学,2005.

[29] 李锦洋. 郑开线快速通道沥青路面施工质量过程控制技术研究[D]. 长沙:长沙理工大学,2008.

[30] 沈金安. 高速公路沥青路面早期损坏分析与防治对策[M]. 北京:人民交通出版社,2004.

[31] 孙立军,等. 沥青路面结构行为理论[M]. 北京:人民交通出版社,2005.

[32] 孙立军,等. 道路与机场设施管理学[M]. 北京:人民交通出版社,2009.

[33] 江苏省高速公路建设指挥部,江苏省交通科学研究院. 沥青路面施工工艺与质量控制研究[R],2003,6.

[34] 湖北高科交通咨询有限公司. 沥青混合料离析控制技术研究报告[R],2004.

[35] 安徽省交通基本建设工程质量监督站,同济大学. 沥青路面施工质量变异水平及控制标准的研究[R],2005.

[36] 魏建国,查旭东,郑健龙,等. 大粒径沥青混合料基层结构抗裂机理分析[J]. 公路,2008,4(4):1-5.

[37] 皮育晖,张久鹏,黄晓明,等. 沥青混合料劈裂试验数值模拟[J]. 公路交通科技,2007,24(8):1-6.

[38] 陈锋锋,黄晓明. 重载下刚性基层沥青路面的力学响应分析[J]. 公路交通科技,2007,24(6):48-53.

[39] 吕光印,郝培文,陈志一,等. 沥青混合料抗拉性能试验研究及力学特性分析[J]. 公路,2008,5:143-146.

[40] 彭勇,孙立军,石永久,等. 沥青混合料劈裂强度的影响因素[J]. 吉林大学学报(工学版),2007,37(6):1304-1307.

[41] 李立寒,曹林涛,罗芳艳,等. 沥青混合料劈裂抗拉强度影响因素的研究[J]. 建筑材料学报,2004,7(1):41-45.

[42] 资建民,邓海龙,何丽,等. 超薄沥青混凝土面层配合比设计混合正交分析[J]. 公路,2007,1:8-13.

[43] 黄宝涛,田伟平. 具有长期施工性能的沥青砂浆配合比设计方法[J]. 公路,2008,4:148-151.

[44] 交通运输部标准. 公路沥青路面设计规范:JTG D50—2017[S]. 北京:人民交通出版社股份有限公司,2017.

[45] 汪荣鑫. 数理统计[M]. 西安:西安交通大学出版社,1998.

[46] 方开泰,马长兴. 正交与均匀试验设计[M]. 北京:科学出版社,2001,9.

[47] 交通运输部标准. 公路工程集料试验规程:JTG E42—2005[S]. 北京:人民交通出版社,2005.

[48] 交通运输部标准. 公路工程沥青及沥青混合料试验规程:JTG E20—2011[S]. 北京:人民交通出版社,2011.

[49] 高丹盈,夏舟,汤寄予,等. 水泥消石灰对 OGFC 路用性能的影响[J]. 公路,2008,10:218-221.

[50] 唐国奇,刘清泉,曹东伟. 排水性沥青混合料填料对比研究[J]. 公路交通科技,2006,23(1):9-11.

[51] 李剑,史立梅,刘慧敏. 沥青混合料中掺加消石灰的抗水损害性能研究[J]. 公路,2003,8:110-112.

[52] 郑晓光,吕伟民. 消石灰与液体抗剥落剂对沥青混合料作用的研究[J]. 公路,2004,11:94-96.

[53] 陈新,丁立. 双指标评价沥青混合料抗水损害性能[J]. 公路,2005,12:156-160.

[54] 张嘎吱,王永强. 掺干水泥的沥青混合料水稳定性研究[J]. 公路,2004,6:51-160.

[55] 王国军. 高速公路沥青混凝土路面车辙调查及分析[J]. 北方交通,2007,3:37-41.

[56] 徐伟,张肖宁,韩大建. 高速公路早期车辙病害调查及处治试验分析[J]. 公路,2004,3:113-116.

[57] 谭积青,张肖宁. 三层式沥青面层车辙组成及发展的调查与分析[J]. 公路交通科技,2006,23(1):20-23.

[58] 李美江,王旭东. 沥青面层层间粘结状况对水损坏的影响分析[J]. 公路交通科技,2008,25(3):13-17.

[59] 刘志明,王哲人. 沥青路面水损害与车辙的分析研究[J]. 公路交通科技,2004,21(8):1-4.

[60] 潘宝峰,王哲人,陈静云. 沥青混合料抗冻融循环性能的试验研究[J]. 中国公路学报,2003,16(2):1-4.

[61] 彭亚荣,张虎. 石安高速公路沥青混凝土路面车辙病害分析[J]. 公路,2004,7:120-123.

[62] 黄晓明. 高速公路沥青路面高温车辙的调查与试验分析[J]. 公路交通科技,2007,5(5):16-20.

[63] 朱梦良,赵平,高新亮,等. AK16 抗滑表层的矿料级配优化[J]. 中国公路学报,2003,16(1):10-14.

[64] 王立久,刘慧. 骨架密实型沥青混合料集料级配设计方法[J]. 中国公路学报,2008,21(5):6-19.

[65] 李娜,吴瑞麟,李向东. 重交沥青 AC-25I 混合料优化设计[J]. 华中科技大学学报,2006(Z1):54-58.

[66] 史建方,周卫峰. 用 GTM 设计法优化 AC-25 沥青混合料级配[J]. 公路,2006,1:141-145.

[67] 交通运输部标准. 公路路基路面现场测试规程:JTG 3450—2019[S]. 北京:人民交通出

版社股份有限公司,2019.

[68] Prithvi S K. Cynthia Y L, Frazier P J. Characterization Tests for Mineral Fillers Related to Performance of Asphalt Paving Mixtures[J]. NAPA Report January 1998(2).

[69] 王捷,龚涌峰. 粉胶比对沥青胶浆和沥青混合料性能的影响[J]. 长沙交通学院学报,2004,20(4):73-77.

[70] 韩海峰,何桂平,吕伟民. 级配对混合料压实性能和车辙稳定性的影响[J]. 同济大学学报(自然科学版),2004,32(9):1153-1157.

[71] SHRP-A-407"SuperpaveMix Design Manual for Construction and Overlays". NRC,1994.5.

[72] 丛林,郑晓光,郭忠印. 施工离析对沥青混合料性能的影响分析[J]. 同济大学学报(自然科学版),2007,35(4):477-480.

[73] Superpave 水准 1-沥青混合料设计(Superpave 丛书(SP-2),美国沥青协会. 1995.7)[R]. 余叔藩,译. 交通部重庆公路科学研究所,1997,12:59-79.

[74] PIARC Technical Committee on Flexible Roads[R]. Bituminous Materials with a High Resistance to Flow Rutting,1995.

[75] Ford M C. Pavement densification related to asphalt mix characteristics[R/CD]. 1998 Annual Meeting of the Transportation Research Board. Washington D C: Transportation Research Board,1998.

[76] Bensa N K, Reynaldo R, Mang T, etal. Evaluation of VMA and other volumetric properties as criteria for the design and acceptance of superpave mixtures[C]. //Clearwater Beach Floridia: AAPT,2001,38-69.

[77] EppsJ, MonismithCL, SeedsSB, et al. Westrackperformance-interim findings[C]. //Boston: AAPT,1998,(67):738-777.

[78] Cooley A L, Kandhal P S. Evaluation of asphalt pavement analyzer as a tool predict rutting [C/CD]. //Proceedings of the 9th International Conference on Asphalt Pavement. Copenhagen: International Society of Asphalt Pavement,2002.

[79] 虞海珍,李小青,江滔. 高速公路沥青混合料级配和油石比变异性分析[J]. 中国市政工程,2007,4(2):12-14.

[80] 罗志强. 沥青路面空隙率对工程质量的影响分析[J]. 广东工业大学学报,2006,23(1):18-23.

[81] 郭恩,卢铁瑞,张阳. 孔隙率对沥青路面技术性能的影响研究[J]. 石油沥青,2008,22(4):89-91.

[82] 冯俊领,郭忠印,陈崇驹,等. 高温多雨条件下沥青混合料水损害模拟研究[J]. 建筑材料学报,2007,5:40-44.

[83] 万全,范书龙. 沥青混合料渗水临界空隙率的试验研究[J]. 公路与汽运,2005,2:32-35.

[84] 李立寒,曹林涛,郭亚兵,等. 初始空隙率对沥青混合料性能影响的试验研究[J]. 同济大学学报(自然科学版),2006,34(6):757-760.

[85] 彭勇,孙立军. 沥青混合料均匀性影响因素的研究[J]. 同济大学学报(自然科学版),

2006,34(1):60-63.

[86] 彭勇,孙立军. 沥青混合料均匀性与性能变异性的关系[J]. 中国公路学报,2006,19(6):30-34.

[87] 李艳春,孟岩,李冬兰,等. 沥青混合料空隙率影响因素的灰关联分析[J]. 中国公路学报,2007,20(1):30-34.

[88] 沙庆林. 空隙率对沥青混凝土的重大影响[J]. 国外公路,2001,21(1):34-38.

[89] 郑聚龙. 灰色系统基本方法[M]. 武汉:华中科技大学出版社,1986.

[90] 许志鸿,刘红,王宇,等. 细集料对沥青混合料性能的影响[J]. 中国公路学报,2001,14(3):27-30.

[91] 谢晶. 掺加 RP 系列添加剂对沥青混合料高温性能的影响[J]. 公路交通科技,2009,26(5):45-50.

[92] 汪仁皇. 集料形状与大小对沥青混凝土油石化的影响[J]. 华东公路,1998,1:100-103.

[93] 秦禄生. 沥青面层用粗集料针片状颗粒和含泥量技术指标研究[J]. 公路交通科技,2009,23(3):54-58.

[94] 谢兆星,李鼎乐,韩森. 针片状颗粒含量对沥青混合料性能的影响[J]. 建筑材料学报,2007,6:111-115.

[95] 李自光,程战锋,朱奇,等. 大宽度螺旋全埋摊铺施工工艺应用研究[J]. 长沙理工大学学报(自然科学版),2007,4(3):32-35.

[96] 舒翔,姚怀新. 沥青混凝土路面摊铺离析控制[J]. 筑路机械与施工机械化,2006,2:48-53.

[97] 李立寒,赵鸿铎,曹林涛. 沥青面层施工质量变异性的分布特征[J]. 公路交通科技,2006,23(2):27-31.

[98] 江臣. 高速公路沥青路面施工参数变异性分析[J]. 中南公路工程,2006,4:55-60.

[99] 孙立军,张宏超,刘黎萍,等. 沥青路面初期损坏特点和机理分析[J]. 同济大学学报,2002,30(4):416.

[100] 曹林涛,李立寒. 粗细级配沥青混合料抗永久变形能力评估[J]. 同济大学学报,2004,32(6):716.

[101] 懂泽蛟,曹丽平,谭忆秋,等. 表面排水条件对饱水沥青路面动力相应的影响分析[J]. 公路交通科技,2008,25(1):10-15.

[102] 丁立,刘朝晖,史义. 沥青路面冲刷冻融劈裂的水损害试验模拟环境[J]. 公路交通科技,2006,23(9):15-19.

[103] 马新,郑传峰. 沥青混合料水稳定性评价方法的试验研究[J]. 公路,2008,4:20-24.

[104] 包秀宁,李燕枫. 沥青混合料水损害试验方法探究[J]. 广州大学学报(自然科学版),2003,2:44-47.

[105] 邵腊庚,刘亮,李闯民. APA 沥青混合料高温浸水车辙试验研究[J]. 中南公路工程,2005,4:12-16.

[106] 邱颖峰,许志鸿,黄启舒. 级配对沥青混合料高稳定性影响的研究[J]. 重庆交通学院学报,2006,26(2):75-79.

[107] 交通运输部标准. 公路工程质量检验评定标准:JTG F80/1—2017[S]. 北京:人民交通出版社股份有限公司,2018.

[108] 包秀宁,张肖宁,王端宜,等. 应用构造深度表征沥青路面的离析[J]. 公路交通科技,2006,23(9):20-22.

[109] 郑晓光,朱云升,丛林. 应用构造深度评价沥青混合料离析[J]. 公路,2005,12:175-179.

[110] 毕玉锋. 沥青路面抗剪性能试验方法与参数研究[D]. 上海:同济大学,2004.

[111] 毕玉锋,孙立军. 沥青混合料抗剪试验方法研究[J]. 同济大学学报(自然科学版),2005,33(8):1036-1040.